═ 이 책에 대한 찬사 ═

줄리아 엔더스는 논픽션 시장을 뒤흔들었다. 『이토록 위대한 몸』은 삶을 향한 찬가이자, 읽는 즐거움 그 자체다. 몸을 기계로 비유해 온 낡은 은유에서 벗어나, 최신 연구와 그간 간과되어 온 생물학적 시스템을 시적으로 아름다운 언어로 풀어낸다. 도덕적으로 훈계하지 않으면서도 유쾌하고 매력적이며, 지적으로 독자를 사로잡는 책이다. 정말 훌륭하다.

—《도이칠란트풍크 쿨투어 호이테(Deutschlandfunk Kultur heute)》

우리 몸의 복잡한 구조와 각 요소가 조화를 이루는 방식을 설득력 있게 드러낸다.

—《크리스몬(Chrismon)》

한 사람의 몸과 삶에서 출발해 이야기를 건네는 책이다.

—《슈피겔(Der Spiegel)》

복잡한 과학적 개념을 쉽고 경쾌하게 풀어내는 줄리아 엔더스의 글은 독자를 단번에 사로잡는다. 이 책은 우리가 무심코 지나쳐 온 몸의 작동 원리를 새삼 경이롭게 바라보게 만든다.

—《데어 슈탄다르트(Der Standard)》

몸은 명령으로 움직이는 기계가 아니라 평생을 함께 살아가는 동반자이자 믿을 수 있는 친구다. 이것이 줄리아 엔더스가 『이토록 위대한 몸』에서 전하는 핵심 메시지다.

—〈라디오아인스(Radioeins)〉

엔더스는 개인적 경험과 의학 지식을 인상적으로 엮어내며, 탁월한 지식 전달자
임을 다시 한번 증명한다.

—《회르츠/공(Hörzu/Gong)》

의학 저널리즘의 정점이다.

—《벨트 암 존탁(Welt am Sonntag)》

줄리아 엔더스 특유의 유머와 매력이 가득한, 인간의 몸을 향한 러브레터다.

—〈플룩스FM(FluxFM)〉

삶의 철학과 탄탄한 의학적 조언이 결합된 책.

—〈ORF 토포스(ORF Topos)〉

줄리아 엔더스는 삶의 유기적 원리를 사회적 공존의 방식으로 확장해 사유하도록
영감을 준다.

—〈도이칠란트풍크 쿨투어(Deutschlandfunk Kultur)〉

그녀가 추구하는 바는 삶과 세계를 바라보는 우리의 시선에 신체적 관점을 보태
는 것이다.

—《프랑크푸르터 알게마이네 존탁스차이퉁(Frankfurter Allgemeine Sonntagszeitung)》

이토록 위대한 몸

이토록 위대한 몸

일러두기

- 단행본은『 』로, 논문은「 」, 정기간행물은《 》, 영화나 방송 프로그램, 작품명 등은〈 〉로 표기했습니다.
- 본문에서 언급된 작품이 국내에 알려져 있지 않은 경우, 최대한 원제와 가깝게 번역하여 괄호 안에 함께 표기했습니다.

**Organisch: Was es wirklich bedeutet,
auf unseren Körper zu hören**

by Giulia Enders with illustration by Jill Enders

이토록 위대한 몸

최신 의학이 밝혀낸 면역, 질병, 노화의 비밀

줄리아 엔더스 지음 | 질 엔더스 그림 | 배명자 옮김

Organisch

21세기북스

레기날트, 루트, 알프레트에게 이 책을 바칩니다.

세 사람의 이야기를 여기에 소개하진 않았지만 그들이 해준 말들을 담았습니다.

유성호
서울대학교 의과대학 법의학교실 교수

우리는 흔히 몸을 장기들의 집합으로 이해한다. 아프면 아픈 곳만 고치고, 불편하면 증상만 지우려 한다. 그러나 『이토록 위대한 몸』은 이러한 단편적 시선을 근본적으로 바꿔준다. 이 책은 인체를 부품의 모음이 아니라, 끊임없이 신호를 주고받으며 균형을 만들어가는 살아 있는 생태계로 그려낸다.

줄리아 엔더스의 시선은 전작 『이토록 위대한 장』에서 한 단계 더 확장되어 호흡·면역·피부·근육·뇌를 살핀다. 그는 우리 몸을 기계가 아닌 지능적이고 협력적인 유기체로 그리며, 최신 의학 연구를 토대로 각 시스템이 어떻게 얽히고 조율되는지를 명료하게 설명한다. 복잡한 메커니즘이라 지레 겁먹을 필요는 없다. 저자는 그의 삶에서 만나고 경험하는 다양한 비유와 사례를 통해 이 복잡한 기전을 자연스럽게 이해시켜 주며, 독자는 어느새 자신의 몸을 전혀 다른 눈으로 바라보게 된다.

해외 독자와 평단을 살펴보면 역시나! 이 책이 과학적 엄밀성을 지키면서도 놀라울 만큼 이해하기 쉽고 설득력 있다고 평가한다. 특히 '몸의 신호를 듣는다는 것'이 무엇인지를 일상의 언어로 체감하게 만든다는 점은 이 책의 가장 강력한 미덕이다. 이를 통해 단순한 건강 정보 전달을 넘어, 삶의 태도를 바꾸는 통찰을 제시한다.

법의학자로서 나는 이 책에서 또 다른 울림을 볼 수밖에 없다. 몸이 상처를 견디고 회복하는 방식은 인간이 고통과 상실을 지나 살아가는 방식과 닮아 있다. 몸을 이해하는 일은 결국 자신을 이해하는 일이며, 나아가 타인의 삶과 죽음을 존중하는 윤리적 감수성과도 연결된다.

이 책을 덮고 나면 우리는 더 이상 몸을 외부와 단절된 기계처럼 보지 않을 것이다. 숨 쉬고 버티며 조율해 온 자신의 몸을 경이로운 세계로 인식하게 된다. 『이토록 위대한 몸』은 의학을 넘어 삶의 철학과 통찰에 이르게 하는 깊고 따뜻한 안내서의 역할을 할 것이라고 기대한다.

'몸'으로부터 배운 지혜

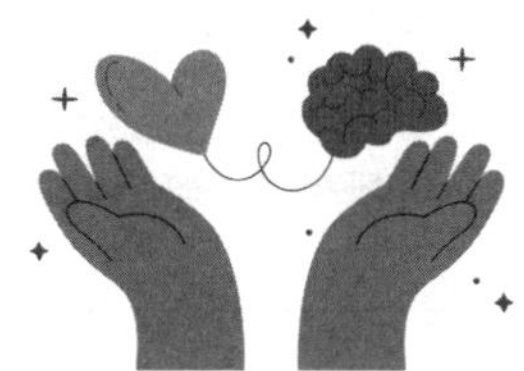

나의 관심은 언제나 오로지 단 하나, 바로 장에만 있었다. 십 대 시절부터 장에 관해서는 뭐든지 다 알고 싶어 했고, 대학에서 강의를 들을 때도 장 이야기가 나와야 비로소 눈이 번쩍 뜨이곤 했다. 급기야 스물세 살에는 장을 주제로 한 책까지 썼는데 놀랍게도 베스트셀러가 되었다.

이때부터 나는 이 길이 내가 가야 할 길이 분명하다고 생각했다. 그렇게 소화기내과 전문 병원을 찾아 소화기 전공의 과정을 시작했으나 곧 현실에 부딪혔다. 그동안 나는 '장' 연구만 열심히 하면 좋은 의사가 되는 줄 알았다. 현장에 들어서고 나서야 그 믿음이 얼마나 순진한 것이었는지 어처구니가 없어 웃음밖에 나오지 않았다.

유산 후 복통으로 고생하는 환자가 있었다. 그녀는 빨리 회복하지 못하는 자신을 부끄러워했다. 교대 근무를 하던 한 노동자는 불규칙적인 식사 및 수면으로 소화 장애를 겪었다. 복용하는 약이 너무 많았던 한 노인 환자는 만성 메스꺼움을 호소했고, 어떤 정치인은 설사병을 앓았는데, 알고 보니 빽빽한 일정을 소화하기 위해 복용한 각성제 때문이었다.

어느 날 오후 진료를 보는데 곰처럼 생긴 건설업자가 자주 긴장되고 불안을 느낀다고 털어놓았다. 나는 나도 모르게 "맞아요. 많은 사람이 그렇죠!"라고 대꾸했다. 대수롭지 않은 흔한 증상이라는 뜻으로 한 말이 아니었다. 정말로 그런 사람이 많은 게 놀라워서 나도 모르게 나온 반응이었고, 내 반응에 그도 놀랐다.

물론, 나는 이 환자들을 도울 수 있었다. 뭔가를 처방하고, 다양한 요법을 시도하고, 증상을 완화하는 방식으로. 하지만 동시에 그런 치료들이 진정한 해결책처럼 느껴지지 않았다. 내 안에 미심쩍은 불만이 야금야금 쌓여갔다. 기계처럼 거뜬히 일하지 못하거나 인형처럼 예쁘지 않아 괴로워하는 사람들, 외롭거나 슬픈 것을 부끄러워하는 사람들을 목격하면서 그 불만은 계속 쌓여만 갔다.

시간이 지날수록 뭔가가 점점 더 확연해지는데 이것을 명확히 말로 표현할 길이 없었다. 뭐랄까, 병든 장기를 진료할 때마다 마치 기이한 현대 사회도 같이 살피는 기분이었다.

의사로 일한 지 몇 해가 지났을 때 할머니가 갑자기 돌아가셨다. 내게 가장 소중한 사람이었던 할머니가 돌아가시고 난 후, 처음 며칠 동안 나는 감각을 완전히 상실해 슬픔조차 느끼지 못했다. 기계처럼 아침에 일어나 출근하고 밤에 잠자리에 들었다. 무서워했던 어둠조차 아무렇지 않았다. "슬픔 같은 감정을 허용하지 않으면 그것은 뒤로 밀려나 점점 더 커진다." 심리학 강의 때 무심코 받아적었던 문장이다. 이제 그 글귀를 찬찬히 새겨들어야 할 상황이었지만 그 사실을 아는 게 크게 도움이 되진 않았다. 내게 무슨 일이 일어난 걸까?

얼마 후, 햇볕을 쬐며 상처에 관한 의학 서적을 읽는데, 갑자기 눈물이 왈칵 쏟아졌다. 피부는 누군가를 잃는다는 게 어떤 느낌인지 아는 듯했다. 다치고, 나의 일부가 갑자기 떨어져 나가고, 충격을 받는다. 그때서야 비로소 내가 허용하지 않았던 일이 마침내 일어날 수 있었다. 나는 슬퍼할 수 있었다. "이 슬픔을 어떻게 극복해야 할까?" 이 질문에서도 나는 피부가 상처를 다루는 방법을 통해 답을 얻었다. 바로 몸을 살피는 것이었다. 피부가 준 가르침은 나를 기계가 아닌 사람으로 다시 살 수 있게 했다.

이 경험을 계기로 나는 깊이 생각하는 시간을 가졌다. 오늘날 우리는 많은 것을 요구하는 시끄러운 세상에 살고 있다. 외부에서는 어마어마하게 많은 정보가 쉴 새 없이 쏟아진다. 무엇을 성취해야 하고, 어떻게 살아야 하고, 어떤 모습을 보여야 하며, 어떤 감정을 느껴야 하는지 알려준다. 하지만 정작 우리는 지금 이 순간 우리가 어떤 존재인지조차 제대로 파악하지 못하곤 한다.

우리 몸에 관하여 자세히 아는 것이 병원의 환자들이 겪고 있는 일, 그리고 내가 겪은 일의 대안이 될 수 있을까? 비록 일부에 불과하더라도 몸을 제대로 살피는 것이 오늘날 사회가 만들어낸 격변 속에서 '사람다움'을 지켜내는 데 도움이 될까?

조금만 주의 깊게 살펴보면 우리 몸을 설명하는 데 과학기술과 경제, 심지어 전쟁 용어가 얼마나 많이 쓰이는지 알 수 있다. 우리는 뇌를 '컴퓨터'에 비유하고, 면역체계는 '침략자를 공격'하기 위해 '군대를 파견'한다. 스포츠에서는 체계적인 체력 단련 프로그램으로 훈련의 '효율성'을 높이고, 건강에 충분히 '투자'하지 않는 사람은 나중에 '청구서'를 받게 된다. 이런 언어의 쓰임을 보면 세상의 문제들이 우리의 자아상에 영향을 미친다는 사실은 분명한 것 같다. 그런데 어떤 영향을 미치는 걸까? 그리고 어쩌면 그 반대의 경우도 있지 않을까? 다시 말해 우리 몸이 직장생활이나 사회생활에 영향을 미치는 경우가 더 흔하지 않을까?

시간이 흐를수록 이런 가설을 탐구하는 것이 나의 가장 즐거운 취미활동이 되었다. 나는 다시 한번 호기심을 가지고 내부 장기에 관한 여러 전문 서적을 탐독했다. 폐에 관한 새로운 연구들을 읽으면서 인간의 기본욕구를 다른 관점에서 생각하게 되었다. 또한 우리 몸이 필요한 것들을 얻고 원치 않는 것들을 처리하는 방식에서 중요한 교훈을 얻었다. 현대 면역학 연구에서는 우리의 안전에 중요한 다른 요소들을 발견했다. 피부는 관계에 대한 새로운 시각을 제시해주었고, 그 덕에 나는 부상, 치유, 접촉, 경계를 다르게 바라볼 수 있었다. 그리고 근육은 힘을 이해하는 독특한 관점을 선사해주었다. 과거에는 상상도 못 했던 일들이다. 우리 몸에는 인간의 중요한 욕구를 채워줄 안성맞춤의 장기가 어김없이 하나씩 마련되어 있었다.

몸이 문제를 해결하는 방식은 하나하나가 감탄을 자아낸다. 나는 거기서 수많은 삶의 영감을 얻었다. 마치 해답을 골라 담기만 하면 되는 아이스크림 가게에 선 기분이었다.

몸을 이해하는 것은 단순한 질병 예방의 차원을 넘어 매우 유용하다. 장기들은 내가 나답게 사는 데 중요한 역할을 한다. 다음과 같은 핵심 질문을 던지는 방식으로 말이다. 내게 정말로 필요한 것은 무엇인가? 위협에는 어떻게 대처해야 할까? 우리는 서로를 어떻게 대해야 하는가? 무엇을 어떻게 성취할 수 있을까? 몸의 대답을 잘 이해할 때 우리는 더욱 조화로운 삶을 살 수 있다.

팬데믹 상황을 제외하면 공론장에서 우리의 몸이 주목을 받는 일은 거의 없다. 게다가 몸에 관해 우리가 알고 있다고 생각하는 지식 중 일부는 상당히 시대에 뒤처져 있다. 예를 들어 최근 20년간의 면역체계 연구는 우리의 안전이 단순히 '적을 방어'하는 것만으로는 보장되지 않는다는 사실을 보여주었다. 어디 면역체계뿐이겠는가. 우리 몸의 다른 부분에서도 이러한 사례는 무수히 많다.

이 책은 과학적 사실들을 토대로 한 책이지만 나의 개인적인 얘기들도 일부 담겨 있다. 예를 들어 처음에 난 폐가 매우 수동적이고 약한 기관이라고 생각했다. 하지만 폐를 알아가면 알아갈수록 내 증조할머니 뮈디를 떠올리게 한다는 사실을 깨달았다(뮈디에 대한 이야기는 뒤에 나올 1장에서 확인할 수 있다). 증조할머니는 겉으로는 약하고 때론 수동적으로 보였지만 후손들의 삶에 지대한 영향을 미쳤다. 그녀는 폐와 호흡이 그렇듯 눈에 띄지 않지만 가족들의 삶에 아주 중요한 토대를 마련해주었다.

이런 개인적인 얘기와 감상들을 처음에는 나만 볼 수 있게 기록해둘 생각이었지만 이후 마음을 바꿔 각 장의 앞머리에 실었다. 나의 성장 배경과 세상을 보는 시선이 내 글에 영향을 주었기 때문이다. 과학 분야에서 일하는 사람들과 그들의 연구 역시 이런 개인적인 경험들에서 많은 영향을 받는다. 그렇다고 해서 그들의 과학적 발견이나 아이디어가 틀렸거나 객관적이지 못하다는 뜻은 아니다. 그저 그러한 발견에 도달하기까지 우리가 선택한 길은 개인적일 수 있다는 얘기다.

'몸에 관하여' 배운 지식뿐 아니라, '몸으로부터' 배운 지혜도 나를 변화시켰다. 나는 새로운 존중의 눈으로 타인을 바라보게 되었다. '비생산적 감정'이나 신체적 한계 또는 힘에 대한 새로운 정의들이 더는 터무니없거나 무의미하게 들리지 않고, 설득력 있게 다가왔다. 이제 나는 이렇게 생각한다. 내가 누구인지 인식하는 것이 성장의 일부이듯, 우리가 어떤 존재고 무엇이 필요한지 이해하는 것이야말로 인간이 되는 과정의 일부라고 말이다. 디지털 세상이 되고 AI가 인간의 역할을 대신할 거라며 떠들어대지만 그것은 우리의 내면(글자 그대로의 내면)에 아무런 영향을 미치지 못한다. 우리는 유기체다. 섬유조직으로 결합된 우리는 각 장기들의 능력을 모아 유일무이한 생명을 직조해낸다. 우리는 끊임없이 자신을 창조하고, 재구성하면서 수백만 년을 살아간다.

이 모든 것을 일깨워주는 우리 안의 목소리, 즉 몸의 목소리를 들을 시간이다. 그 목소리의 언어를 이해할 때 우리는 우리 자신의 기원, 즉 유기체가 된다.

제1장. 삶은 호흡에서 시작된다
| 폐 |

제2장. 나를 지키기 위해 먼저 알아야 할 것들
| 면역체계 |

제3장. 관계와 상처는 어떻게 치유되는가
| 피부 |

제4장. 강하다는 말의 진정한 의미
| 힘과 근육 |

제5장. 우리는 모두 연결되어 있다
| 뇌 |

제 1 장

삶은
호흡에서
시작된다

폐

몸도 마음도 숨쉴수록 가벼워진다

'뮈디(뮈디müdi는 나른한 사람이라는 뜻이다.―옮긴이)'는 내 증조할머니의 별명이다. 본명은 헤드윅이지만 이 이름에는 증조할머니의 참모습, 즉 인생 곳곳에 가지처럼 뻗어 있는 고유한 분위기가 담겨 있지 않다. 증조할아버지는 상황에 따라 증조할머니를 '부지런한 일꾼' 또는 '게으름뱅이'라고 불렀다. 뮈디는 묘목장을 운영하는 팔츠 가문 출신이었다. 뮈디의 아버지는 사업 수완이 전혀 없는 얌전한 사람으로, 종종 초원에 나른하게 누워 식물을 관찰하곤 했다. 뮈디의 어머니는 활력이 넘치는 사람이었는데, 시장이나 은행장과 상의할 일이 생기면 주저 없이 말에 올랐다. 그녀는 말을 타기 전에 항상 머리를 힘주어 쓸어넘기고 모자를 단단히 눌러썼다. 이는 주변 사람들에게 자신의 추진력을 뽐내는 일종의 의식이었다. 뮈디, 그러니까 나의 증조할머니는 부모로부터 두 가지 면모를 모두 물려받았다. 들숨과 날숨처럼 증조할머니는 부지런한 일꾼이었다가 게으름뱅이었고, 활기찬 사람이었다가 나른한 사람이었다. 그래서 '뮈디'라는 별명이 생겼다.

뮈디가 세상에서 믿을 수 있는 대상은 오직 자연뿐이었다. 그녀는 자연이라는 든든한 닻에 영혼을 정박했고 자연에서 언제나 자신의 영혼을 되찾을 수 있었다. 자연 이외의 모든 것은 그저 희미하게 스치듯 지나갔다. 이른바 광란의 1920년대에 뮈디는 남편과 함께 베를린으로 이주했다. 거기에서 그녀는 여성 모임은 물론이고, 당시 완전히 생소했던 요가 모임이나 천문학 모임에도 참석했을 뿐만 아니라 주요 정치인들과도 만찬을 즐겼다. 뮈디는 이런 모임들에서 유쾌하고 솔직한 사람이라는 호평 속에 늘 환대를 받았다.

그러나 나치가 집권하면서 많은 것이 변했다. 뮈디는 베를린에서 쌓았던 모든 것을 버리고 자전거를 타고 부모님이 사는 팔츠로 갔다. 고향에 도착했을 때, 고향의 나무들은 여전히 그 자리에 있었고 햇살마저 따사로웠으며 아버지는 초원에 누워 한숨을 쉬며 데이지 꽃을 바라보고 있었다. 모든 것이 그대로였지만 역시 모든 것이 완전히 달라진 상태였다. 그 이후로 뮈디는 평생 정치, 이념, 권력자, 유행 같은 것에 관심을 두지 않았고 특별히 존중하지도 않았다. 오직 사랑하는 사람들과 숲에만 관심을 두었고, 무엇보다 매일 저녁 테라스에서 바라보는 일몰을 사랑했다.

증조할머니의 일생을 잘 모르는 사람들은 할머니가 그저 평범한 사람이었다고 말할지도 모른다. 제삼자의 눈에는 그저 잘 나가는 변호사의 아내일 뿐이었으리라. 그러나 나는 증조할머니를 생각하면 할수록 더욱 그녀의 소중함을 느낀다. 작은 체구에 양보가 몸에 밴 사람, 온화한 얼굴에 친절한 눈을 가진 사람. 그녀는 우리에게 무언가를 물려주었고 그것은 여전히 우리 안에 남아 있다. 온화함, 작은 지혜, 재치 있는 말솜씨, 끝없는 호기심. 오랜 세월이 흐른 지금까지도 이 모든 것이 고스란히 보존되어 우리 안에 살아 숨쉰다. 내 목에는 증조할머니가 차고 다니던 목걸이가 늘 걸려 있다. 그 목걸이를 만지면 직접 만난 적도 없는 증조할머니와 연결된 듯한 기분이 든다. 세상에 지치고 짜증이 날 때면, 나는 그녀가 딸들에게 했던 조언을 떠올린다. "목이 마르면 마시고, 힘이 들면 한숨 돌리며 쉬려무나."

이런저런 고민에 지쳤을 때도 이 조언을 떠올리면 숨쉴 때마다 조금씩 마음이 가벼워지는 것을 느낀다. 그리고 곧 효과가 나타난다. 가슴이 열리고 머리가 맑아진다. 오늘 오후도 그랬다. 오래된 묘목장 풀밭에 누워 햇볕을 받으며 나는 이내 편안히 잠이 들었다. 이제야 뮈디의 조언이 무슨 뜻인지 이해하기 시작했다.

하루에 2만 번씩 나를 살리는 기관

우리는 우리에게 필요한 것을 하루에 2만 번이나 얻는다. 우리에게 가장 필요한 것은 바로 '숨'이다. 숨은 우리의 필수적인 기본욕구다. 1분만 숨을 참아도 숨쉬고 싶은 욕구는 몇 시간씩 등산을 한 후에 느끼는 갈증보다 훨씬 더 크다. 심지어 탈수 상태로 물을 마시는 사람조차도 숨을 쉬기 위해 잠시 물 마시기를 멈춘다. 이처럼 숨은 우리 몸의 위계질서에서 가장 높은 자리를 차지한다.

이토록 중요한 능력을 우리에게 허락하는 장기인 폐는 언뜻 보기에 그다지 인상적이지 않다. 단단하지도 않고 강력하지도 않으며 심지어 독립적이지도 않다. 갈비뼈 같은 다른 신체 부위의 도움이 없으면, 평소 흉곽을 가득 채우던 폐는 금세 주먹만 하게 쪼그라들어 마치 낡은 수세미 두 개가 붙어 있는 것처럼 보인다. 완전히 부풀어 오르더라도 딱히 위협적인 느낌은 들지 않는다. 누군가 손가락으로 쿡 찌르면 마치 욕조 거품처럼 조용히 피식 소리를 내며 힘없이 꺼져버릴 것만 같다. 인간에게 가장 중요한 욕구를 채워주는 장기라면 마땅히 비범하고 장대하리라 기대하겠지만, 그건 크나큰 착각이다.

폐는 부드럽다. 또한 끊임없이 환경에 적응한다. 그래서 평상시 폐의 표면에는 갈비뼈와 심장, 식도의 흔적이 있다. 폐는 자발적으로 호흡 운동을 시작하지 않고 갈비뼈와 횡격막의 움직임을 따른다. 하지만 바로 이 수동성과 가변성 덕분에 폐는 세상에서 가장 강력한 특성을 지니게 되었다. 바로 '조용히 물러나는 힘'이다.

숨쉴 때마다 폐는 주변 환경에 적응한다. 그 과정을 자세히 관찰하면 폐가 얼마나 섬세한 장기인지 확인할 수 있다. 숨을 들이쉬면 공기가 폐 섬유에 닿고, 폐는 바람을 만난 돛처럼 펼쳐진다. 이것이 호흡의 경로를 연다. 즉, 목의 기관氣管이 몇 밀리미터(이하 mm로 표기) 넓어지고, 좌우 폐의 기관지가 열리면서 가장 끝에 있는 미세한 공기 통로들도 함께 확장된다. 최적으로 배열된 구조 덕분에 이런 확장이 아주 자연스럽게 진행된다. 수동적이라고? 어쩌면 그럴지도 모른다. 하지만 그렇다고 아무런 효력이 없는 것은 아니다. 폐라는 돛 덕분에 우리는 수월하게 숨을 들이쉴 수 있다. 숨을 내쉴 때는 탄력적인 섬유가 고무줄처럼 튕겨져 돌아오기만 하면 된다. 우리의 근육은 이런 조화로운 상호작용을 통해 하루 수천 번씩 지치지 않고 호흡 운동을 반복할 수 있다. 이 힘은 오직 영리한 부드러움에서만 나온다.

폐의 구조는 나뭇가지를 닮았다. 폐는 이런 분지分枝 구조를 이용해 아주 중요한 문제도 해결한다. 뭔가 원하는 것이 있는 존재라면 모두가 겪는 바로 그 문제, 원하는 것만 정확히 콕 찍어 얻는 경우가 거의 없다는 바로 그 문제 말이다! 우리가 마시는 공기는 대개 너무 차갑고, 수분이 부족하며, 때로는 먼지도 섞여 있다. 그래서 폐는 이 문제를 해결하기 위해 진화 과정에서 구조를 완벽하게 다듬었다. 호흡기는 목의 기관부터 시작해 22회나 나뭇가지처럼 갈라진다. 먼저 목 아래 약 5cm 지점에서 좌우 폐로 갈라지고, 그 후 양쪽 폐에서 각각 최소 21회씩 더 갈라진다. 그렇게 형성된 분지 구조를 해부학에서는 '기관지 나무bronchial tree'라고 부른다. 공기는 이 기관지 나무를 타고 흘러 총 2,400km를 이동한다. 이 경로를 이동하면서 공기는 데워지고 가습되고 정화된다. 코털과 인후의 사전 작업과 더불어 이 과정에서 숨이 최종 형태로 완성된다. 즉, 이 과정을 마친 숨은 체온만큼 따뜻하고 습도 98%에 아주 깨끗하다.

이 같은 사전 작업은 호흡기 가장 끝부분에 있는 아주 섬세한 구조를 위한 것이다. 그곳에서는 마지막 탄성 섬유가 작은 입구를 막고 있다가 숨이 들어올 때를 딱 맞춰 열어준다. 수백만 개의 작은 입구들이 우리와 함께 공기를 빨아들이고, 마지막 몇 마이크로미터(이하 μm로 표기)까지 도달하도록 흡입력을 높인다. 폐는 바로 이곳에 자신의 핵심 설비를 설치했다. 초박형 세포들로 이루어진 초미니 돔 성당을 세운 것이다. 공기 중에 팽창해 있던 3억 개에 달하는 작은 거품들은 여기서 기체 교환 능력을 뽐낸다. 바로 이곳에서 혈액 분자들이 공기 중으로 올라가고, 공기 중의 분자들은 혈액으로 내려온다. 이 섬세한 거품이 터지지 않도록 얇은 윤활막이 이들을 애지중지 보호한다. 우리 몸의 그 어떤 곳도 이곳만큼 연약하지 않고 이곳만큼 섬세하게 구성되어 있지 않다.

진화 과정에서 폐는 우리에게 필요한 것, 즉 숨을 제공하기 위해 더 섬세하고 더 예민해졌으며 동시에 원치 않는 물질로부터 우리를 더 효과적으로 보호했다. 이제 폐의 구조는 거의 완벽에 가깝다. 하지만 단 한 가지 단점 때문에 끊임없는 비난을 받고 있으니 바로 위치다. 다소 성급하게 식도 바로 옆에 있어서 뭔가를 잘못 삼키면 사레가 들려 음료를 뱉어내는 일이 생기곤 하는 것이다.

하지만 폐가 진화해온 역사를 안다면 이런 약점 정도는 눈감아줘야 한다. 폐라는 장기가 어디서부터 유래했는지를 살펴보려면 어류까지 거슬러 올라가야 한다. 어류의 서식지는 시간이 지남에 따라 산소가 부족해졌고, 그래서 어류는 질식을 피하기 위해 물 표면에서 산소를 찾기 시작했다. 이 이론에 따르면, 어류는 점점 더 정교한 '공기주머니'를 발달시켰고 그 능력 덕분에 생존할 수 있었다.

폐의 출현은 실로 놀라운 사건이었다. 수생생물이 완전히 낯선 환경에 적응하는 것부터가 대담한 선택이 아닐 수 없다. 이를 위해 완전히 새로운 장기를 만들어낸 것 또한 엄청난 업적이다. 진화 과정에서 이런 일은 매우 드물고, 비록 삼키는 데 약간의 문제가 있더라도 이는 상당히 성공적인 업적이라 할 수 있다. 호흡기와 폐는 우리가 무언가를 원할 때 그리고 무언가가 부족할 때 그것을 얻기 위해 어떤 능력을 발휘할 수 있는지 보여주는 유일하고도 강력한 증거다.

현대 포유류의 가장 중요한 두 가지 특징이 호흡에서 비롯되었다는 사실을 아는가? 우리의 조상은 숨을 쉬기 위해 바다에서 나와 육지로 이동했다. 그리고 점점 정교해진 호흡 덕분에 산소를 훨씬 더 많이 소비하는 훨씬 더 복잡한 뇌를 발달시킬 수 있었다.

뇌가 호흡을 조절하고, 근육이 공기를 들이마시고, 폐가 세 번째 임무를 담당한다. 오늘날 성과주의 사회에서는 무언가를 성취하기 위해 해야 하는 일을 나열할 때, 종종 폐의 임무를 간과하곤 한다. 욕구를 충족하려면 야망과 성실함뿐 아니라 다가오는 모든 것을 기꺼이 받아들이는 마음가짐이 필요하다. 호흡할 공기의 흐름을 함께 탈 수 없는 사람은 크나큰 어려움을 겪을 것이다.

마시고 소화하고 잠자는 것과 마찬가지로 숨쉬기 역시 가사노동을 닮았다. 역사적으로 그 가치를 무시하고 경솔하게 간과했지만 이런 활동들은 생각했던 것보다 훨씬 더 복잡할 뿐만 아니라 훨씬 더 강하게 우리 삶에 영향을 미친다.

또한 폐는 필요가 곧 변화를 만들어낸다는 사실을 잘 보여준다. 이것이 기계와 인간을 구분 짓는 근본적인 차이다. 우리의 욕구는 그저 작동을 위해 반드시 채워야 하는 주유통이 아니다. 우리가 어떤 사람이 될지는 무엇을 원하고 그 욕구를 어떻게 채우느냐에 따라 결정된다. 인간은 욕구를 통해 자신을 형성해 나간다. 그리고 그 과정은 지금 이 순간까지도, 그리고 앞으로 1만 9,999번 반복하며 계속해서 이어지고 있다.

생명은 왜 계속 숨쉬는가

24억 년 전, 지구에 끔찍한 유독가스 사고가 발생했다. 해양 박테리아가 갑자기 돌변하여 태양에너지를 이용해 화학 반응을 일으킨 것이다. 이때 배출된 폐기가스가 다른 박테리아를 중독시켰다. 이 사고로 생물의 상당수가 죽었다. 그 결과 서식할 수 있는 빈자리가 많이 생겨나면서 유독가스 박테리아는 거의 아무런 방해 없이 개체 수를 늘릴 수 있었다. 곧 박테리아의 폐기가스는 바다를 오염시키는 것도 모자라 하늘로도 치솟았다. 지구의 대기가 이 폐기가스로 가득 찼다. 이 폐기가스의 이름은 산소다.

산소는 그동안 대기를 구성했던 이산화탄소와 메탄을 비롯한 여러 기체들의 자리를 대체해 나가기 시작했다. 이산화탄소와 메탄은 그때도 지금도 온실가스다. 다시 말해, 이 기체들은 대기를 따뜻하게 유지시킨다. 대기를 따뜻하게 만드는 이산화탄소와 메탄이 급격하게 감소하자 오늘날의 기후 변화와 정반대 결과가 발생했다. 즉, 믿을 수 없을 정도로 추워졌다. 그렇게 지구는 최초의 대규모 빙하기를 겪었고, 약 2억 년 동안 얼어붙은 상태로 있었다.

이렇게 모든 것이 끝날 수도 있었다. 알다시피 넓디넓은 우주에는 추위 말고는 아무 일도 일어나지 않는 얼음 행성들이 많지 않은가. 하지만 천만다행으로 2억 년 후 곳곳에서 화산이 폭발하면서 엄청난 양의 이산화탄소가 대기 중으로 뿜어져 나왔고, 지구는 다시 따뜻해졌다. 온도가 올라가고 얼음이 녹으면서 생명은 계속될 수 있었다. 그리고 유독한 폐기가스인 산소가 몇 가지 흥미로운 특성으로 우리를 깜짝 놀라게 했다. 그 결과 상상조차 할 수 없었던 일이 벌어졌다.

산소는 반응성이 매우 높다. 다시 말해, 주변의 거의 모든 것과 결합한다. 철? 녹슬게 한다! 신선한 사과? 갈색으로 바꾼다! 수소? 물로 만든다! 산소의 결합으로 아주 짧은 시간 안에 온갖 종류의 새로운 화합물이 탄생했다(잠깐! '아주 짧은 시간'이라고 했지만 지질학 차원에서 그것은 '수억 년'을 뜻한다). 그리고 이렇게 생성된 물질, 식물, 단세포 생물을 토대로 새로운 생명이 탄생했다. 조금 편파적으로 말하면, 더욱 흥미로운 새로운 생명이 탄생하게 되었다.

이제 살고자 하는 모든 생명은 산소 문제를 해결해야 했다. 어디로 튈지 모르는 이 산소를 어떻게든 처리해야 했던 것이다! 선택지가 별로 없었다. 산소를 피하거나(그럴 만한 장소가 많지 않다), 이용하거나(괜찮은 선택지다), 산소와 잘 지낼 수 있게 스스로 변하는(역시 괜찮다) 방법뿐이었다. 식물은 햇빛을 이용해 스스로 산소를 생산했다. 그렇게 1m 높이의 나무와 길이가 킬로미터에 이르는 해초가 생겨났다. 맑은 날이면 햇빛은 충분했으니 햇빛을 찾아 굳이 움직일 필요가 없었다. 단세포생물들 역시 산소의 반응성에 이끌려 한 덩어리로 뭉쳐 다세포생물이 되었고 또 이들로부터 어마어마하게 다양한 동물들이 생겨났다.

역사는 이것을 '산소 대폭발 사건' 또는 '산소 대재앙'이라고 부른다. 산소로 숨쉬는 우리 인간들보다 산소에 민감한 박테리아를 더 연민하여 '대재앙'이라고 명명했는지는 알 수 없다. 뭐가 됐든 이 용어는 아주 중요한 사실을 상기시킨다는 면에서 아주 적절한 명명이다. 즉, 우리는 위기 관리 능력을 통해 위기에서 벗어난 것이다!

산소 문제를 해결하기 위해서는 먼저 산소의 목적을 이해해야 한다. 그런데 산소는 아무런 목적이 없다. 완전히 멋대로 아무렇게나 허공에 떠다닌다. 그러다 적합한 분자를 우연히 만나면 얼씨구나 하고 끌어안는다. 어떨 땐 이렇게 결합하고, 또 어떨 땐 결합하지 못한다.

우리의 몸은 이 같은 산소 대재앙에 최대한 잘 대처하기 위해 다음과 같은 간단한 지식을 토대로 전략을 세웠다. 산소는 혼돈이고 혼돈은 통제되지 않은 에너지다! 우리가 이 에너지를 조금이라도 활용할 수 있다면, 산소는 더 이상 재앙이 아닐 것이었다. 통제를 벗어나면 베란다를 잿더미로 만들어버리지만, 잘만 통제한다면 맛있는 고기를 구워 먹게 해주는 불처럼 말이다.

산소 분자가 떼 지어 폐로 들어가면 처음에는 정처 없이 빙빙 돌지만 곧 상황이 바뀐다. 산소 분자가 일단 혈류로 유입되면 우리 몸은 그것을 잘 조절된 경로로 보낸다. 첫 번째 고비는 혈액 속 철분이다. 산소는 철과 결합하여 (오래전부터 그래왔듯) 녹을 형성하려 하지만 우리의 혈액도 호락호락하진 않다. 철분은 혈구 내 단백질 안에 접혀 있어서 산소가 바로 옆에 오더라도 제대로 반응할 수가 없다. 이런 전략

덕분에 산소는 딴 데 한눈팔지 않고 우리 몸 곳곳으로 이동한다.

산소를 가득 실은 혈구는 에너지가 필요한 세포를 지나칠 때, 산소를 철분에서 더욱 멀리 떨어뜨려놓는다. 그러면 산소는 철분과 결합할 희망을 버리고 새로운 영역으로 이동한다. 하지만 오래지 않아 물레바퀴처럼 생긴 효소 복합체가 산소를 휙 낚아챈다. 이후의 과정은 우리가 살기 위해 산소가 필요하고 산소가 없으면 죽는 이유를 알려준다.

물레방아 바퀴처럼 생긴 효소(더 정확히는 ATP 합성효소ATP synthase와 사이토크롬 c 산화효소cytochrome c oxidase)는 산소를 이용해 에너지를 생성한다. 이 효소들은 음식물의 아주 작은 잔여물(수소)을 챙겨다가 뭐든지 환영하는 산소에게 넘겨주고, 수소와 만난 산소는 마침내(!) 자유롭게 회전하며 가장 잘하는 일을 한다. 즉, 격렬하게 반응한다! 수소 둘과 결합하여 물이 되어 흘러가고, 이 반응에서 만들어진 에너지가 물레바퀴를 돌리면, 이 에너지가 각각의 세포에 공급된다. 우리가 숨을 쉬면 새로운 물질이 생성된다. 그렇게 물레바퀴가 돌면 우리는 살고, 멈추면 죽는다.

우리를 살게 하는 이런 반응들은 다소 아이러니하기도 하다. 폐에서 혈관을 거쳐 세포 내부의 가장 작은 구획에 이르기까지, 산소는 연행되듯 각 단계에서 세포들에 의해 세심하게 통제된다. 산소는 자유롭게 아무 데나 가선 안 되고 멋대로 결합해서도 안 된다. 하지만 맨 마지막 단계에서는 자유분방한 산소가 필요하다! 혼돈의 에너지가 우리를 안정시킨다니, 정말 아이러니하지 않은가?

진화 과정에서 우리 몸의 산소 처리 방식은 더욱 정교해졌지만 산소를 완전히 통제하지는 못했다. 단 한 번도 말이다. 약 100회 회전할 때마다 한 번씩, 산소 두 조각이 반응하다 말고 물레바퀴 효소에서 빠져나간다. 그 결과로 생성된 물질을 '활성산소'라고 부른다. 이 미완성 분자는 원래보다 반응성이 훨씬 더 강하다. 그래서 산소가 부족할 때뿐 아니라 너무 많아도 우리 몸에는 해롭다. 거의 모든 물질과 결합하는 산소가 몸에서 무차별적 연쇄 반응을 일으킬 위험이 있기 때문이다. 일반적으로 이렇게 빠져나간 산소는 특수 차단 효소에 잡혀 다시 물레바퀴로 돌아오지만 때때로 이 방법이 통하지 않을 때도 있다.

우리의 모든 욕구에는 '과잉'과 '부족'이 있다. 과식은 우리에게 좋지 않다. 너무 오래 자면 오히려 더 피곤하고, 물을 과도하게 빨리 많이 마시면 심각한 문제를 겪을 뿐만 아니라 심할 경우 혼수상태에 빠지기도 한다. 이토록 우리 몸은 균형 유지를 제1과제로 삼는다. 어떻게 균형을 유지할 것인가? 그것이 문제로다.

활성산소: 균형이 문제다

활성산소는 매우 위험하다. 제때 체포하지 못하면 허락도 없이 단백질에 들러붙어 세포막의 지방을 구기거나 표백제처럼 DNA 가닥 전체를 탈색시킨다(참고로 우리가 사용하는 표백제 역시 활성산소를 통해 작용한다)! 활성산소가 너무 많아지면, 우리 몸 안의 세포는 활성산소를 더는 통제하지 못하게 된다. 그러면 세포 내에서 '소규모 산소 재앙'이 발생한다.

칼로리가 특히 높은 음식, 예를 들어 치즈를 곁들인 슈페츨레, 감자튀김을 곁들인 햄버거, 달콤한 후식 등을 먹으면, 다시 말해 물레바퀴가 전속력으로 돌면 활성산소가 너무 많아진다. 과도하게 격렬한 신체 활동, 심한 염증, 정신적 스트레스, 조직 손상 시에도 물레바퀴가 전속력으로 돌아간다. 말하자면, 세포가 과중한 업무로 평소보다 훨씬 많은 에너지를 요구하거나 더 많은 항체를 생성하거나 더 많은 손상이 보고될 때마다 물레바퀴가 과속으로 회전한다.

최악의 경우, 여기에 외부 활성산소까지 합세한다! 약물 복용(예: 파라세타몰 과다 복용), 조리 과정(뜨거운 기름과 연기), 그리고 너무 당연하게도 술과 담배, 과도한 햇빛 노출을 통해 의도치 않게 활성산소가 발생할 수 있다.

이렇게 몸 안의 분위기가 혼돈으로 바뀌면 당연히 세포에게는 좋지 않은 일이 생긴다. 활성산소는 현존하는 거의 모든 질병에 관여한다. '나쁜' LDL 콜레스테롤과 반응하여 혈관 플라크를 만들고, 그 결과 혈압을 높인다. 또한 과활성 면역세포에 의해 분비되어 관절 류머티즘이나 장 크론병 같은 만성 염증을 유발한다. 술과 담배가 DNA를 손상시키고 암을 유발하는 것도 활성산소 때문이다. 알츠하이머병, 파킨슨병, 다발성 경화증에서도 신경세포에 전형적인 병변이 나타나려면 활성산소와 관련된 최소 한 단계의 반응 과정이 필요하다.

하지만 좋은 소식이 하나 있다. 우리에게는 동맹이 있다는 것이다! 식물은 수십억 년 동안 활성산소에 적응했고, 그 과정에서 놀라운 '기술'을 개발했다. 우리가 식물을 먹으면 그 기술도 같이 섭취된다. 영양학 이론에 따르면 견과류와 씨앗류에는 활성산소를 제거하는 지용성 물질이 있고, 이것이 우리 세포의 지방을 보호한다. 과일과 채소에는 활성산소를 제거하는 수용성 물질이 있는데, 이것이 주로 체액과 혈액을 보호한다. 이 두 가지를 충분히 섭취하면 여러 질병을 예방할 수 있다.

이 이론에는 몇 가지 미묘한 차이점과 특이점이 있다. 예를 들어 블루베리는 세 가지 활성산소 유형(일중항 산소singlet radicals, 과산화 라디칼peroxyl radicals, 초과산화 음이온superoxide anions)을 모두 효과적으로 중화하기 때문에 슈퍼푸드로 인정받는다. 토마토는 이 중 한 가지 유형(일중항 산소)만 제거하지만 그 효과가 매우 뛰어나다! 거의 모든 과일과 채소에 함유된 비타민 C는 역할을 바꿀 수 있다. 즉, 악성 세포보다 건강한 세포에서 활성산소를 더 쉽게 제거하여 악성 세포에 불이익을 준다.

그러나 이 모든 반가운 발견에도 불구하고 이 주제의 연구는 여전히 난항을 겪고 있다. 활성산소를 제거하는 비타민 A, C, E를 각각 캡슐이나 정제 형태로 투여하는 방식으로 큰 기대를 모았던 연구들이 매우 실망스러운 결과를 보였기 때문이다! 수년의 기간 동안 수만 명의 참가자에게 투여를 해보았지만 이렇다 할 효과를 보여주지 못했다. 질병 예방이나 수명 연장에도 효과가 없었다. 심지어 일부 흡연자의 경우 비타민 E가 암 위험을 증가시키기까지 했다! 그 이유는 여전히 수수께끼로 남아 있다.

이렇게 거의 모든 질병의 원인이 되는 활성산소를 완전히 제거해버릴 순 없는 걸까? 안타깝게도 그래선 안 된다. 활성산소에는 오랫동안 간과된 또 다른 측면이 있다. 바로 산소보다 더 카오스일 뿐 아니라 더 많은 에너지를 배달한다는 점이다. 자동차 애호가들의 표현을 빌리자면 '마력이 장난 아니다'. 조직세포는 서로 소통하는 데 이것을 이용한다. 말하자면 세포들의 소통에서 활성산소가 일종의 느낌표 구실을 하는 것이다!!! 면역세포는 박테리아와 바이러스를 퇴치하기 위해 활성산소를 생산한다. 활성산소인 과산화수소로 콘택트렌즈를 소독하는 것도 이 원리를 이용하는 것이다. 활성산소는 또한 암세포를 분해하는 데도 도움을 줄 수 있다. 활성산소를 완전히 차단해버리면 이런 유익한 기능들이 저해될 수 있다. 이는 결코 바람직하지 못하다.

그렇다면 도대체 어떻게 해야 한단 말인가? 이런 혼란스러운 새로운 상황에서도 여유만만한 표정을 짓는 사람이 있으니 활성산소 연구의 권위자인 로널드 프라이어Ronald Prior 교수다. 그는 다소 실용적인 의견을 제시하는데 바로 확실하게 나쁜 쪽, 즉 식사 후 활성산소 증가에 일단 집중하자는 것이다. 이때 증가하는 활성산소는 암세포를 적발하거나 박테리아를 퇴치하는 역할을 하지 못한다. 대개는 과속으로 회전하느라 지친 물레바퀴에서 빠져나온 것들이다.

채소, 과일, 견과류 등 건강한 식단은 활성산소를 제거하는 유익한 물질을 거의 공짜로 제공해준다. 하지만 이런 건강한 식단에서 멀어지면 상황은 더욱 복잡해진다. 감자튀김, 돈가스, 케이크, 감자칩 등은 에너지를 제공하지만 활성산소 제거제는 거의 없다. 이런 칼로리 폭탄 음식을 많이 섭취할수록 심장마비, 만성질환 등의 위험이 높아진다.

320kcal 정도의 중간 사이즈 감자튀김이 만들어내는 활성산소를 제거하려면 이론적으로 약 한 줌(약 25g)의 블루베리만 있으면 된다. 헤이즐넛 한 줌(약 15g)이나 사과 3분의 1개 또는 바나나 한 개 반 정도도 충분하다. 아까 토마토가 좋다고 했으니 그럼 케첩도 괜찮을까? 사실 케첩만으로는 어렵다. 약 250g이 필요한데, 거의 반병이다. 게다가 케첩에 함유된 설탕 때문에 통계가 엉망이 된다!(설탕이 바퀴의 회전 속도를 추가로 더 올리기 때문이다.)

이 분야에서는 몇몇 논쟁이 여전히 진행 중이다. 예를 들어 채소에서 추출한 활성산소 제거제가 실제로 모든 세포에 도달하는지, 아니면 일부 제거제가 장에서만 작용하는지를 두고 갑론을박을 벌인다. 어느 쪽이 맞든, 프라이어 교수는 여유만만하게 어깨를 으쓱해 보일 수 있다. 그가 제시한 내용은 이미 오래전부터 사실이었기 때문이다. 매일 채소와 과일을 5인분씩 먹는 사람은 확실히 더 건강하고 더 오래 산다. 이는 하루 평균 2,200kcal의 식단에서 생성되는 활성산소를 제거하는 데 필요한 분량과 정확히 일치한다. 프라이어의 주장이 맞다면 이것으로 우리는 산소 처리 능력을 더욱 정교하게 다듬을 수 있을 것이다.

24억 년 전, 지구에 놀라운 사고가 발생했고, 그 사고의 폐기물이 산소였다. 이 폐기물을 처리할 줄 몰랐던 생명체는 거의 멸종 직전까지 내몰렸다. 오늘날에도 생존이 순탄치만은 않아 보이지만 여전히 우리는 잘 살아가고 있다. 모든 호흡, 뻐끔거리는 모든 물고기, 하늘 높이 솟은 모든 나무는 위기를 극복하고 어려운 상황에 대처하는 생명체의 놀라운 능력을 입증해준다. 시간이 걸리고 덜컹거리고 오류투성이일지라도, 우리의 물레방아는 계속 돌아갈 것이다. 그렇게 우리는 길을 찾아내고, 담담하고 흔들림 없이 삶을 이어나갈 것이다.

삶의 균형에 대한 짧은 성찰

노벨 물리학상 수상자인 에르빈 슈뢰딩거Erwin Schrödinger는 1944년 과학계에 '생명이란 무엇인가?'라는 질문을 던졌다. 이 질문은 즉시 논쟁을 불러일으켰고, 슈뢰딩거는 산소의 두 가지 속성, 즉 에너지와 혼돈을 언급하며 논쟁을 정리했다. 그 내용을 요약하면 다음과 같다.

오늘날 세상에 존재하는 모든 것은 물리학적으로 분류될 수 있다. 존재하는 데 필요한 에너지의 양과 혼돈(또는 안정)의 정도가 분류 기준이다. 예를 들어 바위는 매우 안정적이고 그래서 존재하는 데 에너지가 거의 필요치 않다. 반면, 매초마다 변하는 날씨는 엄청나게 혼돈스럽고 엄청난 양의 에너지를 소비한다. 우리 인간은 이 가늠자에서 거의 정확히 중간에 위치하는데, 굳이 따지자면 정적인 바위보다는 혼돈의 날씨에 조금 더 가깝다.

우리는 생존 욕구를 충족하기 위해 끊임없이 숨쉬고 먹고 마시고 자야 한다. 바위와 날씨의 정확히 중간 지점에 머무르려 끊임없이 애

쓰지만 자꾸 그 지점에서 벗어나곤 한다.

그렇게 숨을 들이쉬고 내쉴 때마다 우리는 중간 지점 주변에서 오락가락한다. 정확히 중간에 계속 머물 수는 없다. 즉, 욕망과 갈망, 실망 없이 완전한 평화 속에 머물 수는 없다. 이것은 '삶의 저주'가 아니다. 삶이란 원래 그런 것이다!

내 몸속 네트워크를 제대로 작동시키는 법

몇 년 전까지만 해도 연구자들은 호흡이 전등 스위치처럼 작동한다고 믿었다. 마치 온/오프 버튼을 딸깍딸깍 누르는 것처럼 날숨이 끝나면 들숨을 담당하는 신경세포가 자동으로 다시 켜진다고 생각했다. 하지만 호흡은 그렇게 작동하지 않는다. 언제 어떻게 숨을 들이쉴지가 매번 새롭게 결정된다. 우리는 매 순간 숨을 얼마나 깊게 들이쉴지, 어떤 에너지를 사용하여 얼마나 많은 근육을 움직일지, 그리고 얼마나 천천히 숨을 내쉴지 결정한다. 뇌의 호흡센터는 이런 결정을 위해 폐, 혈액, 근육으로부터 다양한 정보를 받는다.

폐를 최대한 정확하게 움직이기 위해 수용체는 목, 심장, 뇌 등 여러 곳에서 혈액의 산성과 이산화탄소 및 산소 함량을 감지한다. 폐와 혈관의 확장, 혈압, 맥박도 점검한다. 이런 정보들은 뇌에서 복잡한 보정 과정을 거쳐 우리가 누워 있는지, 달리고 있는지, 무서워할 만한 상황인지, 잠수 중인지 등과 연결된다. 이론적으로는 확신에 찬 신경세포 세 개만 있어도 숨을 들이쉬는 데 충분하다. 하지만 실제로는 신경세포 수천 개가 서로 협력하여 어떻게 숨을 쉴지를 결정한다.

지구의 대기 역시 이른바 산소 순환이라는 조절 과정을 거친다. 여기서 순환이란 산소 생산자(식물), 산소 소비자(동물), 환경(암석층, 바다, 토양)이 서로 얽혀 있는 네트워크를 의미한다. 산소는 이 모든 과정을 통해 흡수되거나 방출된다. 이런 모든 요소들의 정교한 연결 덕분에 지구는 수십억 년 동안 공기가 고갈되지 않는 환경을 유지할 수 있었다. 이를테면 산소를 소비하는 동물이 산소를 생산하는 해초와 식물보다 많을 수는 없다. 시장이 자체적으로 조절하기 때문이다. 단, 이는 모든 참여자가 의미 있게 상호 의존할 때만 가능하다.

의존성은 자연이 가진 시그니처다. 의존성은 자연에게 약점이 아닌 특별한 형태의 지성과도 같다. 자연은 가능한 모든 것을 의미 있게 연결하고, 그래서 정교하게 균형 잡힌 의존성 네트워크가 뒤죽박죽 망가지는 순간, 우리는 즉시 그것을 알아차릴 수 있다. 네트워크가 무너지면 일부 신경세포가 유난히 두드러지거나 틀린 주장을 해도 설득력을 얻는다! 국회 여야 회의, 반상회, 회사 회의실에서처럼 우리의 호흡 센터 역시 때때로 불일치를 경험한다. 그러면 우리는 갑자기 필요 이상으로 빠르고 깊게 숨을 쉬고 불필요하게 헐떡이거나 너무 가쁘게 숨을 쉰다. 긴장과 공황, 걱정과 슬픔, 또는 기쁨의 순간을 맞이했을 때 가만히 앉아 있는데도 마치 달리거나 뛰어오를 때처럼 숨이 차는 이유는 바로 이 때문이다. 최악의 경우, 이산화탄소를 통해 엄청난 양의 탄산을 뱉어내 혈액의 산성도가 정상 수치 아래로 떨어지기도 한다. 혈액 속 단백질과 신경은 이런 변화에 아주 민감하게 반응한다. 오렌지 주스를 넣으면 응고되는 우유, 또는 베이킹파우더를 섞은 식초처럼 산성도의 변화는 다양한 반응을 일으킨다. 혈액의 산성도가 떨어지면 손가락이나 입 주변의 미세한 신경이 저리기 시작한다. 만약 정도가 심해져 뇌혈관까지 수축하기에 이르면 우리는 의식을 잃는다.

이 경우 실신은 사실 매우 실용적인 대처법이다. 호흡이 잠시 멈춘 동안에 새로운 이산화탄소가 혈류에 모여 산성도가 정상 수치를 회복하고 호흡이 정상으로 돌아오기 때문이다. 의식을 잃은 상태에서 호흡센터는 디폴트 값, 즉 장기에서 전달되는 정보로 돌아간다.

역사적으로 우리 인간은 세상의 의존성에 끊임없이 도전해왔다. 이는 종종 좋은 결과를 낳기도 했지만 때로는 다소 우아하지 못한 결과를 가져오기도 했다. 기존의 의존성에 혁신을 잘 통합했을 때는 언제나 좋은 결과가 있었다. 우리는 온실을 만들어 기근에 맞섰고, 제왕절개술을 발명하여 아이와 산모의 조기 사망을 막았으며, 수 세기 동안 저술과 책을 통해 생각과 아이디어를 보존해왔다.

물론 겉으로는 좋아 보이나 이점이 위험을 능가한다고 명확하게 말할 수 없는 혁신도 있었다. 기존 의존성 네트워크에 통합되지 않는 발명품들이 여기에 속하는데, 예를 들면 죽은 지 수백만 년 된 생물의 유해를 뽑아 올리기 위해 땅을 파헤치는 경우가 그렇다. 석유, 천연가스, 석탄(모두 미생물과 식물의 유해에서 생성된다)을 발굴할 때 정확히 그런 일이 발생한다. 분해된 생물을 태워 에너지를 얻는 것은 마치 산소를 생산하지 않고 갑자기 이산화탄소를 대량으로 뱉어내는 것과 같다. 그러면 당연히 균형이 깨진다.

현대의 호흡 조절에서도 우리는 많은 진전을 이루었다. 오늘날 우리는 금속 통에 공기를 채워 그걸로 숨을 쉬면서 마치 물고기처럼 물속으로 잠수할 수 있게 되었다. 또 1970년부터 폐 없이, 또 공기 없이도 기술적으로 숨을 쉴 수 있게 되었다! '체외막산소공급'이라고 알려진 이 기술은 혈액을 몸 밖에서 산소화한 후 캐뉼라를 통해 다시 몸 안으로 되돌려 보낸다. 우리가 내쉬는 이산화탄소 역시 같은 방식으로 필터를 통해 제거된다.

유용한 발명품일수록 놀랍도록 복잡하고 그와 비례해 일련의 부작용이 따르기 마련이다. 체외막산소공급 역시 예외가 아니다. 이 기술은 우리 몸의 의존성 네트워크가 어떤 방식으로 작동하는지 역으로 명확히 보여준다. 심장, 소화, 신진대사, 면역체계는 모두 폐와 밀접하게 연관되어 있다. 호흡 운동은 심장을 이완시키거나 팽창시킨다. 숨을 쉴 때 내려오는 횡격막은 위와 장을 마사지하여 소화를 촉진한다.

최신 연구에 따르면, 신선한 공기와 오염된 공기를 번갈아 들이마시는 호흡 행위 자체가 감염을 예방하는 효과가 있다고 한다. 숨을 쉬는 과정에서 호흡기의 pH 농도가 계속해서 변하기 때문이다. 더 나아가 특정 호흡 패턴은 뇌를 진정시키고 물질대사에도 영향을 미친다. 그러나 '체외막산소공급' 중에는 이런 모든 연결이 몸에서 사라져버린다!

한마디로, 정말로 호흡을 대체하고 싶다면 우리는 호흡의 의존성 네트워크까지도 모방해야 한다. 몸 안의 모든 장기와 세포와 물질들이 서로 연결되어 영향을 끼치고 영향을 받는 메커니즘을 모방해야 하는 것이다.

설령 우리가 일종의 평행 자연, 즉 우리가 각기 다른 권력, 부, 독립성 속에서 살아가는 어떤 세상을 만들어냈다 하더라도, 세상을 가장 굳건히 지탱해주는 기본 원칙은 의존성이며 이 사실은 결코 변하지 않는다. 우리가 무엇을 원하든, 중요한 것은 이런 의존성에 주의를 기울이고 그 결과를 최대한 정확하게 평가하는 것이다. 우리는 유익한 의존성 네트워크에 더 세심하게 참여하고 의존성 네트워크를 활용하며 의존성 네트워크가 파괴되는 것을 막아야 한다.

:: 삶에 도움이 되는 다양한 호흡법들

최근 몇 년 동안 호흡 연구가 활발히 진행되었다. 호흡이 가지는 독특한 특징 때문이다. 호흡은 의식과 무의식 모두로부터 영향을 받는다. 신체에서 이는 매우 드문 현상인데, 다른 필수 장기들은 의식의 영향을 거의 받지 않기 때문이다. 우리는 의도적으로 심장박동을 늦추거나 장의 소화 속도를 높이거나 교통 체증에 갇혔을 때 소변이 마렵지 않게 신장을 조종할 수 없다. 하지만 숨은 참을 수도 있고 상황에 따라 더 빨리 쉴 수도 있다. 그리고 의식이 특별한 지시를 내리지 않으면 자동으로 무의식 모드로 전환된다. 호흡의 이런 '이중언어 능력'은 여러 독특한 일들을 가능하게 해주는데, 바로 서로 분리되어 있는 두 가지 사고 영역을 서로 연결시켜주는 일이다.

초기의 호흡법 연구는 나름 성과를 냈다. 출산 중 의식적으로 호흡하는 것의 이점, 패치보다는 흡연으로 얻는 니코틴을 더 선호하는 이유, 긴장을 풀기 위해 한숨을 쉬는 이유 등을 설명해주었다. 하버드 대학교를 비롯한 여러 기관에서 호흡을 연구하기 시작한 이후, 이제는 미군과 독일 경찰에서도 특정 호흡 기법을 교육한다. 호흡 리듬 연구는 앱과 교육과정에도 영감을 주었다. 예를 들어 어떤 호흡 기법은 기분을 좋게 만들고, 어떤 호흡법은 식곤증을 없애주며 편두통과 공황 발작을 완화하거나 수면을 촉진한다고 한다. 이러한 호흡법의 효과는 주로 두 가지에 좌우된다. 바로 들숨과 날숨의 비율 그리고 코로 숨을 쉬는지 여부다.

먼저 알아두어야 할 호흡의 기본 원칙은 이렇다. 우리 몸은 숨을 내쉬면 이완되고, 숨을 들이쉬면 각성된다. 평소대로 숨을 들이쉬고 내쉬면 자연스럽게 들숨과 날숨의 균형이 유지되고, 우리는 거의 의식하지 못한 채 그냥 호흡을 한다. 하지만 의식적이든 무의식적이든 어떤 자극을 받으면 이 균형이 깨진다. 숨을 더 길게, 더 깊게, 더 자주 들이쉬면 우리는 더 예민해지고, 심한 경우 긴장감이나 불안감을 느끼기도 한다. 직접 확인해보고 싶다면 30초 동안 빠르고 깊게 숨을 들이쉬어보라. 이런 각성 효과 때문에 이 호흡법은 '에스프레소 호흡'이라고도 불린다.

어떤 원리로 이렇게 되는 걸까? 숨을 들이쉬면 폐가 공기로 가득 차고, 내부 '기압'이 상승한 폐는 새로 공기를 만난 신선한 혈액을 심장 쪽으로 밀어낸다. 깊게 숨을 들이쉬면 그만큼 많은 양의 혈액이 심장으로 밀려들어간다. 어떨 땐 폐에 있던 혈액의 절반이 빠져나가기도 한다. 이렇게 혈액 공급이 증가하면 심장은 잠깐 동안 몹시 분주해진다. 손님이 몰리는 시간의 분주한 마트 계산대와 비슷하다. 갑자기 늘어난 혈액을 맞이한 심장은 온몸으로 혈액을 퍼내기 위해, 평소 이완과 느림을 담당하는 신경을 억제한다. 그래서 숨을 들이쉴 때 심장이 더 빨리 뛴다.

숨을 내쉴 때는 분주함이 가라앉고, 폐의 팽창이 누그러져 혈액을 더 많이 흡수할 수 있고 그 덕분에 심장의 부담이 줄어든다. 그래서 숨을 내쉬는 몇 초 동안은 심장박동이 느려진다. 이제 심장은 다시 모든 신경 정보에 귀를 기울인다. 휴식을 취하라는 정보까지도 모두 다 말이다.

다시 말해, 숨을 천천히 내쉴수록 심장은 그리고 우리 몸은 휴식 시간을 더 많이 확보할 수 있다. 단 한 번의 호흡이 큰 변화를 가져오진 않지만 하루 동안의 호흡으로 확장해서 보면 전체적인 영향력을 확인할 수 있다. 숨을 들이쉬는 시간보다 내쉬는 시간이 평균적으로 더 긴 사람은 스트레스성 질병에 걸릴 확률이 통계적으로 더 낮다. 심장은 휴식 시간이 길수록 더욱 정교하게 폐의 리듬을 따른다. 천천히 공들여 작품을 만드는 수공예 장인처럼 심장은 매 호흡의 모든 리듬에 집중한다. 이는 에너지를 절약하고 마모를 방지한다.

뇌를 통해 심장이 분주해질 때도 있는데, 이는 예상치 못한 협력자인 코 때문이다. 코로 숨을 들이쉬면 공기가 콧구멍을 통과하면서 점막의 신경 종말을 자극하고, 이 신경 종말은 뇌에 이를 보고한다. 그렇게 숨을 들이쉴 때마다 신호가 생성된다. 예를 들어 천천히 호흡할 때 신호음이 '띠-이이이 띠-이이이 띠-이이이'처럼 난다면 빨리 호흡할 때는 '띠- 띠- 띠- 띠- 띠- 띠-'처럼 나는 것과 같다.

연구를 통해 우리는 이제 두개골 내부(!)에 전극을 삽입하거나 뇌를 스캔하여 이 신호가 마치 지휘자처럼 뇌 활동의 박자를 조절한다는 사실을 알게 되었다. 특히 편도체와 해마가 이 신호의 영향을 많이 받는다. 편도체와 해마는 각각 각성(각성 상태가 심하면 불안)과 기억을 담당한다. 그래서 코 점막의 신경이 마비되거나 입으로 숨을 쉬면 이런 효과가 사라진다(날숨도 이런 효과를 낼 수 없다). 달릴 때 코가 제공하는 각성 효과가 얼마나 큰지 알아보고 싶다면, 코와 입으로 번갈아 숨을 쉬면서 확인해보라.

특수부대나 경찰특공대는 극한 상황에서 숨을 길게 내쉬는 호흡법을 활용한다. 의식적 사고는 무장한 사람들과 대치할 때 침착함을 유지하는 법을 성실히 훈련했다 해도 우리의 무의식적 사고는 말 그대로 무의식에 머물러 있곤 한다. 그래서 이런 극한 상황에 직면하면 대개 아무 훈련도 하지 않은 사람처럼 비명을 지르고 도망가라고 제안한다. 이때 호흡으로 침착함을 유도하여 이런 제안을 누그러뜨릴 수 있다. 예를 들어 '6-4 호흡법'은 내쉬는 시간(6초)이 들이쉬는 시간(4초)보다 길다. 이렇게 1분만 호흡해도 혈압이 확연히 떨어지고 스트레스 호르몬 분비가 줄어든다.

경찰특공대뿐 아니라 조산사도 같은 전략을 쓴다. 즉, 출산 때도 호흡이 활용된다. 출산 과정에서 자궁은 자신의 임무를 잘 알고 있지만 자신의 의도를 전달하는 데는 그다지 능숙하지 못하다. 바로 이 빈틈을 호흡이 메운다. 스트레스가 쌓여 불필요하게 호흡이 빠르고 얕아지면 우리의 의식은 일종의 수화기를 들고 더 차분하게 숨을 쉬라고 이야기한다(물론 차분함이 도움이 된다고 믿을 때만). 진통 초기에는 스트레스로 통증에 더 예민해지고, 내부 장기로 가는 혈류가 감소하므로 이때는 약간의 이완이 좋다. 하지만 진통 막바지에 이르면 양상이 달라진다. 그때는 온 힘을 다해 아이를 밖으로 내보내야 한다. 이 시점에서는 차분한 호흡이 아니라 헐떡이며 몸에 경고음을 울리는 것이 합리적이다.

호흡법은 출산이나 특수 임무 수행이 아니더라도 우리에게 많은 도움을 준다. 바쁜 일상 속에서 밖으로 나가 천천히 깊게 그리고 편안하게 숨을 몇 번 내쉬는 것보다 더 좋은 이완 운동은 없다. 그리고 바로 이런 날숨이 흡연을 그토록 매력적으로 만드는 이유이기도 하다. 아주 위험한 매력인데, 흡연에는 중독성과 발암물질 그리고 훌륭한 습관, 즉 교과서적 호흡법이 결합되어 있기 때문이다. 이런 의미에서 흡연은 아마도 사회적으로 널리 행해지는 유일한 이완 운동일 것이다. 우리는 흡연을 위해 일을 중단하고 심지어 파티 중에도 피우며 여행 전에도 피울 수 있도록 공항과 기차역에 흡연 구역을 특별히 마련해놓기도 하니까 말이다!

호흡법이 금연에도 도움이 될지는 오랫동안 추측의 영역이었다. 그러던 중 2020년 한 연구팀이 최초로 이 주제와 관련하여 대규모 연구를 수행했고, 그 결과를 발표했다. 연구팀은 전통적인 금연 훈련과 요가의 마음챙김 호흡법을 비교했다. 결과는 명확했다. 호흡법을 이용한 사람들은 재발, 그러니까 다시 담배를 필 위험이 두 배나 낮았다. 전통적인 금연 훈련과 비교했을 때, 명상 호흡은 금단 증상 중 흔히 나타나는 부정적 감정의 강도를 낮추는 것으로 나타났다.

물론, 호흡법에도 한계는 존재한다. 할 수 있는 것이 있고 할 수 없는 것이 있다. 아무리 훌륭한 호흡법을 활용하더라도 너무 큰 우량아를 순산하기는 어려울 것이다. 호흡만으로는 담배가 주는 짜릿한 도파민 효과를 얻을 수 없다. 하지만 의식과 무의식이 함께 작용하면 많은 일이 더 쉬워진다. 호흡의 이중언어 능력 덕분에 우리는 두 세계의 장점을 모두 누릴 수 있다.

:: 호흡 기능 장애가 일어나는 이유

폐가 자신의 영향력을 반성해야 할 때도 더러 있다. 생각이 쉴 새 없이 분주하게 일하면 우리의 폐는 더 빨리 그리고 더 깊이 숨을 쉰다. '산소가 더 많이' 또는 '이산화탄소가 더 적게' 필요한 상황이 아님에도 그렇게 한다. 읽지 않은 이메일이 놀랍도록 많이 쌓여 있으면 우리는 받은편지함을 열 때 쓸데없이 숨을 참기도 하고, 코감기가 오래전에 나았음에도 습관적으로 입으로 계속 숨을 쉬기도 한다.

통계에 따르면 열 명 중 약 한 명이 건강에 해로운 호흡을 하는 것으로 조사됐다. 이런 호흡 기능 장애는 피로, 목 긴장, 수족냉증, 호흡곤란을 유발하기도 한다. 더 큰 문제는 호흡 기능 장애에서 비롯된 증상임을 알지 못한 채 다른 약이나 치료 방법을 쓰면서 별다른 호전을 보지 못한다는 것이다.

우리의 의식은 비합리적일 수 있고, 때로는 옳은 일을 하지 못하게 방해하기도 한다. 우리는 이 사실을 아주 잘 안다. 그러나 의식이 우리 '신체'까지도 제대로 기능하지 못하게 만든다는 사실에 대해서는 거의 주목하지 않는다. 이 주제를 연구한 여러 연구들이 내린 결론은 우리 조상들의 지혜, 특히 명상을 새롭게 조명한다.

'생각을 흘려보내'라거나 '그냥 호흡을 관찰'하라는 것이 명상의 대표적 지침이다. 그러다 보니 명상은 처음엔 다소 생소하게 느껴진다. 다른 호흡법처럼 의식이 의도적으로 개입해야 할 것 같은데 그러지 말라니! 호흡 연구가 보여주듯이, 여기에는 그럴 만한 이유가 있다. 의식이 신체 활동에 개입한다고 해서 항상 도움이 되는 건 아니기 때문이다. 생각이 복잡해지면 한 가지 문제도 해결하기 어렵다. 그러면 호흡에 미치는 영향력 역시 무의미해진다.

그러나 꼬리에 꼬리를 무는 머릿속 생각을 놓아주면 뇌의 호흡센터는 혈액 속 산소량과 배출할 이산화탄소량에 다시 집중할 수 있다. 다시 말해, 지금 이 순간에 집중할 수 있게 된다. 이는 곧바로 명확한 변화를 만들어낸다. 호흡을 그대로 두면, 저절로 더 느려지고 편안해진다. 그리고 (우리의 의식은 아마 이 말을 좋아하지 않겠지만) 효율성도 더 좋아진다.

명상에서 곧바로 이런 효과를 얻지 못하면 어떤 사람들은 때때로 하품을 한다. 하품은 기침이나 재채기와 마찬가지로 호흡센터를 '리셋'하는 반사 작용이다. 생각이나 불안 같은 자극이 너무 많아지면 이런 반사 작용이 갑작스런 휴지기를 만든다. 호흡센터는 쉴 새 없이 쏟아지는 생각의 흐름에 쫓기다가 하품이 만든 휴지기에 다시 다른 일에 더 신경을 쓰게 된다.

화면은 명상의 패스트푸드 버전이라 할 수 있다. 화면의 다채로운 색상과 소리들이 의식의 관심을 생각에서 다른 곳으로 돌려놓기 때문이다. 그러면 의식은 화면에 집중하느라 호흡에 덜 간섭한다. 1970년대와 80년대의 연구들이 이미 이 사실을 밝혀냈고, 최근의 호흡 연구가 이 이론을 재검토하고 있다. 조화로운 호흡으로 편안함을 느끼는 데는 명상이나 휴대전화나 적어도 단기적으로는 큰 차이가 없는 듯 보인다. 두 가지 모두 고민을 잊고 머리를 식히게 해준다는 측면에서는 말이다.

정말로 호흡 기능 장애인지 그저 호흡이 불안정한 건지는, 호흡 때문에 실제로 문제가 발생하느냐에 달려 있다. 어떤 사람은 숨을 쉴 때 가슴 근육을 과도하게 써서 가슴 윗부분에서 통증을 느낀다. 또 어떤 사람은 불필요하게 자주 심호흡을 해서 에너지를 낭비한 탓에 오후에 극심한 피로를 느낀다. 이런 피로감은 오후 내내 계속 누적되어 저녁이면 마치 공원 한 바퀴를 달린 것처럼 녹초가 된다! 휴식 상태에서 호흡 횟수가 분당 20회 이상이면, 이산화탄소가 너무 많이 배출되어 손발의 작은 혈관들이 수축한다. 그 결과 손발이 차갑고 저리며 심할 경우 심계항진, 불안증, 현기증도 나타난다. 호흡 기능 장애의 전형적인 특징은 자고 나면 거의 모든 문제가 호전되고 하루가 시작되면 증상이 다시 나타난다는 것이다. 말하자면 깨어 있는 시간이 길수록 문제도 그만큼 더 많이 발생한다.

어떤 경험들은 우리의 호흡 습관을 바꿔놓는다. 예를 들어 강도를 당한 뒤 현관문을 삼중으로 잠그는 사람처럼 천식이나 심장 질환에 따른 숨가쁨이 과호흡으로 바뀔 수도 있다. 또한 스트레스나 길어진 감기 때문에 호흡 습관이 바뀌기도 한다. 건강에 해로운 호흡 방식이 몸에 배어버리면 단순히 생각을 가라앉히는 것만으로는 부족하다. 나쁜 자세를 교정할 때처럼 호흡 방식도 적극적으로 다시 배우고 익혀야 한다. 그렇게 우리는 다시 깨어 있게 될 것이다!

가장 흔한 문제인 숨가쁨은 '부테이코Buteyko' 호흡법으로 해결할 수 있다. 이 기법에서는 숨을 내쉰 후 계속해서 숨을 참는다. 그러면 숨을 내쉴 때마다 곧바로 반사적으로 숨을 들이쉬지 않아도 된다는 것을 호흡센터와 호흡 근육이 알아차린다. 그리고 호흡 사이에 천천히 상승하는 혈중 이산화탄소가 다시 다음 호흡을 유발하는 대표 자극이 된다. 부테이코 호흡법은 천식 환자에게도 도움이 되는데, 어떤 환자들은 이 호흡법으로 약물 복용량을 줄일 수도 있다.

욕구에 관한 한, 우리는 때때로 우리 자신을 너무 믿어선 안 된다. 과자 한 봉지를 앉은 자리에서 먹어치우고, 스마트폰에 너무 많은 시간을 빼앗기고, 건강에 해로운 걸 알면서도 담배를 피우는 사람들이 상당히 많다. 의식적이든 무의식적이든 우리의 행동은 스스로에게 해를 끼칠 수 있다. 숨을 들이쉬고 마시는 순간까지도 말이다.

하지만 동시에 호흡 조절에서 영감을 얻을 수도 있다. 이를테면, 무의식적으로 불안감이 쌓일 때면 우리의 의식이 나서서 호흡을 조절하여 불안감을 누그러뜨린다. 그리고 의식이 끝없는 고민에 빠져 있으면 무의식적인 신체 과정이 나서서 하품을 일으켜 고민을 내려놓게 한다. 이런 방식으로 의식과 무의식이라는 두 존재가 서로 원활히 협력하면, 우리는 심장과 뇌 사이에서(그리고 어쩌면 코도 살짝) 알맞은 균형을 유지할 수 있다.

대기오염: 폐가 불청객을 상대하는 법

원하는 것을 얻을 때는 거의 항상 원치 않는 것도 함께 얻게 되는 법이다. 운동선수들이 관절 문제를 겪듯이, 라즈베리를 먹을 때 치아 사이에 작은 씨가 끼어 좀처럼 빠지지 않듯이 말이다. 우리의 폐는 이런 세상의 이치를 잘 알고 있다. 폐는 깨끗한 공기를 원하지만 공기 중에는 온갖 먼지와 입자들이 떠다니고, 우리는 원치 않아도 그것들

을 같이 들이마시게 된다. 폐는 이런 불청객을 처리하느라 매일매일
이 분주하다.

불청객은 종류도 여러 개다. 우리의 대기에는 성가신 물질도 있고
무해한 물질도 있다. 염분 입자 몇 개는 폐에 거의 영향을 미치지 않
는다. 어차피 폐의 세포에도 염분이 들어 있으니 여기에 몇 개가 더해
진다고 해서 문제될 건 없다. 그러나 이를테면 바닷가에서 비교적 많
은 염분을 흡입하면 호흡기가 먼저 반응한다. 몸의 염도가 너무 높아
지지 않게 호흡기의 세포들이 수분을 분비하여 공기 중의 염분을 적
당한 수준으로 희석시키는 것이다. 천식 환자용 흡입기에 바로 이 메
커니즘이 적용된다. 생리식염수 또는 등장성 식염수(인체의 체액와 염
도가 같은 용액)를 뿌리면 호흡기의 습도가 최적으로 유지된다. 반대로
고장성 식염수(체액보다 염도가 높은 용액)를 흡입하면 점액이 묽어져
기침하기가 더 수월해진다. 물론, 너무 많이 흡입하면 신체의 염분 균
형이 깨질 수 있다. 하지만 그뿐이다.

그을음은 염분보다 더 성가시다. 장이 탄 음식을 싫어하는 것처럼
폐는 그을음 입자를 별로 좋아하지 않는다. 호흡기는 이런 입자를 그
냥 흡입하여 수분으로 희석할 수 없다. 이런 입자는 적극적으로 뱉어
내야 한다. 그을음은 종류에 따라 끈적거리거나 목을 아프게 할 수 있
다. 그래서 이런 물질을 처리할 특별 시스템이 개발되었다. 바로 코털
이다. 코털을 보면서 어딘가 빗자루를 닮았다고 생각했다면 코털이
호흡기를 위해 이물질을 막아준다는 점을 이미 이해한 것이다.

코털에는 두 가지 종류가 있다. 우리 눈에 보이는 코털은 통로에

매달려 큰 보풀들을 잡아낸다. 훨씬 미세한 '세포 섬모'는 콧구멍 입구 몇 밀리미터 안쪽에서 더 열심히 일한다. 작은 근육을 이용해 초당 850회씩 이물질을 쓸어 담으며 공기를 청소한다. 쓸어 담은 이물질은 인후 쪽으로 운송되어 몇 초마다 한 번씩 삼켜지고 우리의 튼튼한 소화기가 산과 효소로 이를 처리한다! 이 과정에서 연약한 폐는 안전하게 지켜진다.

섬모는 술잔처럼 생긴 '잔세포'와 긴밀하게 협력한다. 잔세포는 점액을 생성하는데, 이 점액에는 일반 병원균을 막는 항체가 들어 있다. 그래서 섬모가 이물질들을 쓸어 담을 때 이 점액이 이물질 입자나 바이러스가 쉽게 날아가지 않도록 붙잡는다. 섬모와 점액이 합쳐져 일종의 물걸레질 효과를 내는 것이다. 둘의 협력으로 우리는 흡입한 공기 중의 이물질을 코에서 이미 절반 정도 제거한다. 입으로 호흡하면 이런 서비스를 받지 못한다.

계속해서 입으로 호흡하면 인후에 있는 면역세포가 평소보다 훨씬 많은 이물질을 붙잡아야 한다. 그 결과 면역조직이 비대해지면, 이를 '아데노이드 비대adenoid hypertrophy' 또는 '편도선 비대'라고 부른다. 비대해진 편도선이 코 호흡까지 방해하는 불행한 악순환을 일으키는 질환이다. 심한 경우가 아니라면 코 호흡을 많이 하는 것만으로도 편도선 비대가 자연스럽게 사라지기도 한다.

코를 통과한 공기가 가슴으로 이동하면 통로가 점점 좁아지면서 남은 이물질을 또 한 번 걸러낸다. 여기서는 섬모가 반대 방향으로 움직인다. 코에서 인후 쪽으로 내려가는 것이 아니라 폐에서 인후 쪽으로 올라간다. 위는 이미 이것을 감지하고 대기하고 있다. 설령 이물질 입자가 인후를 지나쳐 기관지로 갔더라도, 다시 인후 쪽으로 퇴출되어 다음 차례에 삼켜져 위에 도달한다.

섬모는 매일 일정 분량의 이물질을 거뜬히 처리할 수 있다. 하지만 너무 무겁거나 너무 묽거나 너무 위험한 이물질이면 다른 신체 부위들이 약간의 도움을 줘야 한다. 그렇게 호흡기의 신경이 주변 근육을 깨우면 우리는 기침이나 재채기를 한다. 이때 생성된 압력파가 이물질을 수천 개의 섬모 너머로 세차게 날려버린다.

만약 먼지가 어떤 이유로든 걸러지지 못하고 폐의 중심부, 그러니까 예민한 폐포(혈액으로 들어가기 직전!)에 도달하면 전략이 바뀐다. 폐포에는 섬모가 없어서 쓸어 담는 전략을 쓸 수 없고, 기침 전략도 이미 너무 늦었다. 이 시점까지 쓸려나가지 않거나 기침으로 퇴출되지 않은 이물질은 더욱 강력한 존재인 식세포(혈액이나 조직 내에서 세균이나 이물질 등을 분해하는 세포―옮긴이)를 만나게 된다.

폐에 특화된 식세포인 이른바 '폐 대식세포'는 얇은 폐포조직 안에서 아메바처럼 이동하며 위험해 보이는 불청객을 모두 잡아먹는다. 이들은 면역체계의 일부로서 늘 분주하게 일한다. 공기가 깨끗해서 폐포를 청소할 일이 없으면 부업으로 혈류를 정화하기도 한다. 이물질을 잡아먹는 것은 위험한 일이기에 식세포들은 종종 장렬히 전사하기도 한다. 혈류에 가까워질수록 식세포들의 희생은 더 커진다.

이처럼 우리는 유입된 이물질의 상당 부분을 섬모와 식세포 등을 통해 검증된 방식으로 처리한다. 그럼에도 미세 입자는 이들을 뚫고 넘어와 신체조직에 상당수 축적되고는 한다. 그래서 도시인의 폐가 회색으로 또는 흡연자와 광부의 폐가 검은색으로 변하는 것이다. 이물질이 쌓이면 우리는 큰 대가를 치러야 한다. 폐는 혈액을 보호하기 위해 질병이라는 최후의 카드를 꺼내든다.

폐의 분지가 많은 사람일수록 만성 폐쇄성 폐 질환COPD, chronic obstructive pulmonary disease을 앓을 확률이 더 높다. 인구의 약 16%가 여기에 해당한다. 추측하기로, 강의 갈래처럼 호흡기가 갈라지는 부분에 이물질이 끼는 경우가 많은 것 같다. 2017년에 수천 건의 방사선 사진, 유전자 검사, 연구논문 분석을 통한 대규모 연구에서 이와 유사한 결과가 발표되었다. 반대로 폐의 분지가 많지 않다고 해서 반드시 안전한가 하면 그렇지도 않다. 분지 부위에 이물질이 덜 쌓이는 대신, 혈액으로 더 많은 이물질이 유입되어 혈관, 신장, 뇌 등에 다른 질병을 유발할 수 있다. 최신 연구에서 이런 가능성들이 밝혀지고 있는 중이다.

이물질을 쓸어 담는 섬모의 부지런함, 기침 근육의 단호한 힘, 식세포의 주의력, 그리고 마지막으로 희생을 감수하는 이타적인 신체조직들까지, 우리의 몸은 이 모든 것을 동원하여 불청객과 싸운다. 전부는 아니더라도 많은 이물질이 우리 몸 안에서 이런 방식으로 제거된다. 하지만 그럼에도 기체와 초미세먼지는 폐포를 통과하여 혈류로 이동할 수 있다. 그럼 그때부터는 혈관과 장기가 이런 이물질을 처리해야 한다. 우리의 호흡기는 할 수 있는 최선을 다했다.

대기오염은 어제오늘의 일이 아니다. 태초부터, 적어도 30억 년 전 최초의 화산 폭발 이후로 지구상에는 늘 대기오염이 존재했다. 모래 폭풍, 향기를 내뿜는 식물, 바다, 산불 역시 아주 옛날부터 건강에 해로운 물질을 대기로 뿜어냈다. 다행스럽게도 우리 몸은 오랜 세월 세상의 온갖 오염에 적응하며 해결책을 찾아왔고, 그렇게 생존했다. 그런데 불행하게도 새로운 세상이 도래하고 말았다.

오늘날 해로운 대기오염의 90%는 인간이 초래한 것이다. 이런 오염물질에는 이산화질소처럼 늘 존재했지만 이제 너무 많아진 물질뿐만 아니라, PFAS(과불화 및 폴리플루오로알킬화합물Per-and Polyfluoroalkyl Substances)처럼 인간이 없었다면 존재하지 않았을 물질도 들어가 있다.

PFAS와 이산화질소는 새로운 세상을 대표하기에 최적인 물질이다. 일단 그 명칭부터가 매우 추상적이다. '염분'이나 '그을음'과 달리 명칭만으로는 이 물질이 어디에서 왔는지 정확히 알기 어렵다. 그리고 역시 새롭고 과잉된 이산화황, 이산화탄소, 오존, 프탈레이트 등등 혼란스러운 수많은 다른 물질들에 휩쓸려 갈피를 잡을 수가 없다. 마치 식품 포장지의 작은 글씨, 웹사이트의 이용 약관, 수백 페이지에 달하는 정당 선언문처럼 이런 물질들을 자세히 이해할 엄두가 나지 않는다. 하지만 우리는 매일 이 모든 물질을 흡입한다. 용기를 내 자세히 들여다보는 사람만이 자신의 폐에게 도움을 줄 수 있다. 염분이나 그을음처럼 PFAS와 이산화질소는 더 깊은 이해의 문을 열어줄 것이다. 그러니 용기를 내어 한번 살펴보도록 하자.

1. PFAS: 인간이 만든 영원한 유해물질

PFAS는 재료의 탄성을 높인다. 이 물질을 생산하는 한 가지 방법은 판지나 플라스틱 같은 표준 재료에 전류를 흘려 불소가스로 기화시키는 것이다. 이 반응은 불소치약에서 일어나는 것과 유사한 현상을 일으킨다. 불소치약으로 양치질을 하면 불화물(불소와 다른 원자와의 화합물—옮긴이)이 법랑질(치아의 가장 바깥쪽을 덮고 있는 유백색의 반투명하고 단단한 물질—옮긴이)에 흡수되어 강한 결합을 형성한다. 이런 결합이 주변 미네랄을 끌어당겨 치아의 법랑질을 더욱 단단하게 만든다. 불화물이 흡수된 치아 표면은 충치 박테리아의 산과 같은 다른 물질과 거의 반응하지 않기 때문에 썩지 않고 오래 유지된다.

PFAS에는 불화물 대신 순수 불소가 사용되는데, 순수 불소는 불화물보다 반응성이 훨씬 더 강하다! 그래서 섬유에 불소를 결합하면 방진성이 높아져 먼지가 덜 날리고 우비는 빗방울을 더 잘 막아주며 불소 페인트로 벽을 칠하면 내후성이 강화되어 오래 유지된다. '철벽 지속력'을 자랑하는 화장품부터 식품 테이크아웃용 코팅 포장재, 방수 스프레이, '잎 표면 코팅' 살충제, 테플론 프라이팬, 종이컵, 종이호일까지, 일상생활에서 PFAS가 포함된 물건들의 목록은 셀 수 없이 많다. 새로운 세상에서 이런 신소재가 없는 생활은 상상조차 하기 어려울 것이다.

PFAS는 생산 과정에서 또는 폐기물 처리시설에서 소각될 때 공기 중으로 배출된다. 카펫이 마모되면서 또는 PFAS가 함유된 스프레이를 사용할 때는 실내에서도 배출된다. 오랜 세월 PFAS가 정말로 우리 몸에 해로운지를 두고 여러 논란이 있어왔다. PFAS는 다른 물질과 매우 단단하게 결합하여 다른 화학 반응을 거의 일으키지 않기 때문이다(약 600°C에서만 다시 반응한다). 그러므로 프라이팬의 테플론 입자를 먹더라도 우리 몸에 아무런 영향을 끼치지 않고 통과할 가능성이 높다. 하지만 훨씬 더 작은 소립자는 때때로 다르게 작용한다. 숨으로 흡입하거나 입으로 삼키면 소립자는 우리 몸 안의 혈류로 유입되기 때문이다. 결국 소변으로 배출되지 못하고 공원에 버려진 플라스틱 컵처럼 신체 곳곳에 쌓인다. 몇몇 개 정도는 괜찮지만 너무 많이 쌓이면 때때로 문제가 될 수 있다.

PFAS를 많이 섭취하면 암세포 방어력이 떨어지고, 특히 어린이의 경우 백신 접종 후 항체 생성이 저해될 수 있으며, 생식 능력이 약해진다. 이러한 이유로 최근 몇 년 동안 총 약 4,800종에 달하는 PFAS 중 일부가 금지되었다. 그러나 물건들의 유통기한이 길어 실효성이 있는지는 의문이다. 이런 물질은 일단 유통되면 우리의 몸도, 자연도 이를 분해할 수 없다.

이제는 상상을 초월하는 여러 장소에서 PFAS가 발견되고 있는 중이다. PFAS는 물, 구름, 공기를 통해 퍼지고, 2019년에는 전 세계 모든 빗물에서 검출되었다. 그러므로 여과되지 않은 빗물을 마셔서는 안 된다. 특히 극지방의 만년설과 북극곰의 간에서도 PFAS가 다량 검출되었다는 사실은 충격을 넘어 절망적이기까지 하다. PFAS의 역설은 현대 사회의 모습과 정확히 들어맞는다. 한때는 물건의 마모를 막아주던 것이 이제는 마모되지 않아서 문제가 되고 있다.

2. 이산화질소: 과도하게 많아진 천연가스

우리가 흡입하는 공기의 약 78%는 질소다. 이 질소는 우리에게 그다지 자극적이지 않고 해롭지도 않다. 우리는 이 질소를 들이마셨다가 다시 내쉬면 끝이다. 하지만 번개가 치거나 화산이 폭발하거나 숲에 화재가 나거나 캠프파이어를 하면 공기 중의 질소는 갑자기 엄청난 에너지를 얻는다.

질소는 이 에너지로 산소 원자를 붙잡을 수 있다. 실제로 그렇게 이산화질소가 만들어진다. 에너지가 풍부한 이 화합물은 소량일 때는 물과 토양에 좋은 비료가 된다. 그러나 그 농도가 일정 수준을 초과하면 공기에 비료를 너무 많이 준 꼴이 된다. 이때 벌어지는 일은 마치 벼락부자가 된 슈퍼스타의 과잉 행동을 연상시킨다. 물론, 이산화질소는 원숭이를 애완동물로 키우거나 재미 삼아 슈퍼카를 벽에 들이박는 대신 다른 반응에 몰두한다. 문제는 그 다른 반응이 무엇일지 전혀 예측할 수 없다는 점이다.

이산화질소가 호흡기의 세포를 만나면 완전히 무작위로 반응한다. 당연히 우리의 세포는 이를 상쇄하는 메커니즘을 가지고 있지만 그것도 어느 정도까지일 뿐 일정량을 초과하면 더는 감당하지 못한다. 그러면 섬모세포가 파괴되고, 이산화질소가 혈관에 더 많이 유입되어 혈관세포까지 자극한다. 우리는 세포 각각에서 일어나는 작은 손상은 거의 느끼지 못하지만 더 큰 손상은 느낄 수 있다. 그래서 이산화질소를 몇 분 동안 다량 흡입하면 목이 칼칼하고, 호흡기가 민감한 사람들은 가슴이 답답해지는 느낌을 받는다.

자연(번개, 화산 등)뿐만 아니라 인간도 이산화질소의 주요 공급원이다. 인간은 불 피우는 법을 배운 이후로 끊임없이 무언가를 태우고 있다고 해도 과언이 아니다. 자동차 엔진은 휘발유를 태우고, 공장과 발전소, 난방 시스템은 석유와 석탄, 가스를 태운다. 실내에서는 가스레인지, 담배, 양초가 이산화질소를 생성한다. 대형 공장만큼 많이 생성하지는 않지만 그 대신 좁은 공간에 이산화질소를 퍼트린다. 수치로 보자면, 실외 공기의 자연스러운 이산화질소 함유량은 m^3당 0.4~9μg이다. 그러나 교통량이 많은 도로에서는 $60\mu g/m^3$(또는 30ppb)에 쉽게 도달한다. 이는 자연 기준치의 5.5~150배에 달하는 수치다.

담배는 이런 수치를 분류하는 참고 자료로 안성맞춤이다. 아이가 등교를 위해 아침과 점심에 번잡한 도로변을 30분 정도 걸으면, 담배 한 개비의 약 10분의 1에 해당하는 이산화질소를 흡입하게 된다. 성인은 3분의 1을 흡입한다(자전거를 타거나 달리면 더 빨리, 더 깊게 흡입한다). 담배 한 개비의 10분의 1이나 3분의 1은 언뜻 소량처럼 느껴진다. 흡연자라면 그 정도까지만 줄여도 괜찮다고 생각할지 모르겠다. 하지만 시간이 지나면서 그 양이 계속 쌓이고 쌓이면 이는 전혀 다른 문제다. 번잡한 도로변에서 자란 아이들은 천식 발병 위험이 높아지는 데 평균 10년이 걸린다. 그래서 청소년기가 되어서야 비로소 그 증상이 나타나고, 뒤늦게 치료에 들어가는 경우가 많다.

현대의 불청객은 번개나 산불처럼 원인이 명확하지 않다. 여러 곳에 동시다발로 퍼지고, 고통 한계선 아래로 스며들며, 무지와 잘못의 경계를 모호하게 만든다. 암이나 코로나19 팬데믹과 달리 대기오염은 그 자체로 질병을 유발하진 않지만 잘 알려진 여러 문제의 위험 요인으로 작용한다. 오염물질이 꽃가루나 병원균에 들러붙어 알레르기와 호흡기 질환을 촉진한다. 오염물질이 혈류에 들어가면 혈관뿐 아니라 뇌와 같은 장기에도 도달한다. 장기에 들어간 오염물질은 기분 변화를 유발하고, 노인의 경우 치매나 파킨슨병, 우울증의 위험도 증가시킨다는 점이 여러 연구를 통해 입증되었다. 도시의 대기오염이 특히 심하면, 민감도가 낮은 장기도 영향을 받아 신장 질환과 당뇨병 발병률이 높아진다.

현재 가장 많은 연구가 이루어지고 있는 분야는 대기오염과 심혈관 질환의 연관성이다. 면역세포가 혈액 속 오염물질에 염증 반응을 보이면 작은 혈전이 발생하는데, 이것이 다른 위험 요인에 결정적 한 방울로 추가되어 결국 물이 흘러넘치게 할 수도 있다. 심장마비로 인한 조기 사망의 약 5분의 1, 뇌졸중 사망의 4분의 1이 이런 요인에서 기인한다. 심장마비나 뇌졸중은 대기오염 기준치를 초과하는 날과 장소에서 더 자주 발생하며 복통과 맹장염도 마찬가지다. 우리는 오염물질을 입으로 먹기도 하므로 이런 증상 역시 이런 날과 장소에 더 자주 나타난다.

대기오염은 건강 위험 요소 순위에서 과연 몇 위를 차지할까? 놀랍게도 무려 4위다. 고혈압, 흡연, 영양 부족과 더불어 대기오염은 4대 건강 위험 요소에 속한다. 매년 약 700만 명이 대기오염으로 사망하며 이는 코로나19 팬데믹으로 인한 1년 사망자 수(180만 명에서 300만

명)를 능가하는 수치다. 독일은 중국이나 인도보다 대기오염 수치가 양호한 편이지만 도로 교통 오염물질로만 한정하면 유럽에서 꼴찌다. 현재 독일의 모든 주요 도시에서 미세먼지와 이산화질소 수치가 세계 보건기구의 새로운 지침을 초과하고 있으며 어떤 곳은 심하게 초과하기도 한다.

운동선수들이 겪는 관절 문제, 치아에 끼는 라즈베리 씨처럼 현대의 대기오염 문제에도 늘 같은 의문이 따라 다닌다. 이는 '원하는 것'을 얻기 위해 치러야 하는 어쩔 수 없는 대가일까? 그렇다면 그것을 여전히 가치 있는 것이라고 말할 수 있을까?

내 몸과 지구를 지키기 위한 필수 요소

우리의 역사는 숨 가쁘게 전진하고 있다. 지난 수백 년은 전력 질주와도 같았다. 우리는 아주 짧은 시간 동안 먼 길을 달려왔고 많은 욕구를 채웠지만 동시에 원치 않는 것들도 엄청나게 축적했다. 다행스러운 점은 우리의 폐가 이전에도 이런 어려움을 여러 번 겪었고 그때마다 늘 해결책을 찾아냈다는 것이다.

달리다 보면 전환점이 온다. 이때부터는 훨씬 더 깊고 빠르게 숨을 쉬어야 한다. 단순히 우리 몸에 더 많은 산소가 필요한 이유도 있지만 그것보다 대사 노폐물이 많아졌기 때문이다. 우리는 이 노폐물을 뱉어내야 한다! 이 노폐물은 주로 이산화탄소다.

전력 질주 중에는 평소의 날숨으로는 부족하다. 그래서 우리 몸은 폐기될 공기를 근육의 힘으로 세차게 몸 밖으로 밀어낸다. 평소 힘들이지 않고 뱉을 수 있던 날숨이 갑자기 에너지를 소모하게 되는 것이다! 이때 폐가 계속 평소처럼 호흡하면 산성화가 일어난다. 이산화탄소가 탄산 형태로 혈액에 쌓이면 pH 농도가 바뀌는데, 이는 오늘날 전 세계 해양에서 일어나고 있는 현상과 거의 같다. 축적된 이산화탄소가 물고기의 삶을 어렵게 만들듯이, 우리의 근육에는 경련을 일으킨다. 산호초를 갉아먹듯이, 우리의 뼈에서 칼슘이온을 빼앗는다. 그러면 신경 기능이 어려워지고 다른 반응들이 이어진다. 폐가 평소보다 더 힘을 내서 격렬하게 호흡하지 않으면 우리는 곧 난관에 부딪혀 더는 한 걸음도 내딛지 못하게 될 것이다.

달릴 때 숨을 내쉬느라 쓰는 에너지는 전체 에너지의 2~5%다. 여러 유명 연구팀이 추정하기로, 전 세계의 국가가 기후 변화에 제대로 대응하는 데 필요한 비용 또한 아이러니하게도 국내총생산GDP의 2~5%다. 그러니 잠시 멈춰 곰곰이 생각하고 자문해보자. 우리의 몸도 그렇게 하는데, 기후 변화 대응에 그 정도 비용을 들이는 것이 그리도 어려운 일일까?

우리가 받아들일 것과 거부해야 할 것

우리 대부분은 공기의 변화를 알아차리는 데 놀라울 정도로 서툴다. 실내에 계속 머물러 있는 경우라면 더욱 그런데, 누군가 외출 후 집에 들어서면서 "좀 답답한데, 환기 좀 시키지"라고 말해야 그제야 창문을 열곤 한다. 호흡에 섞여 있는 불청객을 바로 알아차리지 못하는 것처럼 많은 사람이 의욕 없는 직장에 오랫동안 머무르고 나쁜 습관을 버리지 못하며 불행한 관계를 끝내지 못한다.

삶에서 만족감을 느끼는 것만큼이나 중요한 일은 삶을 서서히 갉아먹고 있는 불청객의 존재를 알아차리고 이를 바꿔나가는 것이다. 역사가 잘 보여주듯이, 우리가 숨쉬는 공기는 최소 2,400년 동안 그런 삶의 기술을 연마하는 훈련장이었다. 우리는 무엇을 받아들이고 무엇을 거부해야 하는지 알려주는 한계치를 여전히 계속해서 찾고 있다.

1. 정치: 공기는 공짜가 아니다

17세기까지 정치인들은 대체로 대기오염을 무시했다. 가끔 도시 공기 때문에 "목이 칼칼하고 목소리가 거칠어"졌고(역사 기록에 따르면, 당시 석탄을 태울 때 나는 암모니아 연기 때문일 가능성이 크다), 철학자 세네카가 기록했듯이 "도시를 벗어나면 어쩐지 놀라울 정도로 머리가 맑아졌"더라도, 당시에 대기오염은 그저 삶의 일부일 뿐이었다. 하지만 공장 노동자들이 점점 더 자주 아프고 문제가 심각해지자 첫 번째 조치가 취해졌다. 스모그로 시야가 몇 m로 좁아진 이른바 '검은 안개 사건'을 계기로 공장 굴뚝이 더 높아졌고 일부 산업은 시골로 거점을 옮겼다. 그러나 이는 한숨 돌리는 효과였을 뿐, 문제를 해결하지는 못했다.

20세기에 자동차가 보급되면서 사람들은 대기오염 문제가 쉽게 해결되리라 생각했다. 마차를 끄는 말의 배설물이 공기와 물을 더럽힐 일이 이제 없을 테니까. 하지만 처음의 기쁨은 금세 충격으로 바뀌었다.

1952년에 런던 대중교통 시스템이 버스로 전환된 직후, 상황은 점점 더 나빠졌다. 따뜻한 공기층이 도시를 덮으면서 저기압이 형성되었다. 공장, 차량, 석탄 난방에서 나오는 더러운 먼지가 흩어지지 않고 쌓였다. 몇 시간 이내에 칠흑 같은 안개가 형성되어 자신의 다리조차 보이지 않을 정도로 시야가 가려졌다! 버스 운전사들은 길을 찾기 위해 버스에서 내려 건물 벽을 더듬었지만 대개는 실패했다. 며칠 만에 1만 2,000명이 병에 걸려 사망했다.

이 사건을 계기로 광범위한 조치가 즉각 취해졌으리라 생각했다면 오산이다. 제2차 세계 대전 이후 많은 사람이 집을 잃었고 경제는 여전히 어려웠다. 마치 폭력적인 알코올 중독자 남편에게 시달리는 아내처럼 정치인들은 당장 시급한 문제, 즉 비를 피할 지붕과 식탁에 올릴 음식을 마련하는 것부터 먼저 해결하기로 했다. 당시에는 깨끗한 공기보다 그것이 더 중요해 보였다. 하지만 첫걸음이 떼어지기는 했다. 이제는 다르게 행동해야 한다는 생각이 들기 시작한 것이다. 4년 후, 영국 최초의 '청정대기법'이 유사한 사고를 예방하기 위해 통과되었다.

그러나 충분히 엄격하지 않은 청정대기법만으로는 문제를 해결할 수 없었다. 1962년, 역사가 반복되었다. 독일에서도 대기오염이 심한 날에는 사망률이 약 3분의 1이나 증가했다. 전문가들은 사망 원인이 오염된 공기임을 이미 알았지만 그럼에도 사망 진단서에 '심장마비'라고 기재했다. 이런 반복되는 사건들이 널리 보도되지는 않았지만 전문가들 사이에서는 문제 인식이 점차 높아졌다. 각종 연구들이 이루어졌고 이에 정치인들도 서서히 관심을 두기 시작했다. 심지어 산업계도 기꺼이 동참했다. 그 결과, 역사상 처음으로 특정 대기오염물질의 배출량이 감소했다.

쿵, 하고 부딪혔다가 비틀거리며 뒷걸음질치고 다시 부딪히기를 반복한다. 그리고 마침내 다리에 힘을 주고 앞으로 나아간다. 대기오염을 극복하기 위한 이 과정은 흡사 걸음마를 처음 배울 때를 닮았고 그 비틀거림은 지금도 계속되고 있다. '청정대기법' 문제가 끝난 것처럼 보이던 바로 그 순간, 숲에 죽음이 닥쳤다. 1970년대에 대기 중의 아황산가스가 비와 함께 쏟아지면서 숲의 토양이 산성화되어 뿌리가 짧은 어린 전나무들이 그대로 죽어버린 것이다. 유럽 숲의 3분의 1이 피해를 입었다. "백만 달러짜리 문제를 수십억 달러로 해결했다"고 말하는 사람도 더러 있지만 자연은 예상보다 훨씬 적은 비용으로 회복되었다. 불과 몇 년 만에 대기 중 아황산가스가 최대 60%까지 감소했다. 제때에 이루어진 성공이었다.

이해의 역사는 짧다. 오늘날 대기오염에 관하여 우리가 알고 있는 거의 모든 사실은 최근 몇십 년 전에서야 밝혀진 것이다. 1980년대에 이산화탄소와 기후의 연관성이 널리 알려졌고 1990년대 이후에서야 이산화황에 이어 오존과 질소산화물, 미세먼지에 이르는 오염물질을 하나하나 연구하기 시작했다. 그리고 최근 몇 년(!) 전 대기오염을 계산하는 보다 정확한 모델이 개발되었고, 그 이후로 모든 주요 산업국가가 처음으로 여러 오염물질을 동시에 줄였다. 하지만 성급하게 환호성을 질러선 안 된다. 아직 해야 할 일이 너무 많기 때문이다. 로비 세력과 나태함이 행동을 가로막고 있고, 시간은 자꾸 흘러가고 있다. 그러나 우리가 어디에서 왔고 현재 어디에 있는지 인식하는 것 또한 중요하다. 이는 우리가 무기력하지 않다는 사실을 보여준다. 정치, 산업, 사회는 이미 많은 것을 성취했다. 우리가 진정으로 원한다면 함께 성공할 수 있다.

2. 한계치: 지킬 것과 포기할 것

독일은 1985년부터 뮌스터 인근의 개조된 방공호에서 꾸준히 오염 수준을 측정해왔다. 현재 독일은 40만 개가 넘는 샘플에서 수년 후에도 화학물질을 검출할 수 있고, 화학물질의 증감을 μg 단위까지 추적할 수 있다. 몇몇 부작용은 시간이 지나봐야 알 수 있을 것이다.

환경정책의 실제 효과는 여러 분야에서 확인할 수 있다. 1988년 독일에서는 휘발유에 납을 첨가하는 것이 금지되었고, 그 이후로 주유소에서는 무연 휘발유가 판매되고 있다. 이후 몇 년 동안 혈액 샘플의 납 함량이 평균 87% 감소했다. PFAS 및 기타 물질과 마찬가지로, 납 역시 처음에는 우리의 삶을 더 윤택하게 만들어줄 물질로 여겨졌다. 납을 첨가하여 수도관 모양을 더 쉽게 조형하고 페인트의 방수 기능을 강화하고 자동차 엔진을 더 부드럽게 더 오래 사용할 수 있었으니 말이다. 그러나 납이 인체에 들어가면 피로, 빈혈, 신경 손상 같은 여러 가지 안 좋은 부작용을 일으킨다. 인체에 해로운 영향을 끼친다는 사실이 밝혀지면서 1920년대부터 수도관과 페인트에는 납을 사용하지 못하게 되었다. 하지만 휘발유의 경우에는 납이 눈에 보이지 않게 공기 중으로 증발했기 때문에 금지까지 더 오랜 시간이 걸렸다.

1970년대에 미국 인구의 77% 이상이 혈중 납 수치가 높다는 점이 우연히 밝혀지고 그것이 질병을 유발한다는 사실이 입증된 후에야, 사람들은 납이 배기가스를 통해 공기 중에 퍼지고 폐를 통해 혈액으로 유입된다는 사실을 진지하게 생각하기 시작했다. 이것이 뮌스터 인근 바이오뱅크의 시발점이다.

현대의 불청객은 종종 눈에 띄지 않기 때문에 이를 극복하기 위해서는 명확한 한계치가 필요하다. 이런 한계치를 찾는 과정에서 우리의 시선은 섬모, 점액, 식세포로 가득한 우리의 폐로 향한다. 폐의 총무게는 600g(오른쪽 350g, 왼쪽 250g)에 불과하다. 당연히 오염물질을 처리하는 데 제한이 있을 수밖에 없다. 지난 20년 동안 전문가들이 그 어느 때보다 집중적으로 연구한 주제가 바로 그 한계치를 찾는 것이었다.

대기질 또한 다방면으로 연구되고 있다. 사람들이 마스크를 쓰고 자동차 배기가스를 흡입하기도 하고, 스모그를 많이 발생시키는 공장을 폐쇄한 이후 도시의 질병 및 사망률을 조사하기도 한다. 병원의 환자 수와 사망률이 종종 대기 관측소의 데이터와 상관관계를 보인다. 최근에는 우주에서 위성을 통해 일반 주택 앞의 대기오염 수준을 매우 정확하게 측정할 수도 있다.

이런 연구 결과는 개별로 보면 큰 의미가 없어 보인다. 그러나 수년에 걸쳐 종합적으로 보면 유의미한 결과가 도출된다. 미국 중서부의 공장 폐쇄와 바르셀로나의 술집 및 식당의 금연 조치 사이에 유사점이 드러나고, 병원 입원이 특정 대기오염 물질의 비율에 따라 분류된다. (날씨와 무관하게 또는 검사 기간에 병가를 내는 사람이 많다는 사실과 관계없이) 대기오염이나 특정 오염물질의 증가로 곳곳에서 사람들의 불만이 증가하면 이런 연구 결과가 더욱 신뢰를 얻는다. 이런 유형의 연구는 느리지만 철저하다.

세계보건기구는 16년간의 연구와 500편이 넘는 논문을 총망라하여, 대기오염의 새로운 한계치를 정했다. 2021년에 정한 한계치는 2005년 한계치보다 더욱 엄격해졌다. 우리는 높은 오염도를 어느 정도 견딜 수 있지만 그 대신에 정기적으로 중간 휴지기가 꼭 필요하다. 예를 들어 이산화질소 가스는 1일 $25\mu g/m^3$(시간당 최대 $200\mu g/m^3$)까지 상승해도 괜찮지만 연평균 $10\mu g/m^3$을 넘어서면 건강에 해로울 수 있다(예전에는 $40\mu g/m^3$부터 해롭다고 가정했지만 이제는 그렇지 않다).

들숨 후 혈류로 유입되는 미세먼지(PM2.5)와 호흡기에서 걸러지는 더 큰 입자(PM10)에도 이런 데이터가 존재한다. 새로운 수치의 놀라운 점은 이런 수치를 잘 지켰을 경우, 우리 몸을 보호하는 것은 물론이고 필수 환경정책의 상당 부분을 충족할 수 있다는 점이다.

자신의 집 앞 대기질이 이런저런 기준을 충족하는지 알고 싶으면, 온라인이나 앱을 통해 확인해보자. 현재 출시된 여러 날씨 앱들이 지역별로 오염물질 수치를 알려주고 있다. 세계보건기구가 정한 주요 기준은 다음과 같다.

오염물질(µg/m³)	일일 한계치	연간 일평균 한계치
이산화질소(종종 ppb로 표시)	25(약 13ppb)	10(약 5ppb)
PM2.5	15	5
PM10	45	15

출처: WHO, 2021
표시된 모든 일일 한계치는 연간 3~4일 정도 초과해도 심각한 장기적 영향이 없을 수 있다. 따라서 연간 일평균 한계치가 일일 한계치보다 낮다. PFAS는 미세먼지(PM) 농도의 구성 요소다. 가장 작은 입자(PM0.1 미세먼지 입자)는 현재 대기 관측소에서 측정되지 않는다.

천식 환자처럼 호흡기가 예민한 사람들은 한계치를 확인하기 위해 굳이 표를 참고할 필요가 없다. 그들의 폐는 한계치 초과를 즉각 감지하고, 호흡기를 조이거나 재채기 또는 기침으로 반응하기 때문이다. 어떤 예민한 폐는 이산화질소에 특히 민감하게 반응하고, 어떤 사람은 벽의 곰팡이 포자에 민감하며, 또 어떤 사람은 오존가스 농도가 높아지면 눈이 따끔거리고 기침이 난다. 주변에 그런 사람이 있다면 (다소 풍자적으로 표현해) 편리할 것이다. 보통 사람들이 장기적으로 노출되어야 해로운 수준일 때도 예민한 폐를 가진 사람은 즉시 반응한다. 그래서 연구 결과에는 시간별 및 일일 한계치의 시작점이 제시된다. 말하자면 나머지 보통 사람들은 약간의 완충지대를 갖는 셈이다.

우리는 불편한 일이 생겼을 때 그것을 극복하기 위해 길을 더듬으며 앞으로 나아간다. 처음 불을 피웠을 때, 석탄을 태우는 첫 화력발전소를 지었을 때, 첫 자동차를 만들었을 때, 우리는 어떤 결과가 발생할지 알지 못했다. 오늘날처럼 화재 예방 체계가 아직 갖춰지지 않았을 때는 불을 피울 수 있는 '새로운 능력'이 집, 숲, 도시를 몽땅 태워버리곤 했다. 그럼에도 우리는 불을 완전히 포기하거나 사람들에게 절대 불을 쓰지 말라고 요청할 수 없었다. 불은 필수였고, 장점이 단점보다 훨씬 컸기 때문이다. 하지만 공기 중의 납은 아무도 원치 않는다. 무엇을 어느 정도까지 허용할지를 복권처럼 우연에 맡겨선 안 된다. 한계치가 그것을 명확히 보여준다.

3. 환기: 가장 쉽고도 어려운 일

환기는 누구나 할 수 있는 일이다. 그런 까닭에 '환기에 적합한 공기'를 확보하는 일이야말로 정치와 산업과 과학의 책임이다. 실내에서 발생하는 대기오염은 너무도 당연한 현상이다. 실외에서는 전혀 문제가 되지 않는 물질과 그 양이 실내에서는 훨씬 좁은 공간에 퍼져 있기 때문이다. 요리, 청소 세제, 양초, 화장품에서 나오는 입자 또는 우리가 내쉬는 날숨, 이 모든 것이 실외에서는 그냥 날아가 버리지만 실내에서는 차곡차곡 쌓인다.

연구에 따르면, 유럽 교실의 약 66~78%가 이산화탄소와 미세먼지(PM10)의 허용 한계치를 초과하는 것으로 나타났다. 이산화탄소 농도가 1,000ppm(약 1,800mg/m³)에 이르면, 뇌의 혈류가 변화하여 더 빨리 피곤해지고 집중해서 듣기 어렵거나 심지어 두통까지 일으킨다. 이는 공부나 업무에 매우 비효율적이다. 여러 사람이 밀집된 공간이라면, 이산화탄소 측정기를 사용하거나 최소한 정기적으로 환기를 시키는 것이 도움이 될 수 있다(모든 곳에 이산화탄소 측정기를 설치하는 것이 너무 비싸다면 우선 한 대씩 대여하여 적절한 환기 방법을 찾는 데 활용할 수 있다).

가정집의 경우, 연방환경청이 정한 대략적인 기준이 있다. 여름에는 하루에 두 번, 20~25분 동안 환기하는 것이 좋다. 특히 이른 아침과 저녁에 환기하는 것이 가장 좋은데, 이때 공기의 온도와 오존 농도가 일반적으로 가장 낮기 때문이다. 온도 차이로 공기의 순환이 더 빨라지기에 서늘한 날의 냉기가 환기에는 더 이롭다. 20~25분이 너무 길다면 3~5분만(하루 2~4회) 환기해도 충분하다. 거실에 양초를 피우거나 스테이크를 굽는다면 창문을 더 자주 열기를 권한다.

꽃가루 알레르기가 있거나 대로변에 거주하는 사람이라면 공기청정기를 추가로 설치하면 도움이 될 것이다. 소음 때문에 밤에 창문을 열고 싶지 않은 사람들도 공기청정기의 도움을 받으면 좋다. 창문을 닫은 채 퀴퀴한 공기 속에서 자면, 수면의 질이 약 8% 떨어진다. 8%면 그다지 나쁘지 않다고 생각할지 모르지만 어떤 사람들에게는 그렇지 않다. 수면의 질이 8% 떨어지는 것은 급여가 8% 삭감되는 것만큼이나 나쁜 일이다. 단기적으로는 견딜 만할지 몰라도 장기적으로는 절대 그렇지 않다는 걸 기억하자.

모두가 완벽하게 환기를 해야 하는 것도 아니고, 정치가 지금 당장 모든 답을 내놓아야 하는 것도 아니며, 현재 오염물질을 배출하지 않는 기업 또한 거의 없다. 삶에서도 그렇듯 우리는 계속해서 자신의 한계와 욕구 그리고 의존성의 거대한 네트워크를 등한시한다. 하지만 우리는 점점 나아지고 있다. 2021년 이래로 우리는 역대 가장 정확한 한계치를 계산해냈고, 산성비의 종식과 무연 휘발유의 도입으로 정치와 기술과 과학이 협력하면 얼마나 많은 오염물질을 줄일 수 있는지도 알게 되었다. '원치 않는 것을 피하는 길'이 곧 '원하는 쪽으로 가는 길'일 때가 있다. 그렇다면 우리는 귀 기울여 들어야 한다. 그것이 곧 앞으로 나아가는 길일 테니 말이다.

말랑말랑하고 예민한 장기인 폐는, 앞에서 떠들썩하게 밀어붙이는 수많은 것들보다 어쩌면 우리의 미래에 더 중요할지도 모른다. 섬세하게 통합하고 반응하고 조용히 조절하는 능력을 갖춘 폐는 '산소 처리'라는 가장 큰 생명 과제를 이미 극복해냈다. 우리에게 무엇이 필요한지, 어떻게 불청객을 관리하는지, 균형의 중심추가 어디에 있는지, 이 모든 것을 오랫동안 호흡이 결정해왔다. 피곤하거나 현실이 버거울 때면, 폐가 어떻게 그 오랜 세월을 이겨내고 극복해왔는지를 떠올려보자. 들이마시고 내쉬고, 한 호흡씩 숨을 쉬면서 말이다.

제 2 장

나를 지키기 위해 먼저 알아야 할 것들

면역체계

세상에서 가장 안전한 장소

어렸을 때 우리는 주말이면 빌 할아버지네로 자주 놀러 갔다.

빌 할아버지는 나의 할머니 헤디의 가장 친한 친구였고, 미국에서 온 피아니스트였다. 그는 하이델베르크에서 음악을 공부하던 중 운명의 여인을 만나 독일에 자리를 잡았고 오덴발트 숲 근처에 집을 마련했다. 작은 관목들이 울타리처럼 주위를 빽빽하게 둘러싸고 있는 집이었다. 안으로 들어가려면 어머니가 먼저 차에서 내려 대문을 열어야 했다. 차를 몰고 안으로 들어가면 바퀴 밑에서 자갈들이 부딪히며 달그락달그락 소리를 냈다. 나는 차가 멈추자마자 뛰쳐나가 깊게 숨을 들이쉬었다. 풀, 소, 건초, 숲 냄새가 났다. 현관문은 항상 열려 있었고, 빌 할아버지는 보통 벽난로 옆 흔들의자에 앉아 있었다.

빌 할아버지를 볼 때면 할머니의 얼굴은 늘 환해졌다. 어머니도 아주 편안해했다. 낯가림이 심한 언니도 이곳에서는 용감하고 자유로웠다. 빌 할아버지는 그런 사람이었다. 그는 크든 작든 허리가 굽었든 휘었든 모든 사람을 있는 그대로 좋아했다. 그래서인지 누구든지 이곳에 들어오면 울타리 밖에서 스스로 생각했던 것보다 조금 더 나은 사람이 되곤 했다.

빌과 헤디는 인생에서 가장 힘든 시기에 서로를 만났다. 헤디는 남편과 이혼했는데, 1950년대만 해도 이혼한 여성은 교회에서 쫓겨날 뿐만 아니라 이혼한 집 자식들은 동네 아이들과 함께 놀 수도 없었다. 그렇게 헤디는 엄격한 분위기 속의 교외에서 갇혀만 지냈다. 하루하루가 매일 눈물이었다. 그런 헤디가 빌을 처음 본 건, 어느 생일 파티에서 그가 피아노로 슬픈 노래를 연주하고 있을 때였다. 그의 운명의 여인이 몇 주 전 사고로 세상을 떠난 후였다.

두 사람은 곧바로 친구가 되었고 평생 가장 친한 친구로 지냈다. 그들은 매일 전화 통화를 했다. 주말이면 헤디는 아이들을 데리고 빌을 방문했다. 아이들은 요리하고, 영화를 보고, 악기를 연주하고, 밤늦게까지 이야기를 나누었다. 나의 어머니와 외삼촌은 자라면서 친구들을 빌 할아버지네로 데려왔고, 나중에는 첫사랑과 애인들 그리고 마침내 나를 비롯한 자식들도 데려왔다.

수십 년에 걸쳐 다양한 사람들이 모였다. 빌 할아버지는 여럿이 모여 앉은 식탁에서 시시껄렁한 유머를 섞어가며 수많은 여행 이야기를 들려주었고 둘러앉은 사람들은 배를 잡고 웃었다. 할머니는 아주 재밌는 질문들을 던졌고 그래서 이야기가 지루할 틈이 없었다. 누구든 한 번 방문했던 사람은 반드시 다시 오곤 했다. 어느 여름에는 스무 명이 힘을 합쳐 정원에 웅덩이를 파고 물을 채워 작은 수영장을 만들었다. 빌 할아버지는 아무것도 모르는 사람처럼 옷을 입은 채로 웅덩이에 빠져 모두에게 웃음을 선사했다. 또 한 번은 어떤 친구가 치즈 케이크를 만들었는데, 얼마나 맛이 있던지 할머니가 이걸 기념해야 한다며 한 조각을 방부 처리해 거실 유리장에 보관하기도 했다(그 기념 케이크는 20년 넘게 그 자리에 있었다).

생일마다 손님들이 100명, 200명씩 찾아왔고 모두 빌과 헤디를 아주 잘 아는 사람들이었다. 두 사람은 많은 사람에게 제2의 부모와 같았다. 적지 않은 이들이 어려운 시기에 그들에게서 안식을 얻었고, 부드러운 조언과 따뜻한 환대에 기운을 되찾고 다시 일어서 더욱 강해진 모습으로 삶의 현장으로 돌아갔다. 처음엔 탐탁지 않아 했던 모퉁이 집 농부조차도 빌을 좋아하게 되었고, 지나칠 때마다 정중하게 고개를 숙였다. 빌은 울타리 안쪽에 사람들이 안전하다고 느낄 수 있는 공간을 만들었다. 빽빽한 울타리나 높은 대문이 보장하는 그런 안전이 아니라 진정으로 이해받고 모든 특이함과 약점이 있는 그대로 받아들여지는, 그런 안전함을 주는 공간 말이다. 이런 느낌은 어려움을 더 쉽게 극복하고 좋은 것들에서 힘을 얻게 해준다.

누군가 빌의 신뢰를 배신하고 이용했을 때조차(값비싼 램프나 복도 서랍의 돈이 없어졌을 때), 그는 낡은 틀니를 찬장에 숨기거나 밀가루로 램프 복제품을 만들어 웃음을 자아냈다. 그런 식으로 그는 경비가 철저한 집에 살 때보다 더 안전한 삶을 살았다.

그렇게 빌 할아버지와 헤디 할머니는 자신들이 깨달은 진리를 모든 사람에게 말이 아닌 행동으로 조용히 전달했다. 가장 안전한 곳은 '위험이 없는' 곳이 아니다. 가장 안전한 곳은 '해결책이 있는' 곳이다. 그곳에서는 믿을 수 있는 유익한 대상들과 잘 지내는 것은 물론이고 예상치 못한 것, 낯선 것, 해로운 것에도 잘 대처할 수 있다.

공격보다 평화를 택한 내 몸의 안전 시스템

면역체계를 이야기할 때 우리는 항상 박테리아를 찌르고 바이러스를 죽이고 피부와 점막이 성벽 구실을 하는 그런 전투나 전쟁을 떠올린다. 물론 이런 비유가 완전히 틀린 설명은 아니다. 그런데 정말 면역세포는 항상 싸우기만 하는 걸까? 평상시에도? 그러니까 지금 이 순간에도? 우리의 안전은 정말로 오직 수상쩍거나 해로운 것을 '공격'하는 데 달렸을까?

연구자들은 오랫동안 이런 공격에 초점을 맞춰 연구했지만(아플 때 우리 몸에서 무슨 일이 일어나는지 알고 싶었으니까) 이제는 면역체계가 끊임없이 전쟁을 벌일 의도가 전혀 없다는 점을 알고 있다. 사실 면역체계의 주된 목표는 다른 것이다. 바로 우리 자신의 몸을 최대한 잘 '파악하는' 것이다. 이를 위해 면역체계는 매일 호기심 많은 세포를 수천억 개씩 생성한다.

면역세포는 주로 골반과 흉골의 골수 안에서 만들어진다. 생성된 면역세포는 혈관을 통해 심장으로 간 후, 거기서 심장의 펌프질을 받아 다시 혈관을 타고 이동한다. 그렇게 면역세포는 두피, 장, 발가락에 이르기까지 피가 흐르는 모든 곳에 도달한다. 그중 일부는 혈관에서 주변 조직으로 이동하여 그곳에서 무슨 일이 일어나고 있는지 살핀다.

소위 킬러세포(다른 세포나 이물질을 공격해 파괴하는 세포로, 세포독성 T세포와 자연살해세포(NK세포)가 대표적이다.—옮긴이)들은 특별히 더 강렬하게 소통한다(그들에게는 이름을 선택할 권한이 없었다). 그들은 몸속을 순찰하며 세포들을 점검한다. 악수하는 손, 더 정확하게 말하면 이른바 세포 표면에 있는 수용체가 킬러세포들의 접선 장소다. 매번 접촉이 일어날 때마다 킬러세포는 상대 세포들을 붙잡고 질문한다. "오늘 무슨 일 하셨습니까?"

우리 몸 안의 체세포들은 늘 이런 '검문'에 대비하고 있다. 낮 동안 생산한 단백질 중 소량을 따로 보관해두었다가 표면에 접촉한 킬러세포에게만 그것을 보여준다. 많은 경우 킬러세포는 "아하!" 또는 "오케이!"라고 말하고 그냥 가던 길을 계속 간다. 아주 가끔, 정말 예외적으로 킬러세포가 "어? 잠깐!"이라고 말할 때가 있다.

그들이 이렇게 말하는 경우는 보통 두 가지다. 하나는 세포가 암세포로 변이했을 때, 다른 하나는 세포가 바이러스에 감염되었을 때다. 두 경우 모두, 킬러세포는 의심스러운 단백질을 적발해내고 세포를 심문한다. 세포가 순순히 잘못을 인정하면 분해가 시작된다. 이때 킬러세포는 최대한 조심스럽고 안전하게 분해되도록 돕는다. 그 덕분에 우리는 매주 자신도 모르게 암이 될 수 있는 종양을 파괴하고 바이러스 감염을 피한다. 그럼에도 암이 발생하는 이유는 대개 종양세포가 킬러세포에게 적발되지 않는 법을(예를 들어 접촉 지점을 파괴하는 등) 배우기 때문이다.

다른 파견단인 식세포는 킬러세포보다 더 실용적인 방법을 쓴다. 이들은 세부사항에 거의 신경 쓰지 않는다. 이들의 임무는 우리가 비교적 건강한지, 전혀 건강하지 않은지만 대략적으로 파악하는 것이다. 그래서 각각의 단백질을 점검하는 대신 전형적인 패턴만 확인한다. 조직에서 무해한 박테리아를 만나고 주변 세포들이 모두 괜찮다면 이들은 대수롭지 않게 여기고 넘어간다. 하지만 해당 부위의 세포가 고통받거나 심지어 손상을 입었다면 이들은 돌변하여 낯선 박테리아를 잡아먹고, 다른 식세포를 불러들여 이 정보를 면역세포들에게도 전달할지 말지를 의논한다.

식세포와 킬러세포 외에도 우리 몸에는 여러 세포 유형이 있다. 구슬 모양의 과립백혈구, 나뭇가지 모양의 수지상세포, 면역세포로 분화할 수 있는 다양한 전구세포 등. 거의 모든 세포 유형이 서로 각자의 방식으로 우리 몸을 순찰하기 때문에, 이들은 서로 소통하며 정보를 교환한다. 그리고 중재자 역할을 하는 면역세포는 이들의 논쟁을 고조시키거나 진정시킬 수 있다. 이 분야의 진정한 선구자는 보조 T세포helper T cell다. 이들은 옳다고 판단한 사안에 따라 어떨 땐 킬러세포를 진정시키고 어떨 땐 더욱 부추긴다. 이것이 바로 면역체계의 듀얼 키 시스템이다(다만 열쇠는 없다).

면역세포가 오로지 '나쁜 놈'을 찾아내 물리치기만 하고 끝이라면 우리 몸을 파악하는 수고는 굳이 하지 않아도 될 것이다. '나쁜 놈'만 연구하면 될 테니까. 하지만 면역체계에게는 우리 몸을 파악하는 것이 더 중요하다. 만약 면역체계가 '수상쩍은 것'을 적발하는 데만 전력을 쏟는다면 아마 장에서 한계에 부딪히고 말 것이다. 면역세포에게 장은 극한의 장소다. 낯선 물질들이 끊임없이 들어와 장벽을 긁고, 심지어 혈류로 유입되기도 한다. 세상은 넓고, 우리는 세포에게 낯선 물질과 음식들을 매일 먹일 수 있다. 그리고 온갖 미생물들도 같이 삼킨다! 상대적으로 안전한 환경에 사는 눈에 있는 면역세포는 몇 초 만에 충격으로 쓰러질지도 모른다. 이곳에 한 번쯤 머물렀던 면역세포라면, 도저히 이해할 수 없는 세상을 목록화하느니 차라리 우리 몸을 자세히 파악하는 편이 더 현실적이라는 점을 깨닫게 될 것이다! 그리고 비교봤을 때, 그 편이 더 효율적이고 해볼 만하다.

특히, 우리의 몸이 외부 세계와 상호 작용하는 곳에서는 단순히 유해물질을 감지하는 것만으로는 충분하지 않다. 장의 세포가 건강하다면 예를 들어 땅콩 알레르기가 없다면, 일반적으로 우리 몸은 다음과 같이 작동한다. 현장에 나간 면역세포들은 서로에게 땅콩 입자를 보여주며 '괜찮아 보이는데?' 같은 신호를 보낸다. 이 과정에서 장은 매우 관대해지고, 그곳의 면역세포들은 진정한 전쟁 반대자가 된다. 모든 것이 괜찮다면 그들은 성급하게 염증을 유발하려는 다른 예민한 면역세포들을 계속 진정시킨다.

그래서 우리 자신을 아는 것이 무엇보다 중요하다. '나쁜' 것이 어디에서나 항상 나쁜 건 아니기 때문이다. 샐러드에 모래가 조금 들어가거나 요구르트에 박테리아가 조금 들어 있다고 해서 장세포에 문제가 되지는 않을 것이다. 하지만 이 중 하나라도 상처에 들어가면 피부세포에 심각한 손상을 입힌다! 면역세포는 어디에 있고 어디에서 지식을 쌓느냐에 따라 전혀 다르게 반응한다. 한마디로 우리의 면역체계는 경험을 축적하고 상황의 맥락을 이해하는 네트워크다.

면역학자 이룬 코헨Irun Cohen은 면역세포의 작동 방식을 스스로 학습하는 인공지능의 패턴 인식에 비교하여 설명한다. 인공지능은 현재 최대 1억 5,000만 개의 데이터 연결을 처리해낸다. 이는 자율주행 또는 유방암 진단에 사용될 수 있을 정도로 엄청난 처리량이지만 면역체계의 복합성을 따라오지는 못한다. 면역세포는 이보다 훨씬 더 많은 정보를 수집한다. 어느 정도냐 하면, 우리 몸의 정보를 끊임없이 서로 교환하는 2조 내지 3조 개의 세포가 1억 5,000만 개가 훨씬 넘는 데이터 연결을 처리한다! 코헨에 따르면, 우리의 의식과 비교하는 것이 훨씬 더 낫다. 뇌는 우리가 누구인지, 다른 사람들이 누구인지, 무엇이 우리에게 좋고 나쁜지 이해하기 위해 신경세포를 복잡한 패턴으로 연결한다. 엄밀히 말하면, 우리의 면역체계는 이것 외에 아무것도 하지 않는다.

우리의 사고가 좋은 경험과 나쁜 경험 모두를 통해 성장하듯이 면역세포들 역시 경험을 통해 성장한다. 면역세포들은 병원균뿐만 아니라 이로운 미생물도 잘 파악하여, 이들이 우리 몸에서 함께 살아갈 수 있게 한다. 면역세포들은 성장 과정에서 관용과 협력이 방어만큼이나 우리의 안전에 중요하다는 점을 깨달았다.

모든 낯선 미생물을 무조건 공격하는 것은 엄청난 에너지 낭비일 뿐만 아니라 무의미한 일이다. 추정에 따르면 전 세계에는 약 10경에 달하는 미생물이 존재하는데, 그중 병원균으로 알려진 것은 약 1,400종에 불과하다. 비율로 보면 지구 전체 인구 중 '위험한' 사람이 단 여섯 명인 것과 같다.

많은 미생물은 우리에게 유익하거나 전혀 해롭지 않으며 때로는 심지어 우리를 보호해주기도 한다. 이런 유익한 미생물들은 대개 병원균이 차지할 수 있는 자리를 미리 선점하거나 산이나 다른 물질을 이용해 특정 세균으로부터 우리를 보호한다. 이런 좋은 박테리아가 없으면, 예를 들어 항생제 복용 후 설사와 부비동염에 걸릴 위험이 훨씬 크다.

유익한 세균과의 협력을 기리기 위해 과학계는 '코, 목, 피부, 장, 등에 서식하는 미생물들은 이제 공식적으로 면역체계의 일부가 되었다!'고 선언했다. 그러므로 불필요한 소독제 사용을 삼가고 항생제를 남용하지 말아야 한다. 과도한 소독제와 항생제 사용이 우리 몸의 미생물 방어체계를 무너뜨리기 때문이다.

우리의 안전을 위해 면역체계는 세 가지 활동에 집중한다. 첫째, 무해한 것들을 용인하고 둘째, 유익한 것들과는 협력하며 셋째, 해로운 것들로부터 우리를 보호한다. 면역체계가 끊임없이 우리를 알아나가지 않는다면 이런 일을 할 수 없을 것이다.

이것이 바로 우리 몸의 안전 시스템이다.

적과 친구 사이, 바이러스와 박테리아

우리는 혼란스러운 세상에 살고 있다. 좋은 것과 나쁜 것 그리고 그 중간에 놓인 많은 것들과 함께 살아간다. 어떤 박테리아의 이름은 요구르트 통에 화려하게 새겨져 있고, 또 어떤 박테리아는 끔찍한 스캔들을 불러일으킨다. 바이러스 역시 최근 이미지가 그다지 좋지 못하다. 이 세상의 온갖 위험한 전염병, 불행, 재난을 보면 마치 주변이 온통 위협에 둘러싸여 있는 듯한 기분이 든다. 먹느냐 먹히느냐, 그것이 문제일까? 이런 생각이 점점 더 자주 든다면 위협들 중 하나를 자세히 살펴보기를 권한다. 바이러스와 박테리아는 무엇이고, 도대체 왜 그런 것들이 존재하는 걸까?

6,500만 년 전, 우리 조상들은 HIV(인간면역결핍 바이러스—옮긴이)의 친척뻘인 내인성 레트로바이러스endogenous retrovirus에 감염되었다. 만약 이 일이 없었더라면 오늘날 우리는 존재하지 않았을 것이다. 이 감염 덕분에 임신을 유지할 수 있었기 때문이다. HIV와 유사한 이 레트로바이러스는 면역체계의 방어 능력을 약화시킨다. 6,500만 년 전, 이들은 태반이라는 아주 특정한 곳을 점령하는 데 성공했다. 이 감염을 통해 어머니의 면역체계는 유전적으로 절반이나 다른 태아를 공격하지 않고 뱃속에 그대로 두게 되었다. 말 그대로 이바이러스 덕분에 인류가 등장할 수 있었던 것이다. 우리는 이런 바이러스들 덕분에 산다.

물리학자이자 분자생물학자인 카린 묄링Karin Mölling은 초기 레트로바이러스의 기능을 연구했을 뿐만 아니라 바이러스의 중요한 면모를 많은 사람에게 널리 알린 인물이다. 바이러스는 이리저리 떠다니는 유전물질(DNA 또는 RNA) 조각이다. 이들이 하는 일은 말하자면 유전적으로 다르게 행동해보라고 세포들에게 '제안'하는 것이다. 바이러스가 어떤 제안을 하든 대부분은 우리에게 아무 의미가 없다. 우리 세포에게는 안 맞는 제안이라 그냥 무시해버리기 때문이다. 몇몇 제안은 유익하고 어쩌면 삶을 바꿀 만큼 놀라운 효과를 내기도 하지만 또 어떤 제안들은 면역체계의 맘에 전혀 들지 않는다. 면역체계가 바이러스를 해롭다고 판단하면 우리는 병들고 바이러스와 싸운다.

그럼에도 포기를 모르는 바이러스는 엄청나게 빠르게 변화를 거듭하면서 계속해서 새로운 제안을 내밀었다. 그리고 이런 제안들이 여러 차례 진화를 촉진했다. 사실 인간 유전체, 즉 DNA의 약 50%는 이전 세대의 바이러스 감염에서 유래한 것이다. 그러므로 우리를 아프게 하는 바이러스를 살펴보기 전에 분명히 밝혀두건대, 바이러스의 주요 임무는 우리를 병들게 하는 것이 절대 아니다.

우리는 호흡 한 번으로 바이러스를 평균 300개씩 흡입한다. 이 바이러스들은 우리에게 전혀 관심이 없다. 그들이 노리는 대상은 우리가 아니라 다른 누군가, 즉 박테리아일 확률이 훨씬 높다. 대부분의 바이러스가 맡은 임무는 박테리아의 개체 수 조절이다. 어떤 의미에서 보면 바이러스는 지구에서 가장 중요한 기획자라고 할 수 있다.

바이러스가 며칠만 사라져도 생물계는 완전히 무너지고 말 것이다. 가장 먼저 바다가 무너진다. 바다를 깨끗하게 유지하는 주체가 바로 바이러스이기 때문이다. 어떤 해양 박테리아가 과도하게 많아지면, 담당 바이러스가 활동을 개시해 그 박테리아의 개체 수를 줄여 균형을 맞춘다. 이런 식으로 매일 해양 박테리아의 80%가 처리된다. 그래야 플랑크톤이 먹을 먹이가 충분해진다. 플랑크톤은 작은 해양 동물의 먹이가 되고, 작은 해양 동물은 다시 큰 동물의 먹이가 된다. 바이러스가 없으면 바다에는 생명체가 존재하지 않을 것이다. 그리고 바다에 생명체가 없으면 육지에도 생명체가 존재하지 못한다.

바이러스는 우리 몸에서도 같은 일을 한다. 입이나 장에서 박테리아 개체 수를 적절히 조절한다. 이런 바이러스가 부족하면 질병이 정말로 악화될 수가 있다. 염증성 장 질환, 류머티즘, 비만 환자에게서 종종 장내 박테리아 균형이 깨진 것이 확인되는데, 박테리아를 조절하는 바이러스인 '파지phage'가 부족하기 때문일 가능성이 크다(간혹 지나치게 공격적인 면역체계 때문에 나타나는 부작용인 경우도 있다).

이런 새로운 발견들이 식품 산업에 그림자를 드리운다. 요구르트와 치즈가 종종 파지에 덜 취약한 박테리아로 생산되기 때문이다. 생산자 입장에서 보면, 치즈 미생물을 보호한다는 측면에서 바람직한 조치다. 그러나 이런 조치가 우리 내부 생태계에 어떤 영향을 미칠지는 아직 베일에 싸여 있다.

*

박테리아는 바이러스와 완전히 다르다. 박테리아는 우리에게 유전적 제안서를 제출하지 않는다. 박테리아는 오로지 자기 자신을 위해 자신의 유전자를 사용하는데, 바로 이런 특징이 박테리아를 매력적으로 만든다. 박테리아가 우리 몸에 서식하도록 허용함으로써 우리가 그 능력을 빌려 쓸 수 있기 때문이다.

능력이 많다는 것은 일반적으로 좋은 일이다. 예를 들어 비둘기는 초저주파를 들을 수 있는 유전자를 가졌고, 개는 지구 자기장을 감지할 수 있다(늑대 조상에게서 물려받은 것으로 오늘날에도 배변 시 북쪽을 향한다). 물론, 이런 기술을 우리가 유전적으로 습득할 필요는 없다. 1년에 한 번씩 GPS 없이 남쪽으로 여행을 가고, 나침반이 가리키는 방향으로 변기에 앉아봤자 삶에 무슨 도움이 되겠는가. 하지만 개중에는 유용한 기술도 분명 있고 지금 당장 무엇이 필요하느냐에 따라 그런 기술을 획득할 수 있어야 할 것이다. 우리는 주로 그런 기술을 박테리아로부터 빌려 쓴다.

이런 대여는 주로 대장에서 이루어진다. 우리 인간은 소화 효소 몇 가지를 가지긴 했지만 우리가 먹는 모든 것을 소화하는 데 필요한 효소 전부를 가지지는 못했다. 우리는 사과 껍질의 긴 섬유질조차 자체적으로 분해하지 못한다. 다행스럽게도 사과에는 누군가 이 섬유질을 먹기를 고대하고 있는 박테리아가 항상 존재한다. 이 박테리아가 대장에 도달하면 우리는 일단 이들을 잡아둔다. 대장에서 이들은 소화되지 않는 과일 섬유질을 분해하고 우리는 이들에게 더 많은 섬유질을 제공한다. 서로에게 이득이 되는 원-원 상황이다. 장세포의 에너지 중 약 10%는 이런 협력을 통해 생성된다. 독일 오버우어젤에서 일본 해안으로 이동하면 해초를 활용하는 유전자를 가진 새로운 박테리아를 수집할 수 있다. 그 덕분에 우리는 지금 당장 어디에 머무느냐에 따라 우리의 유전자를 계속 바꾸지 않아도 된다(그리고 솔직히 말하면 유전자를 바꾸는 일은 대부분 그렇게 빨리 일어나지 않는다).

우리 몸이 어디에서 외부 세계와 접촉하든 박테리아 보호막은 늘 우리를 감싸고 지켜낸다. 이것은 결코 우연이 아니다. 면역체계가 박테리아를 전문가로 초빙해 이용하는 데는 충분한 이유가 있기 때문이다. 박테리아는 우리 주변의 다른 미생물들을 속속들이 파악하고 있을 뿐만 아니라 여러 세대에 걸쳐 먹이와 서식지를 놓고 서로 경쟁했고, 그 과정에서 자체적으로 항생제를 개발하기도 했다. 이런 이유로 박테리아는 유해물질로부터 우리 몸을 보호하는 데 가장 중요한 동맹군이다. 우리 몸을 둘러싸고 있는 박테리아 보호막은 주변 공기와 토양에 사는 박테리아를 정확히 겨냥해 정밀하게 조절한 활성물질을 분비한다. 머무는 장소가 바뀌면 박테리아 보호막 또한 환경에 맞추어 변한다.

과학은 오늘날 이런 미생물의 유익한 도움을 아주 잘 알고 있다. 자외선의 영향을 완충하는 피부 박테리아, 감기 바이러스에 결합하는 폐 박테리아, 충치균을 퇴치하는 구강 박테리아가 있다. 이런 박테리아를 잘 이해하면 더욱 구체적으로 이들을 지원할 수 있다. 예를 들어, 충치로부터 우리를 보호하는 박테리아는 자일리톨을 좋아한다. 자일리톨은 자작나무 껍질에서 추출한 달콤한 물질인데, 설탕이나 다른 감미료 대신 달콤한 자일리톨이 함유된 껌을 씹으면 이 박테리아가 많아진다. 이 박테리아들이 다른 박테리아보다 더 많이 먹고 더 많이 번식하면 심지어 치과에 가지 않고도 초기 충치를 치료할 수 있다.

좋은 동맹군에 관한 확실한 지식은 위험으로부터 우리를 효과적으로 보호해준다. 그런 이유로 이제는 연구자들도 바이러스와 박테리아의 긍정적 영향을 점점 더 많이 연구하는 추세다. 하지만 좋고 나쁨의 경계는 어디일까? 우리는 어느 정도까지 미생물과 협력할 수 있고, 어느 시점부터 불가능할까? 아무도 우리의 면역체계만큼 오래도록 이 문제에 몰두하지 않는다. 심지어 뇌조차도 하지 않는다! 그러므로 우리는 이 문제와 관련하여 면역체계의 의견에 매우 진지하게 귀를 기울여야 한다.

누가 '나쁜' 균인가?

불타는 듯한 커다랗고 둥근 눈은 그것을 덮고 있는 돌출된 눈꺼풀 때문에 어딘가 교활하고 반항적인 느낌을 준다. (…) 선입견 없이 관찰하면 이 동물은 지적 빈곤의 전형이자 극도로 어리석은 동물처럼 보인다. 이 동물의 가장 두드러진 특징은 무분별한 분노다. 모든 낯선 것에 분노한다. (…) 이런 동물은 다른 동물과 절대 친구가 되지 않는다. 그리고 길들일 수 없다는 건 굳이 언급할 필요도 없다. 이렇게 제한된 정신에는 학습 능력이 없다.

— 동물 백과사전 『브렘의 동물세계 Brehms Tierleben』, 「독사에 관하여」

'나쁘다'고 여겨지는 뭔가가 있다면 그럴수록 자세히 살펴볼 필요가 있다. 겉보기에 어떤 교활한 의도를 가진 듯 보이지만 자세히 살펴보면 교활함은 금세 사라진다. 오늘날 잘 알려졌듯이, 독사는 매우 예민한 동물이다. 독사는 바람이나 고양이에 민감하게 반응하고 위험을 감지하면 즉시 도망친다. 다른 동물에 쫓겨 궁지에 몰리거나 누군가(이를테면 독사를 그다지 좋아하지 않는 동물 백과사전 저자)의 발에 밟히면 독사는 '무분별한 분노'를 터뜨린다. 우거진 숲속에서 자기도 모르게 독사를 밟았다면 독사는 백이면 백 당신을 깨물 것이다. '교활하다'고 평가되는 이 행위는 사실 순수한 자기 방어다.

목을 아프게 하는 병원균 역시 냉정하게 관찰하면, 그저 새로운 서식지를 마련하기 위해 인후세포를 감염시킨 것뿐이다. '나쁜 병원균'이라는 평판 뒤에는 원인과 동기, 이해 충돌이 존재한다. 그러므로 이들을 제대로 이해하는 일은 무턱대고 공격만 하는 것보다 우리를 훨씬 많이 발전시킨다. 우리는 이런 유용한 지식을 이용해 질병을 완화하고 치료하며 더 나아가 예방할 수 있다. 의학 연구의 존재 이유가 바로 이것이다. 의학 연구는 100년이 넘는 세월 동안 병원균을 연구하며 질문을 던져왔다. 무엇이 나쁜가? 그리고 이 질문의 답을 탐구하는 과정에서 늘 그랬듯 여러 차례의 미로를 헤맸다.

처음 연구자들은 박테리아가 전부 나쁘다고 생각했다. 박테리아가 몸에 침투하면 질병을 유발한다고 생각했다. 그러니 대장에서 무수한 박테리아를 발견했을 때, 얼마나 충격을 받았겠는가! 자, 그들은 어떻게 했을까? 놀랍게도 박테리아로 가득 찬 대장을 제거했다! 그래서 20세기 초 수백 명의 사람들이 아무 이유 없이 대장을 떼어내는 수술을 받았다. 그 결과 상당수의 사람들이 사망했다.

시간이 흐르고, 연구자들은 이번엔 일부 특정 박테리아 집단이 해롭다고 생각했다. 하지만 이것 역시 부정확했다. 박테리아와 바이러스에 대한 연구가 거듭되면서 단순히 나쁘기만 한 종은 없다는 사실이 더욱 명확해졌다. 장내 정상 세균총을 구성하는 대장균은 생명을 위협하는 장 출혈성 대장균과 유전적으로 99% 이상이 똑같다!

그렇다면 박테리아가 해로운지 아닌지를 결정하는 요인은 무엇일까? 연구자들은 이 질문에 답하기 위해 면역체계에 주목했다. 그리고 그들이 제기한 다음과 같은 질문들이 과학을 크게 발전시켰다. 바로 "면역세포는 무엇에 대항하여 항체를 생성할까? 무엇에 반응하여 항체를 분비할까? 박테리아의 어떤 행동이 면역세포에 해로울까? 면역체계는 무엇을 '나쁘다'고 여길까?"였다.

끊임없이 발전하는 기술 덕분에 미생물을 병들게 하는 특정 요인, 즉 병원성 요인이 발견되었다. 그러니 이제 미시적 차원에 있는 '나쁜 것'에 가까이 접근해보자. 간단한 요인부터 차례차례 접근하면 어렵지 않을 것이다.

1. 접착

해로운 박테리아, 바이러스, 균은 우리 몸에 단단히 달라붙어야 한다. 그러지 않으면 그냥 미끄러지거나 굴러떨어지기 때문이다. 달라붙으려면 열쇠와 자물쇠처럼 우리 몸에 딱 맞는 구조가 필요하다. 감기균이 코세포와 인후세포에는 달라붙지만 장세포에 달라붙지 못하면 우리는 콧물과 인후통을 앓지만 설사는 하지 않는다. 그런 까닭에 감기 유발물질을 아무리 삼켜도 '장 독감'에 걸릴 위험은 없다. 손 씻기가 감기 예방에 효과적인 이유도 감기균이 피부세포에는 잘 달라붙지 못하기 때문이다. 손에 먼지나 유분이 많을수록 미생물이 달라붙거나 그 밑에 숨을 가능성이 높아진다. 그래서 꼭 비누로 손을 씻어야 하는 것이다.

유해물질이 어떻게 우리 몸에 달라붙는지 그리고 이를 어떻게 예방할 수 있는지 알면 많은 도움이 된다. 우리 몸은 이런 지식을 활용해 바이러스나 병원균 등이 달라붙지 못하게 막는다. 예를 하나 들자면 우리 몸은 모유에 갈락토올리고당이라는 특수 당분을 첨가하는데, 이 당분은 설사 유발 병원균이 달라붙을 수 있는 소장세포에 결합한다. 병원균이 붙을 수 있는 바로 그 자리를 먼저 차지해버림으로써 아기를 설사로부터 보호하는 것이다. 이 사실이 발견된 이후 아기 분유에도 이 당분이 첨가되었다.

연구자들은 수많은 다른 질병에서도 이런 접착 방지 전략을 모방하여 치료제와 백신을 개발 중이다. 현재 시판 중인 'D-만노스 D-mannose'라는 당분은 방광에서 대장균이 붙을 수 있는 곳에 먼저 붙어 방광염을 예방한다. 일부 백신(예: 백일해 백신)의 목표도 이 같은 접착 항체를 만드는 것이다.

2. 영양소 절도

도둑질은 분명 나쁘다. 하지만 병원성 요인 연구자들은 이 지점에서 '다른 사람의 소중한 것을 훔쳐선 안 된다'는 로빈 후드의 모토를 따른다. '좋은' 박테리아는 우리 몸에서 생기는 소화 찌꺼기 그리고 우리에게 전혀 필요치 않은 것을 훔치는 반면, '나쁜' 박테리아는 우리의 소중한 것을 훔친다. 철분이 대표적인 사례인데, 철분 절도는 병원균의 전형적인 특징이다. 병원균은 생존을 위해 철분이 꼭 필요하고, 인간 세포보다 100배나 더 강하게 철분을 붙잡는 효소를 가졌다. 우리의 몸에도 철분은 귀하기 때문에 철분 절도는 분노할 일이다. 우리는 혈액으로 산소를 운반하는 데 철분이 필요하고, 이 귀한 철분을 음식에서 아주 어렵게 얻는다.

결국 면역체계는 철분을 훔치는 '나쁜' 박테리아의 마수에서 벗어나기 위해 일종의 전략을 개발했다. 나쁜 박테리아를 감지하는 즉시 선제적으로 혈액에서 철분을 빼내 박테리아가 미치지 않을 다른 곳에 저장해두는 것이다. 그래서 심각한 감염 후 혈액 검사를 받으면 실제로는 철분이 많음에도('페리틴ferritin'이라는 물질에 숨겨져 있다) 철분 수치가 낮게 나오는 경우가 많다. 숨겨진 철분은 며칠 후 다시 혈액으로 돌아온다.

3. 침략과 식민지화

대부분의 착한 박테리아는 우리 세포의 경계선(세포막) 밖에 머무는 것에 만족한다. 이 경계선을 옮기려 하거나 경계선이 과연 필요한지를 두고 끊임없이 재협상하지 않는다. 경계선 존중. 그것이 유해 미생물과 무해 미생물을 구별하는 중요한 기준이다. 예를 들어 인후에 사는 착한 박테리아는 점막 표면에서 활발하게 활동하지만 이때도 세포막에 과도한 압력을 가하지 않는다. 그렇게 그들은 우리와 평화롭게 공존한다. 반면 감기, 인후통, 설사를 유발하는 박테리아는 대개 선을 넘는다. 그들은 세포막을 먹어치우거나 세포를 보호하는 섬유질을 분해하거나 세포 안으로 침투한다.

실제로 세포 내에서도 용인되는 병원균이 있다. 이런 병원균은 중요한 차이점을 가졌는데, 바로 세포에 손상을 입히지 않거나 아주 미미한 손상만 입힌다는 점이다. 그러나 미생물이 여러 체세포를 파괴하고 면역세포가 이것을 적발하면 그 순간 작전이 개시된다. 면역세포는 자신의 할 일을 아주 잘 알고 있다. 면역세포는 행동을 취하고 누가 평화를 깨뜨렸는지 정확히 기억해둔다. 세포 손상은 안타깝지만 이런 손상을 통해 문제의 세균을 적발해낸다. 인후통이 시작될 때쯤이면 원인이 밝혀지고 면역체계는 눈에 띄는 염증을 일으키며 문제의 세균을 공격한다.

여기까지 살펴본 병원성 요인은 비교적 간단했다. 우리에게 소중한 것을 훔쳐가는 미생물은 나쁘다. 경계선을 넘어 무언가를 파괴한다면 그것 역시 나쁘다. 그리고 그런 나쁜 미생물이 우리 몸 안으로 들어오면 문제가 발생한다. 면역체계는 이 점을 일찍부터 배워 잘 알고 있다. 그러나 다음에 나올 두 가지 요인은 문제가 훨씬 복잡하다.

4. 면역 회피

면역체계의 공격을 감지한 병원균이 취할 수 있는 선택지는 두 가지다. 하나는 덜 해로운 존재로 변신하는 것이고, 다른 하나는 하던 대로 하면서 면역체계의 공격을 피하는 것이다. 후자의 방식이 바로 면역 회피다. 이때 병원균은 의도적으로 면역체계를 속여서 면역체계가 이상 징후를 감지하는 데 더 오래 걸리도록 만든다. 그렇기 때문에 면역 회피는 우리 몸에 무척 위험하다.

사실 대부분의 박테리아와 바이러스는 대개 면역세포의 분노를 진지하게 받아들이고 덜 해로운 존재로 변신하는 쪽을 택한다. 이런 변신은 아주 빠르게(감기 한 번에) 또는 수백만 년에 걸쳐 이루어진다. 이때 병원균은 유해 단백질 유전자를 침묵시킨다(생물학에서는 이를 '침묵화silencing'라고 부른다). 마치 망나니 삼촌이 가족 식사 자리를 망치지 않기 위해 입을 꾹 다물고 있는 것과 비슷하다. 그러나 침묵하지 않는 병원균이 모두 '나쁜' 것은 결코 아니다.

면역 회피의 강도는 다양하다. 가벼운 면역 회피는 대개 해롭지 않고 오히려 면역체계를 진정시키는 역할을 하기도 한다. 장 박테리아와 함께라면 심지어 유익하다! 장 박테리아는 면역세포를 더 관대하게 만드는 물질을 분비하는데, 이 물질은 신뢰가 깊은 친구 사이처럼 사소한 의견 충돌이 다툼으로 번지는 것을 막아준다. 이런 장 박테리아가 알레르기나 자가면역질환의 발생 위험을 줄여주는 셈이다.

하지만 더 큰 규모에서는 면역 회피가 문제를 일으킨다. 슈도모나스균은 오직 면역세포만 겨냥해 공격하는데, 이때 혈액 속 단백질을 표면에 결합하는 방식으로 위장 전략을 펼친다. 어찌나 잘 위장했는지 더는 낯선 균처럼 보이지 않는다. 이런 위장 전략에 속은 면역체계는 명확한 원인을 알아내지 못하거나 내부 문제라고 잘못 판단한다! 이런 속임수를 면역세포가 간파하기까지는 꽤 오랜 시간이 걸린다. 이 기간 동안 박테리아는 거침없이 증식하며 폐와 복부에서 특히 심각한 감염을 일으킨다.

이런 병원균에 감염되면 면역체계가 할 수 있는 일은 대개 한 가지뿐이다. 다음 감염을 대비해 더 많이 배우기. 이처럼 '교활한 병원균'의 감염을 경험하고 나면 면역체계는 손상된 세포를 다시 만났을 때 더욱 격렬하게 또는 지나치게 조심스럽게 반응한다. 토닥토닥 달래는 손길 또는 모든 것을 자기 탓으로 돌리는 자세는 결국 함정으로 작용하기도 한다. 그리고 이런 기만은 쓰라린 교훈이 된다.

5. 독소

과학이 새로운 유행어에 영감을 주는 일은 매우 드물다. 그래도 굳이 하나를 뽑자면 '독소toxic'가 그 대표적 사례일지도 모르겠다. 최근에는 자신에게 해로운 사람이나 관계를 묘사할 때 이 단어를 자주 사용하곤 한다. 그런데 '독소'는 원래 무슨 뜻일까?

독소는 배후 조종의 달인이다. 독소는 세포를 괴롭히거나 위협할 뿐만 아니라 세포가 평소와 완전히 다른 행동, 그러니까 우리에게 해로운 행동을 하도록 만든다!

설사에서 '일반' 병원균과 '독성' 병원균의 차이가 잘 드러난다. 전자의 경우, 우리의 세포가 설사 신호를 보낸다. 그러면 장세포들이 살짝 분리되면서 수분이 흘러나와 세균을 씻어낸다. 반면 독성 설사균은 배후에서 우리를 조종한다. 설사균의 독소는 마치 설사 신호가 있는 것처럼 장세포를 속인다. 장세포들이 살짝 분리되는 그 순간, 설사균은 재빨리 그 틈새에 자리를 잡고 들어가 독소를 점점 더 많이 생성한다. 이런 유형의 설사를 겪어본 사람이라면 둘의 차이를 명확히 알 것이다. 스스로 작동시킨 '유익한' 설사는 불편하긴 해도 효과적이고, 대개 하루나 이틀이면 끝난다. 반면 미생물 독소로 유발된 설사는 완전히 조절 불가다. 하루 10~40ℓ의 수분이 배출되고 상황이 걷잡을 수 없이 심각해지면 병원에 입원해야 하는 지경에 이른다.

독소의 자극은 유익한 신호를 교란하기 때문에 매우 위험하다. 그러므로 현대 의학이 없으면 파상풍이나 광견병, 탄저병 같은 독성 병원균은 종종 치명적일 수 있다. 이런 질병에 걸리지 않으려면 선택은 대개 두 가지뿐이다. 하나는 너무 늦기 전에 무슨 일인지 알아차리고 병원에 가서 준비된 항체를 투여받는 것이다. 또 하나는 면역체계가 미리 경고를 받고 독소의 형태를 파악해두는 것이다. 우리는 예방접종이라는 이름으로 면역체계에게 이 같은 경고를 미리 해주고 적절한 항체를 마련해둘 수 있다.

6. 의외의 병원성 요인: 우리 자신

더 나은 장비와 기술을 갖춘 현대 연구가 놀라운 결과를 발표한 적이 있다. 더 많은 미생물을 분석한 결과 인후통 세균, 설사 세균, 폐렴 세균 같은 전형적인 '병원균'이 완전히 건강한 사람에게서 더 자주 발견된다는 사실이었다! 그런데 신기하게도 이런 세균들이 인후통, 설사, 기침을 유발하지 않았다. 질병을 일으키지 않고 그냥 몸 안에 서식할 뿐이었다. 어떻게 그럴 수 있을까?

박테리아가 나쁜 짓을 하느냐 마느냐는 단순히 유전자로만 결정되지 않는다. 박테리아의 삶이 어떻게 전개되느냐에 따라서도 결과가 달라진다. 건강한 박테리아 무리와 섞여 살거나 위협이 없는 안전한 인후에 서식하면, 이들은 굳이 세포를 해치지 않는다. 일부 인후통 병원균은 예를 들어 스트레스에 반응하는데, 이는 우리의 면역체계가 장기간의 스트레스에 관대함을 잃었기 때문이다. 특정 박테리아는 면역세포의 공격이 심해졌다고 느끼면 자신을 방어하기 위해 병원성 요인으로 돌아간다.

특정 장 박테리아는 우리가 먹는 음식에 따라 달라지기도 한다. 육류를 너무 많이 먹으면 암모니아나 아질산염 같은 독소를 생성하여 대장암 위험을 높인다. 육류 대신 채소를 많이 먹으면 가만히 앉아 방귀만 몇 번 뀌는 정도로 끝난다. 또한 에볼라 바이러스나 지카 바이러스 같은 일부 바이러스와 박테리아는 우리가 정글이나 숲에 있는 그들의 서식지를 줄였을 때만 인간에게 해코지를 한다. 우리는 공장식 대량 축산을 통해 또 다른 병원균을 번식시키고, 처음에는 보잘것없는 소규모 살모넬라균을 몇 시간 동안 달걀 샐러드에 방치하여 증식시킨다.

어쩌면 정말로 독사는 우리가 나쁘거나 악하다고 부르는 것들의 전형적인 사례일지도 모른다. 잘못 이해하면 독사는 무분별하게 분노하는 어리석은 동물이다. 하지만 제대로 이해하면, 물론 독사가 귀여운 토끼가 되지는 않겠지만 적어도 우리가 대처할 수 있는 위험 요소 정도로 생각할 수 있을 것이다. 우리의 대처를 방해하는 모든 것, 예를 들어 배후 조종, 잘못된 정보, 무지 등은 우리를 위험에 빠뜨린다. 그러나 우리가 어떤 '나쁜 것'을 갖고 있는지 제대로 파악하면 안전

시스템에서 가장 중요한 힘인 실행력을 가질 수 있다.

우리는 안전하게 살기 위해 아프다

아픔은 우리를 불편하게 만든다. 부정적인 감정이나 생각도 그렇다. 그러나 충격, 분노, 걱정처럼 처음에는 나쁘게만 느껴지는 감정도 항상 나쁘지만은 않고 좋은 측면도 있음을 우리는 잘 안다. 문제는 정확히 뭐가 어떤 점에서 좋은지 곧바로 알기는 힘들다는 것이다. 이 문제에 관한 한 면역체계는 우리에게 훨씬 더 명확한 설명을 해준다. 그러니 면역체계에서 시작해보자.

아픔은 면역체계가 문제를 해결하는 한 방법이다. 우리의 면역체계는 오직 몸 상태에 불만이 있을 때만 개입한다. 이를 위해 두 가지 면모를 발달시켰다. 두려움처럼 기능하는 선천 면역체계 그리고 성찰과 닮은 후천 면역체계다.

두려움처럼 기능하는 선천 면역체계는 놀라울 정도로 빠르게 반응하는 대신 불편감을 준다. 우리가 '아프다'고 부르고 경험하기 싫어하는 거의 모든 것, 예를 들어 콧물, 기침, 발열 등은 병원균이 아니라 면역세포 때문이다. 반면에 후천 면역체계의 작용은 훨씬 더 편안하지만 느리다. 박테리아와 바이러스에 대적하는 항체를 생성하는 데 최대 2주가 걸린다(그래서 끈질긴 감기가 떨어지는 데도 대략 2주가 걸린다). 그 대신 후천 면역체계는 경험에서 배우고 기억하고 삶의 과정에서 점점 발전할 수 있다. 그래서 이미 알고 있는 병원균이 코에 들어오면 면역세포는 며칠 안에 조용히 순조롭게 문제를 해결한다. 일반적으로 선천과 후천 두 면역체계가 협력하며 작동한다.

선천 면역체계는 빠르게 반응하기 위해 정해진 매뉴얼을 따른다. 면역세포에는 우리 조상들을 병들게 했던 병원균의 특징이 저장되어 있다. 그 덕분에 면역세포는 우리가 직접 겪어보지 못한 감염의 미세한 유사성을 빠르게 감지해낸다. 바로 이 지점이 인간이 가진 본능적인 두려움과 닮았다. 맹수, 불, 물, 폭력 등 모든 위험을 매뉴얼에 따라 빠르게 분류하는 두려움은 선천적이다. 수천 세대에 걸쳐 조상들이 쌓은 데이터 덕분에 우리 몸은 이미 검증된 대처법을 가졌으므로, 매번 새로운 방법을 만들지 않아도 된다.

빠른 반응 패턴은 시간을 절약해주지만 두려움이 그렇듯 선천 면역체계도 서두르다 종종 오류를 범하곤 한다. 그래서 과도한 반응으로 때론 중요한 사실을 놓치고 불필요한 고통을 야기한다. 하지만 두려움을 모르거나 불완전한 면역체계를 가진 사람들이 어떤 삶을 사는지 알기에, 우리는 선천 면역체계가 저지르는 오류에도 불구하고 그들과 함께 가는 쪽을 택했다. 없을 때의 결과가 죽음이고, 불편하지만 있을 때의 결과가 생존이라면 어느 쪽을 선택할지는 자명하다. 비록 처음에는 그들의 활동이 종종 폭력적으로 느껴졌지만 결과적으로 그들은 놀라운 성과를 가져왔다.

예를 들어 콧물을 유발하기 위해 선천 면역세포는 주변 혈관에 신호를 보낸다. 그러면 혈관이 팽창하면서 구멍이 생긴다. 이 구멍으로 수분이 흘러나오고 우리는 콧물을 흘린다. 설사 때처럼 콧물이 병원균을 배출한다. 선천 면역체계의 원리는 명확하고 간단하다. 나쁜 것을 고치려면 나쁜 것을 줄이면 된다. 이보다 더 간단할 수는 없다.

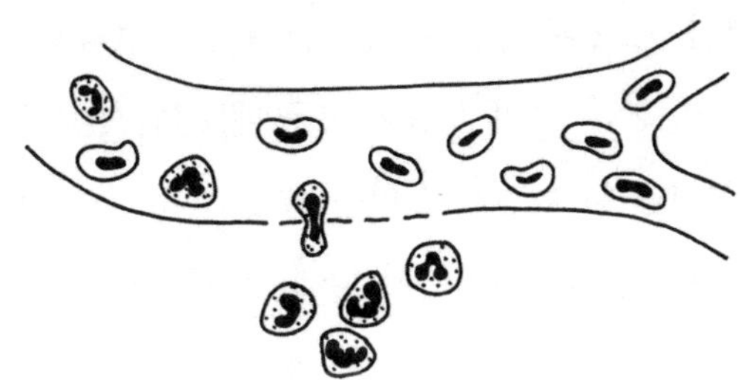

콧물은 '코 설사' 외에 후원자 역할도 한다. 구멍 난 혈관을 통해 다른 면역세포들도 더 쉽게 조직으로 이동하여 그곳에서 감기 병원균을 제거하도록 지원해주기 때문이다. 면역세포에는 병원균을 포획하고 효소로 중화하는 식세포도 함께 들어 있다. 다만 많은 수분과 조직으로 이동하는 면역세포에게는 단점도 있으니, 바로 코가 붓고 성가실 정도로 콧물이 계속 흐른다는 것이다. 콧물은 불편한 증상이지만 응급구조대가 현장에 출동하여 문제를 해결하고 있다는 신호라고 생각하자. 그럼 한결 받아들이기가 편하다.

우리의 몸은 문제를 해결할 때 종종 불편감을 신호로 이용한다. 예를 들어 발목을 삐끗해서 발목이 붓는다면, 그것 역시 면역세포가 발목 부위에서 손상을 보고하기 때문이다. 코가 부을 때처럼 면역세포는 주변 혈관에 구멍을 내고 도움 요청 신호를 보낸다. 부어오르고 불편하다는 것은 손상을 파악한 세포들이 세균을 차단하기 위해 속속 모여들고 있다는 뜻이다. 그러므로 부기를 식혀 모여드는 구조대를 막는 행위는 상처가 깨끗하다고 보장할 수 있을 때만(소독을 했거나 피부가 손상되지 않았을 때) 의미가 있다.

통증도 그런 '보고'에 속한다. 하지만 통증은 혈액 안의 세포가 아니라 신경을 겨냥한다. 목이나 팔이 아플 때, 선천 면역체계의 세포는 의도적으로 신경을 더 예민하게 만든다! 그것을 통해 선천 면역세포는 문제가 어디에서 발견되었는지 뇌에 보고한다. 어쩌면 뇌가 좋은 방법을 생각해낼지도 모른다. 가글을 할까? 병원에 가야 할까? 아니면 저절로 회복될 수 있게 아픈 부위를 쉬게 해야 할까?

선천 면역체계는 우리 몸에서 강력한 권력을 휘두른다. 예를 들어 독감에 걸려 짧은 시간 안에 새로운 세포를 많이 생성해야 할 때처럼 에너지가 필요하면, 선천 면역체계는 쉽게 우리를 죽은 듯 누워 있게 만든다. 뇌에 신호물질을 보내 우리를 피곤하게 하거나 극도로 약하게 만들어 불필요한 움직임에 칼로리를 낭비하지 못하게 막는 것이다.

우울증이 이와 매우 유사한 증상을 보이는 까닭에 우울증과 면역체계의 상관관계가 점점 더 활발히 연구되는 중이다. 초기 연구에 따르면 우울증을 앓는 일부 사람들은 혈액 내 염증 수치가 더 높다. 그래서 아스피린이나 이부프로펜 같은 간단한 약물로도 기분이 호전되는 경우가 더러 있다.

이에 반해 후천 면역체계는 질병의 특정 순간에 무대에 오른다. 병원균을 밖으로 밀어내고 통증으로 주의를 끌고 면역세포를 출동시켜 부어오르게 해도 아무 도움이 되지 않는다면, 남은 것은 경험을 통해 배우는 것뿐이다. 병을 유발하는 데 성공한 병원균은 분명히 탁월한 특기를 가졌다고 할 수 있다. 그들은 결합하거나 속이거나 빠르게 증식한다. 우리 몸의 면역체계는 이들에 대해 연구할 필요성을 느꼈고, 그렇게 해서 나온 결과물이 바로 T세포와 B세포의 생성이다.

선천 면역체계의 특정 세포들은 문제성 세균이 끈질기게 버틴다는 것을 감지하는 순간, 우르르 몰려나가 T세포를 찾아다닌다. 가방에 병원균 조각을 넣고 다니며 여기저기 만나는 세포마다 보여준다. 그러다가 우연히 병원균과 완벽하게 일치하는 T세포를 발견하면 유레카를 외친다. 이제 이들이 황금빛 구세주다! T세포는 곧 두 무리로 나뉜다. 한 무리는 문제 지점으로 몰려가 현장의 면역세포들이 쉼 없이 활동하도록 응원한다. T세포의 합류를 알아차리면, 면역세포의 생산성이 크게 증가한다. 나머지 다른 T세포 무리는 B세포를 찾아나선다.

마치 이어달리기처럼 이제는 T세포가 병원균과 일치하는 B세포를 찾아야 한다! B세포를 찾는 데 성공하면, 대단한 사건이 시작된다. 바로 발견된 B세포가 활성화되어 1초에 약 2,000개씩 항체를 생성하는 것이다! B세포의 항체는 병원균과 어느 정도 일치하지만 B세포는 더 완벽하게 일치시키기 위해 계속해서 분열한다. 그렇게 B세포 클론은 어느 시점부터 1분에 1,000개씩 새로운 세포가 생성될 정도로 빠르게 증식한다. B세포는 분열할 때마다 조금씩 변하고 항체도 계속 생성한다. 그 결과 며칠 만에 단 하나의 B세포가 인간이 수만 년의 진화를 거쳐 이룩한 만큼 재생되고 또 변형된다. 이 기간에는 B세포의 수가 급격히 증가하여 손가락 끝으로도 느낄 수 있다. 목 위쪽의 림프절에서 B세포가 증식하면 그 부위가 눈에 보일 정도로 부어오른다. 이런 방식으로 B세포는 우리 몸에 들어오는 모든 미생물과 이물질에 완벽하게 일치하는 항체를 생성한다.

항체 생성 과정은 매우 힘들고 에너지가 많이 들기 때문에 T세포가 없으면 B세포는 아주 짧은 시간 안에 탈진해버릴 것이다. T세포는 B세포에게 포기하지 말고 계속 활동하라는 화학 신호를 계속해서 보낸다. 응원을 보내는 T세포 자신도 계속 분열하여 수많은 클론과 함께 새로 탄생한 B세포 무리에서 '슈퍼바인더'를 찾는다. 슈퍼바인더는 가장 효과적인 항체로, 슈퍼바인더를 찾으면 T세포 클론들은 슈퍼바인더의 B세포에 결합하여 더 나은 새로운 해결책을 찾았음을 확정한다. 그러면 이제 원래의 B세포는 놓아 보내준다. 이렇게 면역체계는 최적의 해결책을 찾을 때까지 접근 방식을 끊임없이 개선한다.

"문제 인식이 해결책을 찾는 것보다 더 중요하다. 문제를 정확하게 알아야 올바른 해결책을 찾을 수 있기 때문이다."

알베르트 아인슈타인이 한 이 말은 항체의 기능 방식을 가장 완벽하게 설명해준다. 항체의 주요 임무는 문제성 세균에 표식을 다는 것이다. 그게 전부다. 때로는 제대로 아는 것만으로도 문제를 극복할 수 있다. 이 표식 덕분에 우리 몸의 선천 면역체계는 더 쉽게 활동하고 항체는 더욱 정교하게 일한다. 주변의 모든 것을 부어오르게 하고 염증을 일으키는 대신, 표식이 붙은 것만 정확히 공격하면 되기 때문이다.

적어도 우리 몸에서는 성찰이 두려움을 없애지 않았다. 없애기보다는 더 쉽게 두려움에 대처하게 해주었다. 성찰이 제대로 효과를 내면, 두려움을 더 현명한 방식으로 느끼게 해주고 무언가에 휩쓸려 '막무가내로 분노하는' 일을 막아준다. B세포와 T세포 그리고 면역체계의 식세포와 염증세포가 원활히 상호작용할 때 차분한 치유의 힘이 생기게 되는 것이다.

새로운 평화가 자리를 잡으면 선천 면역체계는 긴장을 풀고 푹 쉰다. 부기가 빠지고, 신경의 통증 민감도가 정상화되고, 피로를 유발하는 화학물질의 분비가 억제된다. 그렇게 마침내 우리는 다시 건강해진 기분을 느낀다.

:: 감기약은 꼭 먹어야 할까?

아플 때 우리는 불필요하게 고생하기를 원하지 않는다. 그래서 얼른 약을 먹는다. 하지만 이는 오래된 논쟁을 불러일으킨다. 코감기에 걸렸을 때 우리 몸의 자기 방어력을 믿으면 안 되는 걸까? 이것이 예를 들어 두려움 같은 다른 보호체계에 시사하는 바는 무엇일까? 감기나 두려움은 어느 정도까지 간과해도 괜찮을까? 가장 널리 사용되는 감기약(코 스프레이, 기침 억제제, 진통제)은 면역세포의 효력과 정반대로 작용한다. 어떤 경우에는 심지어 면역세포의 수를 줄이기도 한다! 이런 약들은 인후통, 콧물, 몸살, 귓병 등을 효과적으로 완화하지만 질병의 다른 증상에는 도움이 안 된다. 또한 일부 진통제가 감염 기간을 최대 하루까지 연장시키는지를 두고 연구자들 사이에도 논쟁이 뜨겁다. 최종 결정은 아직 내려지지 않았지만 몇 가지 권고안이 마련되었다.

부기를 가라앉히는 코 스프레이의 데이터는 매우 긍정적이다. 이 스프레이는 부비동이나 귀의 염증을 예방하는 효과가 있다. 코감기 때문에 잠을 설치고 입맛을 잃고 정상적으로 숨쉬기도 어렵다면, 스프레이를 사용해 면역체계와 협상하는 편이 낫다. 다만, 권장 용량을 준수하고 적절한 시기에 중단해야 한다.

로페라미드 같은 지사제의 데이터는 좀 다르다. 이 약은 소화 근육을 마비시킨다. 장은 설사 병원균을 배출하려 하는데 이 약이 배출을 막으면 병원균이 증식할 수 있다. 그래서 이 약을 먹으면 감염 후 심각한 질환이나 과민성 대장증후군의 위험이 커진다. 설사의 원인이 감염이 아니거나 탈수 증상이 생명을 위협할 정도이거나 꼭 비행기를 타야 하는 경우에만 이런 약을 복용해야 한다.

기침은 콧물과 설사의 중간쯤 되는 증상이다. 약을 먹거나 안 먹거나 두 가지 다 가능하다. 기침 역시 유해 미생물을 몸 밖으로 배출한다. 심하지 않은 초기 단계라면 그냥 기침이 나게 두는 것이 좋다. 하지만 감염 후라면 상황이 조금 달라진다. 감염 후에는 기도가 최대 4주 동안 과민 반응을 보인다. 공기가 건조하거나 아주 작은 먼지 입자 하나로도 심한 기침이 날 수 있다. 이런 경우에는 기침 억제제가 면역세포의 중요한 기능을 방해하지 않는다.

아프다고 해서 반드시 그게 면역세포와 병원균의 격렬한 전투를 의미하지는 않는다. 면역체계는 상황을 판단하고 타협점을 찾기도 한다. 예를 들어 입술 포진을 생각해보자. 포진 바이러스는 면역체계와 처음 대치한 후, 입술에서 물러나 신경세포에 잠복한다. 면역세포는 바이러스가 더 이상 공격하지 않으므로 그대로 둔다. 그러다 어느 시점에 스트레스, 감기, 감염 등으로 면역체계가 다시 약해지면 잠복해 있던 바이러스가 다시 예전처럼 활보하며 입술로 이동하여 포진을 유발한다. 그 결과는? 다시 면역체계에게 혼쭐이 난다.

이런 싸움에는 어느 정도 긍정적인 측면도 있다. 우리가 입과 코 관리를 소홀히 했다는 사실을 바이러스가 면역체계에게 알려주기 때문이다. 짜증스러운 고자질이긴 하나 맞는 말이긴 하다. 그래서 포진을 극복한 뒤에는 이전보다 더 많은 면역세포가 입과 코에 할당된다. 그러면 이들이 앞으로 다른 병원균을 더 효과적으로 방어한다! 가벼운 감염이면 어떤 사람에게는 이런 방어력 향상이 해로움보다 유익함이 더 크다. 하지만 어떤 사람에게는 그렇지 않을 수도 있다. 그렇다고 포진 바이러스가 우리의 절친이 되지는 않지만 진화생물학 이론에 따르면, 이런 이유에서 면역체계는 오래전에 이 바이러스를 완전히 없애버리지 않았다.

이 원리는 다른 바이러스와 박테리아에도 적용된다! 예를 들어 특정 폐 바이러스나 감기 병원균은 감염 후 완전히 박멸되지 않고 기도 세포에 계속 살아서 지낸다. 이런 바이러스는 면역체계를 계속 경계 상태에 둠으로써, 더 심각한 독감 바이러스로부터 우리를 어느 정도 보호한다. 그러므로 장기적으로 볼 때, 유해 미생물이 면역체계에 항상 나쁜 것만은 아니다. 질병도 항상 나쁜 것만은 아니다. 때로는 우리의 세포들이 질병이 일으키는 힘든 경험을 통해 무언가를 배우고 우리를 더 건강하게 만들 수도 있으니 말이다.

알레르기: 겁먹은 면역체계의 과잉 반응

몇 년 전까지만 해도 알레르기는 단순히 겁먹은 면역체계의 비합리적 과잉 반응으로 여겨졌다. 집 먼지, 꽃가루, 땅콩처럼 우리에게 전혀 해롭지 않은 이물질이 들어오고, 겁먹은 면역세포들이 이것을 큰 문제로 여긴다. 그 결과 눈물이 나고 콧구멍이 붓고 설사가 나고 최악의 경우 호흡 곤란까지 발생한다. 면역세포들은 대체 왜 이렇게 하는 걸까?

이런 반응의 주요 책임자는 비만세포다. 비만세포는 선천 면역체계의 일부로, 선천 면역체계와 후천 면역세포를 중재한다. 항알레르기제는 비만세포의 액포를 닫는 방식으로 작용한다. 액포는 한마디로 말하면 비만세포의 입 같은 것으로, 특정 물질이 들어오면 비만세포는 그 작은 입으로 '비상!!'을 외친다. 액포가 닫혀 비만세포가 더는 '히스테리성' 히스타민을 분비하지 못하면 알레르기가 가라앉는다.

오랫동안 알레르기 연구의 초점은 비합리적으로 과민하게 반응하는 비만세포를 어떻게 진정시킬 수 있을까였다. 하지만 일부 연구자들이 다른 관점에서 의문을 제기하기 시작했다. 도대체 무엇이 비만세포를 그토록 겁먹게 하는 걸까? 어쩌면 비만세포가 과민하게 반응하는 데는 타당한 이유가 있지 않을까?

이 주제를 처음 다룬 사람이 미국 과학자 마지 프로펫Margie Profet이었다. 그녀는 모든 알레르기 반응이 무언가로부터 우리를 보호한다고 가정했다. 예를 들어 기도가 부으면 유해물질을 흡입할 위험이 줄고, 눈물이 나면 유해입자가 씻겨나가며, 메스꺼움, 복통, 설사 또는 구토는 유해물질 섭취를 막거나 몸 밖으로 배출한다. 최악의 알레르기 반응인 쇼크조차도 특정 목적을 달성할 수 있다. 즉, 혈액 순환을 차단하여 독소가 온몸으로 퍼지는 걸 막는 것이다. 이런 가정 자체는 일면 그럴듯하게 들리지만 면역체계가 때때로 생명을 위협할 정도로 과격하게 반응하고 실제로 전혀 해롭지 않은 자극에 그토록 과민하게 반응하는 이유는 설명하지 못한다.

이것을 이해하려면 아주 오래전으로 거슬러 올라야 한다. 약 200년 전까지만 해도 인간은 다양한 기생충에 정기적으로 감염되곤 했다. 이 기생충들은 우리 몸에서 생존하기 위해 면역체계를 억제했다. 기생충은 박테리아나 바이러스보다 훨씬 크기에 면역체계가 기생충과 싸우려면 훨씬 더 강력한 힘이 필요했다. 상당한 히스테리와 공황 발작을 일으켜서라도 말이다.

비만세포는 두 가지 방식으로 일한다. 하나는 자신이 속한 선천 면역체계를 돕는 것이고, 다른 하나는 후천 면역체계를 돕는 것이다. 선천 면역체계의 일부가 위험에 빠졌음을 감지하면 비만세포는 평소보다 훨씬 더 일찍 후천 면역체계를 호출한다. 후천 면역체계는 문제를 해결하기 위해 즉시 항체를 조달해야 한다. 딱 맞는 항체가 없다면 만약을 대비해 생성해두었던 항체들을 수집한다. 그리고 이걸 가지고 신체를 순찰하면서, 이 항체와 일치하는 뭔가를 발견하는 즉시 경보를 울린다. 그러면 후천 면역체계가 일단 '잠재적 문제'로 여기는 것을 비만세포는 성급하게 직접 나서서 '위기'라고 선포해버린다.

이 과정에서 절차는 모두 무시된다. 보통은 먼저 중간 단계의 면역세포가 항체 생성과 염증 유발이 필요할 만큼 상황이 정말로 심각한지 점검한다. 언뜻 생각하면 이 단계를 무조건 거쳐야 할 것 같지만 때론 이것이 저주로 작용하기도 한다. 어떤 감염에서는 절차 따윈 무시하는 터보 모드가 생존을 돕기도 하기 때문이다! 상처에 위험한 감염이 발생했을 때 이 모든 절차와 점검 단계를 거치느라 시간을 끌면, 순식간에 패혈증으로 이어질 수도 있다. 이럴 때는 비만세포의 공황 발작과 선동이 생명을 구한다. 하지만 비만세포의 오인으로 불필요하게 군중을 들끓게 해버리면 면역 반응은 유익함에서 위험으로 돌변한다. 이로움보다 해로움이 더 많은 반응이 발생하는 것이다. 예를 들어 땅콩이 우리 몸에 아무런 해를 끼치지 않는데도 면역체계는 불필요하게 격렬한 반응을 보이게 된다.

얘기가 나온 김에 땅콩에 대해 한번 살펴보자. 선천 면역체계는 대체 땅콩과 무슨 문제가 있는 걸까? 땅콩은 실제로 매우 위험한 곰팡이 독소에 오염될 수 있다. 그리고 이 독소는 아주 적은 양이라도 우리 몸에 심각한 손상을 입힌다. 프로펫의 이론에 따르면, 땅콩 알레르기가 있는 사람의 비만세포는 땅콩에 대해 '우리랑은 절대 안 돼!'

라는 식의 선언을 한 것과 같다. 음식에서 그런 독소의 흔적을 발견한 적이 있는 비만세포는 앞으로 다시는 그 음식을 섭취하지 않으려 할 것이다. 그래서 입이 붓고 속이 불편하고 토하게 된다. 타협의 여지가 없는 대응 방식이다. 다른 알레르기 역시 이런 식으로 발생한다. 대기 중의 해로운 미세먼지 입자가 꽃가루에 달라붙고, 알레르기를 일으키는 집먼지진드기는 밀 저장고에 기생하는 나쁜 진드기와 비슷하다. 이것만으로도 비만세포가 흥분하기에 충분하다.

프로펫의 이론은 오랫동안 논란의 중심에 있었다. 그러나 2013년, 하버드와 스탠퍼드 대학교의 연구팀이 이 이론에 필요한 메커니즘을 입증했다. 이후 프로펫의 가설은 알레르기를 일으킬 수 있는 여러 원인 가운데 하나로 받아들여졌다. 그리고 또 다른 관찰 결과가 우리에게 생각할 거리를 제공해준다. 바로 비만세포가 너무 빠르게 진행되는 '혁신'을 특히 싫어하는 듯 보인다는 점이다.

혁신은 늘 예상치 못한 위험을 동반한다. 한꺼번에 대량으로 재배하여 사일로에 저장해둔 밀은 기아를 막는 중요한 방법이지만 방치된 곡물은 해충을 유인하기도 한다. 콩을 저장하거나 외래 견과류와 과일을 수입할 때도 마찬가지다. 바로 이런 상황에서 알레르기가 점점 더 많이 발생한다.

비만세포는 새로운 위협으로부터 우리를 보호하고자 한다. 그래서 기후 변화, 현대식 농법, 새로운 수확 기술에 알레르기 반응을 보일 수 있다. 식물이 스트레스를 받고, 저장 기간이 더 길거나 해충에 강한 독소를 더 많이 생성하도록 특별히 개량됐을 경우, 이런 변화가 채소와 과일 알레르기로 이어질 수 있다. 사과 알레르기가 있지만 오래된 전통 품종(예: 보스코프 또는 골든 페어메인)의 사과는 문제없이 잘 먹는 사람들이 바로 그 예다.

세상의 급격한 변화가 비만세포에게 압력을 가하고 있다. 새로운 것이 이렇게 많은데, 어떻게 우리의 안전을 보장할 수 있겠는가? 동시에 최근까지 비만세포가 강력히 단속해야 했던 오래된 기생충들이 현대 의학의 발전으로 제거되고 있다. 비만세포를 알면 알수록 우리는 불안과 공황에도 적용되는 중요한 진실을 더욱 명확하게 깨닫는다. 비만세포를 비합리적이라며 그냥 무시해버리면, 우리는 비만세포의 진면목을 발견하지 못한 채 결국 중요한 단서를 놓치게 될 수도 있다.

최근 몇 년 동안 식품 운송 환경이 개선되었고 곰팡이 포자 제한이 강화되었다. 실제로 이 기간에 새롭게 진단된 알레르기 환자의 수도 눈에 띄게 감소했다. 둘의 인과관계가 아직 입증된 바는 없지만 연구자들은 이를 흥미로운 단서라고 생각한다. 전통 사과 품종의 특성을 살린 알레르기 없는 품종(예: 토파즈 또는 산타나)의 개량도 이 범주에 속한다. 이는 면역체계의 신호를 이용해 어떻게 타협점을 찾을 수 있는지 보여준다.

비만세포가 흥분하는 이유를 상세히 조사하는 여유를 누릴 수 있다면 우리는 특별히 더 세심한 수준의 안전을 확보할 수 있을 것이다. 안전망을 이중으로 설치하여 곰팡이 오염을 검사하는 동시에 꽃가루가 날리는 시기에 대기오염을 줄이거나 과일 및 채소의 전통 품종과 재배법을 보존하는 데 주의를 기울일 수 있다.

:: 알레르기 치료를 위한 면역요법

기존의 알레르기 치료법은 공포증을 치료하는 법과 매우 유사했다. 당신이 일상생활에 지장을 받을 정도로 개구리 공포증이 너무 심하다고 해보자. 그러면 아마도 의료진은 '인지행동 치료'(더 정확히는 노출 치료)를 권장할 것이다. 노출 치료는 불안의 근원이 되는 대상이나 환경에 환자를 점진적으로 노출시켜 환자의 불안이나 고통을 없애는 치료 방법이다. 당신은 전문가의 안내를 받아 조금씩 개구리에 가까이 다가간다. 어쩌면 마지막에 개구리를 손에 쥐어야 할 수도 있다. 당신은 아마도 그 자리에 주저앉아 덜덜 떠는 것 말고는 아무것도 하지 못하겠지만 이 새로운 경험은 당신의 뇌 속에 오래도록 기억된다. 노출 치료법의 성공률은 무려 90%로, 현재 가장 성공적인 심리 치료법으로 꼽힌다.

'면역요법'이라 불리는 알레르기 장기 치료법도 비슷한 방식으로 진행된다. 의사의 처방에 따라 (곰팡이 독소가 없는 것으로 확인된) 소량의 땅콩을 섭취하거나 정제된 알레르기 유발 물질을 혈류에 주입한다. 그런 뒤 매번 조금씩 양을 늘린다. 그러면 면역체계는 이런 물질이 해롭지 않다는 것을 배우고 다시 신뢰하기 시작한다. 치료의 성공 여부는 얼마나 오래 알레르기를 앓았는지, 즉 면역체계가 알레르기 반응으로 얼마나 자주 경보음을 울렸는지에 달렸다.

면역요법은 아직 완벽한 수준에 이르진 못한 상태다. 그렇더라도 이 방식은 매우 심각한 증상을 호전시키거나 적어도 생명을 위협하는 수준까지 가지 않도록 예방해준다.

오늘날 우리는 히스타민 차단제 같은 약물 치료와 면역요법 중에서 선택할 수 있다. 미래에는 어떻게 될까? 우리의 면역체계는 위협이 줄어든 현실에 적응할 수 있을까? 아니면 점점 더 청결해지면서 면역체계가 더 예민해질까? 이 질문의 대답을 찾기 위해 현재 연구자들은 멕시코 파촌Pachón의 동굴에 사는 물고기에 주목하고 있다. 파촌 동굴에는 기생충이 거의 없고 조상들이 살았던 물보다 박테리아가 훨씬 적다. 우리의 생활환경과 달리 이곳의 환경 조건은 겨우 300년이 아니라 약 15만 년 동안 유지되었다. 따라서 동굴 물고기의 면역체계는 새로운 상황에 적응할 충분한 시간을 가졌다. 그리고 실제로 무언가가 바뀌었다. 오늘날 그들의 선천 면역체계는 조상이나 가까운 친척보다 세포 수가 현저히 적다. 이는 여전히 위협에 대응할 수 있지만 과잉 반응의 위험은 줄었다는 것을 의미한다.

그러므로 우리에게는 희망이 있다. 세상의 혁신이 안정적으로 유지되고 우리가 장기적으로 확실히 더 안전하게 살 수 있음을 우리 몸이 알아차린다면 상황은 달라질 것이다. 불필요한 두려움을 느끼지 않게 된 면역체계는 우리 몸을 더 차분하게 지킬 수 있을 테고 말이다.

자가면역질환: 과도한 의심이 비극이 될 때

"내가 잘못한 걸까?"

"내가 잘못 판단한 걸까?"

"내가 잘못 찾아온 걸까?"

우리의 면역체계도 스스로의 결정을 의심할 때가 있다. 면역체계는 이른바 '검문소'에서 자신의 결정을 (여러 차례 연속해서) 되돌아보며 혹시 너무 성급하지는 않았는지 또는 과도하진 않았는지 끊임없이 검토한다. 거의 항상 자신의 결정에 대해 여러 세포에게 물어보고 평가와 투표를 부탁한다. 깊이 생각하며 성찰할 때와 마찬가지로 이런 식의 자기 의심은 대부분 도움이 되는 편이다. 하지만 간혹가다 이것이 해롭게 작용할 때도 있다. 바로 면역체계가 지나치게 의심의 눈초리로 우리 몸을 살필 때 일어나는 병인 자가면역질환이다. 자가면역질환에 걸리면 면역세포와 자가항체가 연골, 피부 단백질, 복부 장기, 신경 등을 공격한다. 이들은 안전을 향한 과잉 열정으로 류머티즘, 건선, 제1형 당뇨병, 다발성 경화증 같은 질병을 일으키며 우리를 위험에 빠뜨린다. 이 질환들은 마치 3막으로 구성된 연극처럼 다음과 같은 단계를 거친다.

:: 제1막: 정상적인 자기의심이 과도해질 때

면역세포는 우리의 부모보다도 먼저 우리를 살펴본다. 이때 그들이 무엇을 보느냐에 따라 그들의 평생 임무가 결정된다. 면역세포들은 우리를 보호하고 치유하고 방어하기 위해 온 힘을 다할 것이다. 그들에게 우리 몸만큼 중요한 것은 없으며 그들이 무엇을 어떻게 해야 할지는 우리 몸이 정한다. 그런데 면역체계가 몸을 위험하게 하는 장

본인이 우리 자신이라고 판단하면 어떻게 될까? 암세포가 형성되거나 세포 폐기물이 제대로 처리되지 않는다면? 우리의 세포가 혼란에 빠지면? 이때 면역세포가 개입해선 안 될까? 개입하지 않아도 될까?

의심은 안전을 위해 필요하다. 연구자들이 오랫동안 추측했던 것과 달리, 우리는 늘 자신의 신체에 대항하는 방어세포와 항체를 생성한다. 건강한 사람이라면 모두 이렇게 한다. 심지어 건강한 신생아의 탯줄 혈액에서도 자가항체가 검출될 수 있는데, 연구자들은 오랫동안 이것만으로도 자가면역질환이 발생한다고 생각했다. 그러므로 자가면역은 정상적인 현상이고, 자기 의심 또한 정상적인 현상이다. 자신을 의심할 수 있어야 우리는 자신의 실수에 반응할 수 있다. 하지만 그것이 독립을 선언하며 우리의 통제에서 벗어나면 문제가 된다.

'건강한' 자가항체는 바이러스에 감염된 세포나 암세포처럼 정말로 해로운 세포에 결합한다. 하지만 심각하지도 않고 위험하지도 않은 세포에 결합하는 일도 더러 있다. 아주 작은 차이만으로도 암으로 오인될 수 있고, 경미한 감염이 사실과 다르게 바이러스의 침략으로 의심받을 수 있으며, 살짝 손상된 세포임에도 불필요하게 공격적인 분해 활동이 시작될 수 있다.

그러면 우리는 병원에서 종종 이런 설명을 듣는다. "당신의 면역체계가 당신의 몸을 공격하고 있습니다." 이 말을 들은 사람은 배신감을 느낄 수밖에 없다. 보호하고 치유하고 방어해야 할 존재가 오히려 나에게 해를 끼치고 있다니!

:: 제2막: 확대된 방어 전략의 폐해

우리 몸에서 이루어지는 세포 분열이 늘 완벽하느냐 하면 그렇지 않다. 세포 분열 때마다 우연한 돌연변이가 약 10회쯤 발생한다. 그럴 때마다 면역체계가 모든 오류, 모든 비정상, 모든 잠재적 위협을 적발하여 처벌하려 들면 결국 세포 전체를 공격해야 할 것이다. 당연히 모든 위험 요소를 제거할 수는 없는 법이다. 그런데 어떤 면역세포들은 이런 현실을 쉽게 받아들이지 못한다. 그리고 이것을 받아들이지 못하는 상황은 말 그대로 극단적일 수밖에 없다. 절대적 안전을 원한다면 스스로 목숨을 끊는 편이 가장 확실할 것이다.

무관용의 태도에 건강한 한계를 두기 위해 면역체계는 스스로에게 질문한다. 이는 어쩌면 오늘날 우리가 사는 완벽주의 사회에서 더 자주 자문해야 하는 질문일지도 모른다. '이것이 바로 내가 살아 있다는 증거가 아닐까? 이게 나 아닌가? 그냥 내버려두면 어떻게 될까?' 예를 들어 바이러스가 시신경에 침투하여 별다른 일을 하지 않으면 면역체계는 보통 그냥 내버려둔다. 바이러스가 시신경세포를 공격해 잘못되면 실명할 수도 있는데 말이다. 면역체계는 우리 자신의 불완전한 세포도 이런 바이러스와 똑같이 대한다.

오랫동안 연구자들은 위험한 자가면역세포를 걸러내는 가장 중요한 선별 과정이 생성 직후 (골수 내부나 흉골 뒤에서) 이루어진다고 생각했다. 하지만 이런 선별 검사가 놀라울 정도로 허술하다는 사실이 밝혀졌다. 우연히 생성된 자가면역 B세포의 약 40%가 혈액에 도달하고, 필요하다고 판단되면 주변에 떠다니는 다른 면역세포에 의해 언제든지 활성화될 수 있다. 그리고 감염이 이런 활성화를 촉진한다. 바로 이것이 당뇨병 발생을 설명하는 여러 이론 중 하나다.

제1형 당뇨병에서는 면역체계가 췌장세포를 공격한다. 인슐린을 생성하는 췌장세포가 마치 해로운 세포라도 된 듯 파괴한다. 만약 췌장세포의 90% 이상이 파괴되면 체내에서 인슐린이 충분히 생성되지 못하므로 인슐린 호르몬을 주사해야 한다. 제1형 당뇨병은 종종 어린 이에게서도 발생하고 주로 겨울에 바이러스 감염 후 발생한다. 봄이 되면 무언가 잘못되었다는 것이 분명해진다.

감염 후 발생 과정은 대략 다음과 같다. 감염을 항체로 제거하기가 힘들다고 판단되면(예: 바이러스가 세포 내에 숨어 있는 경우) 우리의 면역체계는 방어 전략을 확대하고 면역세포를 추가로 더 활성화한다. 검문 기준을 더욱 엄격히 하여 아주 조금만 이상하고 달라도 제거해버린다. 이런 조치는 췌장에 매우 불리한데, 췌장은 감염에 종종 스트레스 반응을 보이고 그러면 세포에 미세한 변화가 생기기 때문이다. 하지만 면역체계는 이런 미세한 변화조차 수상하게 여긴다. '이 이상하게 생긴 세포들은 도대체 뭐지? 혹시 이것 때문에 문제가 생긴 건가?'라고 생각하는 것이다. 변형된 췌장세포와 일치하는 항체가 마침 혈액 속에 있으면 예방 차원에서 이 항체를 파견한다.

감염이 항상 자가면역으로 이어지는 건 아니다. 면역세포는 여러 가지 이유로 우리의 통제에서 벗어날 수 있다. 면역세포는 본래 자기 비판적 경향이 있는데, 서로를 진정시키는 구조가 유전적으로 적기 때문이다. 때때로 만성 잇몸 염증 같은 장기 감염이 면역세포를 지치게 하고 잘못된 결정을 내리게 할 수 있다. 몸 상태가 그다지 건강하지 못하면 면역세포는 '진정하라'는 신호를 한동안 받지 못한다. 잠을 충분히 자지 않거나 균형 잡힌 식사를 하지 않거나 장에 좋은 박테리아가 부족하거나 햇빛을 거의 쐬지 못하면, 갑자기 면역세포가 용의자를 찾기 시작할 것이다.

이런 순간에 면역체계가 저지르는 잘못된 행동은 감성이 풍부한 관객의 눈에 눈물을 자아낸다. 잠든 줄리엣을 보고 죽었다고 생각하는 로미오처럼, 면역세포는 잘못 판단한다. 역경, 절망, 그리고 어쩌면 피로까지 겹치면서 비극적 오해가 발생하게 된다. 왜 그럴까? 면역체계 역시 인간적이기 때문이다.

:: 제3막: 면역체계의 비판적 태도 누그러뜨리기

줄리엣이 제때 깨어날까? 로미오가 늦지 않게 줄리엣에게 갈까? 오, 이런, 안 돼! 둘 다 잠들었어. 아니면 설마, 잠든 게 아닌가?

자가면역질환은 보통 계단식으로 진행된다. 면역체계는 소요 사태를 진압하고 더 나아가 끝낼 수도 있다. 그런데 왜 면역체계는 자신의 의심을 의심하지 않을까? 어쩌면 연골은 사실 완전히 정상이지 않을까? 피부세포는 생각보다 나쁘지 않고, 배 속의 장기는 '아주 유용한' 기관이지 않을까?

자가면역 반응이 가라앉으면 공격받은 세포는 (항상 그런 건 아니지만) 대개 회복된다. 류머티즘에서는 통증이 가라앉고 건선의 경우 피부가 저절로 아문다. 당뇨병에는 '허니문 기간'이라 불리는 현상이 있는데, 처음 진단 후 약 6개월 동안은 인슐린이 덜 필요하다. 평화로운 이 시기야말로 면역체계와 대화를 나눌 적기다. 어쩌면 면역체계가 고수하던 비판적 태도를 누그러뜨릴지 모른다.

현재 개발 중인 약물과 치료법들이 이런 접근 방식을 취하고 있다. 단순히 면역세포를 억제하지 않고 '대화'에 참여시키는 것이다. 이런 접근 방식은 우리 몸을 넘어 이 세상에도 중요한 시사점을 준다. 자기 의심이 과도한 사람과 불평불만이 넘치는 사회도 관심을 보일 필요가 있으며 무엇이 우리에게 좋을지 살펴볼 만한 가치가 있다.

새로운 약물과 시술의 표적은 면역세포들을 매개하는 신호분자다. 이런 약물과 시술은 초기에 투여되고, 어떨 땐 고용량으로 또는 다른 약물과 조합하여 면역체계를 더욱 우호적으로 만든다. 'TNF-알파 차단제'나 '인터루킨 억제제' 같은 약물은 현재 흥분 신호를 완화하는 데 초점을 맞추고 있지만 진정 신호를 더 많이 보내거나 과도하게 흥분한 세포만 표적으로 삼는 것(예: CAR-T세포 치료)도 가능하다. 말하자면 정밀 타격인 셈이다. 이 외에도 최근 몇 년 동안 식이요법, 의학적 최면, 특정 장 박테리아, 환경 영향 역시 추가로 주목을 받고 있다. 이런 요소들 또한 휴식이나 균형 잡힌 식단을 통해 또는 그냥 최대한 무탈하게 잘 지내게 하여 우리의 면역체계를 안심시키고 그리하여 내부 갈등을 조율하는 데 초점을 맞춘다.

이런 새로운 치료법은 자가면역질환을 완화하거나 심지어 멈출 수도 있다. 이 치료법의 목표는 줄리엣이 잠깐 잠들었을 뿐이니 조금만 기다리면 된다고 로미오에게 늦지 않게 전달하는 것이다. 다시 말해 오늘날 이 연극의 엔딩은 비극이 아닌 열린 결말이다. 우리에겐 아직 희망이 있다.

면역체계 강화? 중요한 것은 균형이다!

면역체계를 강화하는 것이 반드시 최선은 아니다. 면역세포가 많을수록 그리고 면역세포가 자극을 많이 받을수록 그들이 실수를 저지를 가능성도 커지고, 무해한 것을 예방 차원에서 공격할 가능성 또한 높아지기 때문이다. 하지만 면역세포가 너무 적어서도 안 된다. 그러면 감염을 쉽게 지나칠 위험이 있다. 그러므로 우리의 목표는 특별히 강한 면역체계가 아니라 균형 잡힌 면역체계다. 미리 힌트를 주자면, 이를 위한 가장 좋은 방법은 면역체계를 불필요하게 약화시키지 않는 것이다. 그 방법은 확실하게 검증된 두 가지 원칙에 기반한다. 첫째, 우리 몸에 좋은 것은 세포의 기분도 좋게 만든다. 둘째, 면역체계가 정상적으로 기능하는 데 필요한 것이 있다면 그것을 제공하는 것이 합리적이다.

익숙하면서도 비용이 적게 드는 가장 잘 연구된 다섯 가지 방법이 있다. 바로 충분한 수면, 운동, 균형 잡힌 식단, 스트레스 해소, 적절한 위생 관리다. 하지만 간단해 보이는 이 방법들에도 몇몇 문제점과 까다로운 부분이 곳곳에 숨어 있다.

1. 충분한 수면

면역세포는 우리가 자는 동안 만들어진다. 즉, 충분한 수면을 취하지 않으면 면역체계는 약해진다. 충분한 수면이란 낮잠을 포함하여 하루 약 여섯 시간 이상을 잔다는 뜻이다.

감염 중이나 예방접종 후에는 더 많이 자는 것이 도움이 된다. 그러면 면역세포와 항체가 추가로 생성되기 때문이다. 단기적인 수면 부족은 세포 수를 감소시킨다. 수면 부족이 길어지면 신체는 그것을 보상받기 위해 과잉 행동에 나선다. 다시 말해, 점점 더 공격적인 면역세포를 만들고 주변을 더 철저히 검문하여 대응한다. 염증성 질환에서는 이것이 역효과를 낳는다.

류머티즘, 알레르기, 염증성 장 질환, 더 나아가 알코올 금단 증상에도 수면의 질은 매우 중요하다. 이때는 면역세포가 생성되는 이른바 비챠렘수면 단계가 너무 짧게 나타나는 경우가 많기 때문이다. 수술 후에도, 상처 치유나 회복 과정에 양질의 수면이 크게 도움이 된다.

2. 운동

몸을 움직이면 순환이 잘 된다. 그래서 면역세포가 모든 부위에 더 쉽게 도달할 수 있다. 또한, 훈련소에서 더 빨리 복귀한다. 말하자면 구석구석 대청소처럼 면역 작업이 이루어진다.

우리의 면역체계는 스스로 이런 효과를 일으킬 수 있다. 아프면 심장박동이 빨라지는 이유가 바로 이 때문이다. 우리가 활발히 움직이고 운동하면 혈액 순환이 더 수월해진다. 또한 운동을 하면 활동적인 근육은 면역체계를 더 관대하게 하는 물질을 분비한다. 반면에 지친 근육은 정반대 효력을 낼 수도 있다! 지친 근육은 혈액에 염증을 유발하는 물질을 분비한다. 그래서 때때로 근육이 심하게 뭉쳤을 때, 마치 아플 때처럼 피곤하고 기운이 없는 것이다.

3. 균형 잡힌 식단

면역세포는 비타민 A, C, D, E, B2, B6, B12, 엽산, 베타카로틴, 철분, 셀레늄, 아연이 필요하다. 여기서 하나라도 결핍되면 면역 기능이 저하된다. 어떤 물질은(예: 엽산) 면역세포 생성에 꼭 필요하고, 어떤 물질은(예: 아연) 면역세포 보호 효소를 생성하는 데 꼭 필요하며, 또 어떤 물질은(예: 비타민 C) 세포 손상을 예방하는 데 필수다.

우리 몸은 보통 65세가 넘으면 비타민과 미량영양소를 제대로 흡수하지 못한다. 일부는 장 때문이고 일부는 위산 분비 억제제 같은 약물 때문이며 또 한편으로는 칼로리 소모량이 적어 음식 섭취량도 적기 때문이다. 그러므로 65세가 넘으면 종합 비타민을 복용하는 편이 좋다.

피자, 파스타, 토스트만 먹는 사람들도 면역세포에 필요한 영양소를 충분히 섭취하지 못한다. 균형 잡힌 식단이란 하루에 3~5가지 채소와 과일을 섭취한다는 뜻이다. 여기에 렌틸콩, 기장, 견과류를 추가하면 금상첨화다(이들은 훌륭한 아연 공급원이다). 따라서 어린이(또는 성인)가 채소를 거의 먹지 않고 영양 결핍 증상을 보인다면, (특히 감기 시즌에는) 종합 비타민 복용을 고려해볼 수 있다.

술, 달콤한 음료, 패스트푸드는 면역 관련 질병 위험을 높이는 것으로 입증되었다. 예를 들어 20년 이상 자주 콜라를 마시는 사람은 류머티즘 발병 위험이 더 높다. 왜냐고? 면역세포는 당분이 있어야 방어 모드에 진입할 수 있는데, 면역세포가 당분을 계속해서 다량으로 또는 과도하게 많이 공급받으면 불필요한 발작이 발생할 가능성이 높아지기 때문이다.

4. 스트레스 해소

하루에 한 번씩은 정말 다 내려놓고 푹 쉬는가? 맛을 음미하며 먹는가 아니면 문제도 같이 곱씹는가? 콧노래를 흥얼거리거나 노래하거나 목욕을 하거나 취미 생활을 즐기는 편안한 순간을 누리는가? 아니면 그저 이 일정에서 저 일정으로 분주하게 이동하는가? 스트레스를 받으면 우리는 코르티솔이라는 호르몬을 더 많이 분비한다. 이 호르몬은 문제 해결에 필요한 에너지를 남겨두기 위해 면역세포 생성을 줄인다. 그래서 우리는 심각한 스트레스 후에 종종 병에 걸리곤 한다. 그러면 다시 면역세포가 추가로 생성되어 '면역이 약한 틈'을 타서 몰래 침투한 병원균과 싸운다.

만성 스트레스는 기존 면역세포를 더욱 공격적으로 만든다. 만성 스트레스는 수면과 식습관에 영향을 미칠 뿐만 아니라 면역체계에 신경 신호를 보내기도 한다! 장의 주요 신경인 미주신경 연구가 이 점을 입증했다. 미주신경은 류머티즘 질환과 우울증에서도 중요한 역할을 하는데, 이 신경은 노래, 가글, 귀나 코 후비기, 맛있는 음식 먹기,

마사지, 음악, 목욕 등을 통해 자극될 수 있다.

현대 사회에는 사회적 고립이나 외로움 같은 스트레스 요인이 더 많다. 이런 스트레스로 생기는 감정적 폭식, 미디어 과잉 소비, 운동 부족, 중독 같은 행동은 면역체계에 의해 진정되기보다 오히려 염증 과정을 장기화시킨다. 우리의 면역체계는 몸이 좋지 않을 때 이를 감지하고, 이를 개선하기 위해 무언가와 계속 싸우려 한다. 안타깝게도 이런 행동은 종종 반복되는 악순환을 초래하는데, 불안해진 면역체계는 다시 기분과 물질대사, 수면의 질을 악화시키기 때문이다.

5. 적절한 위생 관리

위생 기준이 높은 나라일수록 알레르기와 자가면역질환이 더 많다. 농장에서 자란 아이들은 깨끗한 도시 아파트에서 자란 아이들보다 알레르기와 자가면역질환이 적다. 1990년대부터 널리 퍼진 위생 가설에 따르면, 미생물 및 기생충과 접촉이 적을수록 우리의 면역체계는 질병에 더 취약해진다. 현재 이 가설은 업데이트 또는 보완되었다! 새로운 연구 결과는 다음과 같다.

불필요한 항생제 복용은 일부 질병(예: 과민성 대장증후군, 비만, 알레르기, 만성 염증성 장 질환) 위험을 높이지만 깨끗한 도시 아파트는 생각보다 영향력이 크지 않다!

감기에 자주 걸린다고 해서 면역체계가 '강화'되는 것은 아니다. 감기에 자주 걸리면 오히려 천식 위험이 올라간다.

생후 첫해에 특정 유익균에 노출되느냐 여부가 더 중요하다. 자연에서(특히 소 주변에서) 또는 형제자매와 접촉하면서 좋은 박테리아를 얻을 수 있다.

면역체계가 우리와 나누는 대화는 가볍고 조심스럽고 회의적이며 심지어 분노와 경고가 담겼을 수 있다. 우리가 이 대화를 잘 이해해야 우리를 보호하고 치유하고 방어하고자 하는 세포들을 도울 수 있다. 우리가 건강하고 충분히 잘 자고 잘 먹으면 면역세포들은 긴장을 풀고 쉰다. 우리가 자연에 머물고 유익한 미생물을 만나면 면역세포들은 유익한 경험을 통해 많은 것을 배운다. 바로 그런 상태가 되어야 지하철, 사무실, 유치원 등에서 미생물과 맞서 싸워야 할 때, 면역세포들이 최고의 '방어력'을 발휘할 수 있다.

모두가 아닌 다수를 위한 예방접종

위험이 닥치기 '전'이라면 우리는 그 위험을 어떻게 다뤄야 할까? 어느 정도일 때 위험을 미리 살피고 대비하는 것이 현명하며 어느 정도가 불필요하고 더 나아가 위험하기까지 할까?

이런 질문은 진영을 둘로 갈라놓았고, 두 진영의 일부 사람들은 이미 극단에 도달했다. 한 진영은 예방접종이 거의 확실한 사망으로 이어진다고 주장하고, 다른 진영은 예방접종을 하지 않는 것이 거의 확실한 사망으로 이어진다고 주장한다. 그러는 동안 과학자들은 공론장에서 거의 다뤄지지 않는 질문들을 놓고 수년째 논쟁하고 있다. 이를 테면 '올바른 예방접종법은 무엇인가?' 같은 것 말이다. 이 질문에서도 의견이 완전히 엇갈린다. 그러니 완전히 처음부터 살펴보기로 하자.

자연에는 예방접종의 찬반 논쟁이 존재하지 않는다. 예방접종은 늘 있는 일이었고 기본적으로 항상 그래왔기 때문이다. 우리는 뭔가에 찔리거나 베인 후 또는 감기를 앓은 후에는 한동안 더 심각한 바이러스로부터 보호받는다. 사실 아기들도 본능적으로 더러운 손가락을 입에 넣거나 눈에 띄는 모든 것을 빨면서 면역체계를 단련한다. 우리 몸이 몇몇 병원균을 우아하고 손쉽게 처리할 수 있는 이유는 그 병원균을 만난 적이 있어 낯이 익기 때문이다.

우리가 예방접종을 맞는 대다수 감염병은 매우 특별한 범주에 속한다. 이런 감염병은 비교적 최근에 등장했고, 대개 농업혁명과 산업혁명의 결과였다. 그래서 연구자들은 이것을 '문명 질환'이라고 부른다. 먼 옛날에는 우리가 서로 멀리 떨어져 살았고 아주 작은 집단으로 거주했기 때문에 독감바이러스 같은 병원균을 거대한 인간 사슬에 퍼트릴 수가 없었다. 그러나 사회가 발달하면서 지구마을 세상에서는 많은 일을 손쉽게 할 수 있게 되었고, 이는 바이러스도 예외가 아니었다. 바이러스는 이 집단에서 저 집단으로 빠르게 퍼져 나갔고, 이에 대응하기 위해 인간이 개발한 방법이 의료 혁신, 즉 예방접종이었다.

산장에서 고립된 삶을 사는 사람들은 대부분의 예방접종이 필요치 않다. 지구화된 인간 사슬의 일부만이 직장 생활, 편의시설 이용(마트, 공항), 특별한 경험(영화관, 극장, 벼룩시장) 때문에 감염 위험에 노출된다. 이런 사람들에게는 감염이 중대한 일이다. 이 점에 동의한다면 이제 예방접종 논쟁의 핵심인 '어떻게'를 다뤄보자.

예방접종에는 부작용이 있다. 이는 과학적으로 논란의 여지가 없는 널리 알려진 사실이다. 면역 매개성 '뇌염', 즉 면역 반응으로 뇌에 염증이 생기는 질병이 특히 심각한 예다. B형 간염 예방접종 후 부작용으로 1,000만 명 중 한 명 미만 꼴로 뇌염이 발생한다. 독일 국민 전체가 예방접종을 받았다고 가정하면, 여덟 명 미만이 부작용에 따른 뇌염을 앓는다. 때로는 성격 변화, 빛 민감성, 언어 장애 등 증상이 미묘하다. 특히 어린아이의 경우는 이런 증상들을 발견하기가 어려울 수 있다.

이 병을 제때에 발견하여 치료하지 않으면 장기적 후유증으로 지적 장애나 자폐증 유사 장애 위험이 커진다. 자녀의 예방접종을 거부하고 그래서 사회 일부로부터 비이성적 바보라고 멸시되는 가정에서는 어쩌면 이런 일이 있었을지도 모른다. 예방접종을 거부하는 타당한 이유가 있음에도 그냥 거부한다는 이유로 손가락질을 당하는 것이다! 이는 불공평할 뿐만 아니라 비과학적이기도 하다. 비록 아주 드물더라도, 과학적으로 입증된 부작용이 분명 있기 때문이다.

이는 다른 수치와 대조된다. 독일에서는 매년 2만 2,000명이 B형 간염 진단을 받는다. 예방접종을 하지 않은 감염자의 5~10%는 평생 심각한 후유증을 겪는다. 통계로 보면 160명이 감염되더라도 벌써 여덟 명이 중증 질환에 걸릴 수 있다. 이는 8,000만 명 중 여덟 명과 비교했을 때 훨씬 높은 수치다.

또한 아동과 유아는 성인보다 훨씬 덜 감염되지만 일단 감염되면 장기간의 손상 위험이 특히 높다(최대 90퍼센트). 그렇다면 이런 상황은 예방접종 후 부작용을 겪은 가족들의 마음을 좀 더 편안하게 할까? 아니다. 예방접종은 그들에게 끔찍한 일이고, 다른 수백만 명에게는 그저 심각한 질병을 예방하는 한 방편일 뿐이다.

이것이 현재 과학의 현실이다. 속상한 현실이라 말할 수도 있는데, 어떤 백신이 누구에게 어떤 손상을 입히고 왜 그런지를 더 많이 연구할 수 있었는데도 그러지 않았기 때문이다. 백신의 부작용은 부분적으로는 개인의 유전자에 달렸고, 때론 비타민 결핍이나 특정 환경 요인 때문에 발생하기도 한다. 최근에야 비로소 이 분야의 연구를 전담하는 '백신유전체학vaccinomics'이 등장했다. 이 분야에 더 많은 연구 자금이 투입된다면 예방접종의 안전성을 더욱 높이는 데 도움이 될 것이다.

예방접종의 비특이성 장기 효과 역시 지금까지 거의 연구되지 않은 분야다. 우리의 면역체계는 거대한 네트워크로 이루어져 있다. 이 네트워크는 심지어 어떤 순서로 어떤 바이러스에 감염되는지에 따라 달라진다. 이 네트워크 입장에서 예방접종은 크게 주목받지 못한 가십성 스캔들과 유사한 경험이다. 이런 스캔들은 향후 면역체계의 기능에 어떤 영향을 미칠까?

코펜하겐 대학교의 크리스틴 벤Christine Benn과 피터 아비Peter Aaby가 이끄는 연구팀은 이 주제를 30년 넘게 연구해왔다. 그들의 첫 번째 연구 결과는 홍역과 결핵, 소아마비의 생백신이 아기의 생존율을 살짝 높인다는 것이었다. 생백신을 접종받은 아기는 폐렴이나 패혈증 같은 다른 감염을 잘 이겨냈고 생존율도 더 높았다. 디프테리아나 파상풍 백신 같은 사백신에서는 이런 효력이 발견되지 않았다.

이런 연구 결과가 발표된 이후, 면역학 과학저널에서는 예방접종의 '비특이성 효과'를 얼마나 진지하게 받아들여야 하는지를 두고 논쟁이 벌어졌다. 대다수는 소소한 효과를 과장해서 논쟁한다고 비판했고, 어떤 이들은 예방접종 과정을 신중하게 재고해야 한다고 주장했다. 이에 따라 2014년 세계보건기구는 지식 현황을 정리하기 위한 실무단을 구성했다.

지금까지의 결과로는 그렇게 우려스럽지도 또 대수롭지도 않은 것 같다. 주로 아프리카에서 그리고 오로지 여아에게서만 수집된 데이터이므로, 분석 결과의 전반적 타당성에 한계가 있다. 동시에, 더 큰 규모의 연구가 필요하다는 의견도 표명되었다.

독성을 제거한 병원균이 함유된 생백신이 정말로 면역체계에 더 나은 걸까? 아니면 그저 면역체계를 자극할 뿐일까? 생백신을 너무 많이 접종하면 면역체계가 불필요하게 공격적으로 변할까? 백신에 첨가된 성분 때문에 특정 효력이 발생하는 걸까, 아니면 면역체계에 병원균이 얼마나 낯선지 또는 낯익은지가 더 중요한 문제일까?(홍역 바이러스는 최신 독감바이러스보다 훨씬 오래전부터 알려졌다). 우리는 아는 부분도 있지만 모든 걸 알 수는 없다는 사실을 인정해야 한다. 이 정도면 사회 대다수를 심각한 질병과 그에 따른 피해로부터 보호하기에 충분하다. 하지만 세부적인 면에서 개선할 점이 남아 있다.

백신을 투여하는 방법도 차이를 만들 수 있다. 일반적인 팔뚝 주사, 경구용 백신, 표피 또는 피하 주사, 코 스프레이 등 어떤 방법으로 어떤 부위에 투여하느냐에 따라 다른 항체가 생성된다. 경구용 백신이나 코 스프레이는 감염 현장, 즉 점막에 직접 작용하는 항체를 생성한다. 이는 실제 감염 후 생성되는 항체와 유사하여, 호흡기 감염에는 근육 주사보다 더 유용할 수 있다. 그렇다고 코 스프레이가 근육 주사와 똑같이 효과적이고 안전하다는 뜻은 아니다.

연구자들은 계속해서 과학 학술대회에 나가 이렇게 말한다. "만약에 ~한다면 훨씬 더 유의미할 것입니다." 이처럼 그들의 아이디어는 이론에 머무는 경우가 많다. 대표적인 예가 mRNA 백신이다. mRNA 백신 지지자들은 코로나 팬데믹 전까지 그 전망이 그다지 밝지 않았다. 예전에 한 제약회사 대표가 고개를 저으며 내게 이렇게 말한 적이 있다. "이름에 유전적 요소가 들어간 건 모두 효과가 없습니다. 몇몇 보조제를 아낄 수 있을지는 몰라도요." 그때 나는 이게 무슨 말인지 전혀 이해하지 못한 채 고개를 끄덕였다.

면역세포가 예방접종 부위로 몰려와 항체를 생성하지 않고 이물질만 제거하는 일이 없도록 백신에는 알루미늄이나 마그네슘 화합물 같은 면역보조제가 첨가된다. 이런 보조제를 통해 면역세포는 도움을 요청하고, 기대한 반응이 일어난다. 즉 항체가 생성된다.

이에 반해 mRNA 백신은 알루미늄이나 마그네슘 화합물이 필요치 않다. 면역세포가 스스로 백신물질을 생성하기 때문이다. 그렇게 백신물질이 많이 생성되고, 기대감이 커진다. 기존 예방접종에서는 백신물질이 세포 사이에 마치 상처에 묻은 이물질처럼 존재했다. 반면 mRNA 백신은 실제 바이러스 감염이나 암세포를 감지하는 것과 유사한 방식으로 작동한다. 면역세포는 예방접종된 세포에 이상이 있음을 감지하고 이를 공격한다. mRNA 백신 접종 후, 한동안 T세포가 더 많이 생성되고 T세포들은 체세포에 오류가 없는지 확인한다. 만약 이상한 단백질이 생성되었다면 어쩌면 조만간 그런 일이 또 일어날 수도 있지 않을까, 의심받는다. 이것이 자가면역 염증을 촉진할 수 있다(그리고 심장근육 같은 부위에 부작용을 유발할 수 있다). 류머티즘학회는 이런 위험을 엄격히 점검했다. 그리고 자체 연구가 나오기 전까지는 류머티즘 환자에게 mRNA 백신 접종을 권하지 않았다. 류머티즘학회는 자체 연구에서 안전성을 확인한 후에야 비로소 mRNA 백신 접종을 승인했다.

현재 아직 조사 중인 또 다른 예상 결과가 있다. mRNA 백신을 반복해서 접종하면 개별 면역세포가 너무 게을러질 수 있다는 것이다. 가장 가능성이 큰 세 번째 예상 결과는 아무런 일도 벌어지지 않을 수 있다는 것이다. 그리고 이 격렬한 논쟁에서 많은 사람이 간과하는 점이 하나 있다. 우리 몸 내부에서는 이미 매일, 매시간, 매분 우리의 개입 없이 매우 분주하게 시스템이 돌아가고 있다는 사실이다. 이상한 물질을 생성하는 세포들이 매초 분해되고, 자가면역 항체가 매시간 억제되고, 세포 사이의 입자가 제거된다. 면역체계는 수많은 문제를 해결하기 때문에 비록 개별 사건들을 '기억'하고는 있지만 그게 전부인 경우가 많다. 그 이상을 하기에는 우리의 몸이 너무 크고 너무 복잡하며 너무 잘 연결되어 있다. 한마디로 너무 영리하다.

예방접종은 앞으로도 여러 부작용을 겪을 테고, 백신 때문에 아프거나 완전히 새로운 문제가 발생할 수도 있다. 물론 이런 문제들의 근본 원인을 파악하고 개선하는 일은 매우 중요하다. 하지만 잊지 말아야 할 한 가지 사실은 우리가 수백만 년에 걸쳐 성숙해온 세포체계를 가졌다는 점이다. 우리의 세포체계는 그 어떤 컴퓨터도 따라올 수 없을 만큼 복잡하다. 면역체계는 여러 세대의 경험을 바탕으로 배우고, 두려움이나 관용에 좌우될 수 있으며, 우리 몸을 예민하게 감지한다. 때때로 혼란에 빠지거나 실수할 수도 있지만 기본 토대는 시간을 초월한다. 안전은 위험에 대처하는 과정에서 생긴다. 우리는 해로운 위험과 유익한 위험 모두에 잘 대처해야 한다. 바로 우리 몸의 면역세포가 이런 원칙을 갖고 자신의 일을 하고 있다. 매일, 매시간, 매분 지칠 줄 모르고 끊임없이 말이다. 그들의 목표는 그들의 삶이 끝날 때까지 우리를 파악하고, 보호하고, 치유하고, 방어하는 것이다.

제 3 장

관계와 상처는 어떻게 치유되는가

피부

◆

할머니의 죽음으로부터 배운 것

할머니는 돌아가시면서 내게 편지 한 통을 남겼다. 나는 할머니가 돌아가시고 난 뒤 옷장을 정리하다가 부쳐지지 않았던 그 편지를 발견했다. "우리 예쁜 강아지, 참 대단한 일을 해냈더구나. 하지만 부디 삶의 향기로운 꽃을 너무 빨리 지나치지는 말려무나." 이 문장에서 나는 할머니가 왜 편지를 부치지 않았는지 알 수 있었다. 할머니는 결코 훈계하는 사람이 아니었다. 그건 할머니의 스타일이 아니기 때문이다. 할머니는 항상 온화한 호기심을 잃지 않았고, 질문으로 문제를 해결했으며, 그런 방식으로 조언을 해주었다. 할머니의 손은 세월의 흔적으로 울퉁불퉁하고, 땅 위로 드러난 나무뿌리처럼 푸른 핏줄이 손등에서 도드라져 보였지만 할머니의 내면에는 언제나 신선함이 남아 있었다.

할머니는 당근을 '꼬꼬마 당근 친구'라고 불렀고, 펑크족 이웃은 '헤어스타일이 기발한 친구'였으며, 슬플 때는 오래도록 피아노를 치거나 프랑스 시를 읊었다.

"Il pleure dans mon cœur – comme il pleut sur la ville!"

(내 마음에 비가 내리네 – 도시를 적시는 비처럼!)

마음의 노화를 방지하는 할머니의 '안티에이징' 방법은 효과가 최고였다. 할머니를 보면 나는 그 효과를 즉시 느낀다. 할머니는 많은 사람에게 자신의 모습 자체로 희망을 주었다. '그래, 굳이 미리부터 고집스럽게 굴며 융통성을 잃을 필요는 없잖아? 저 할머니처럼 우아하게 나이 먹는 것이 좋겠어!'

할머니는 어쩐지 늙지도 죽지도 않을 것처럼 보였다. 그러나 노화는 더디더라도 결국 오고야 만다. 할머니가 돌아가시기 2주 전, 나는 (간병인이 작은 접시 두 개에 담아 우리 앞에 놓아준) 약간 물컹물컹해 보이는 멜론을 먹고 싶지 않다고 할머니께 속삭였고, 간병인이 내가 한 말을 듣진 않았을지 살짝 걱정했다. 나는 할머니가 내 말을 제대로 들었거나 이해했다고 생각하지 않았다. 이미 청력이 약해진 지 오래되셨기 때문이었다. 할머니는 그 당시 식사도 하기 힘든 상태로 종종 아무것도 안 드시거나 아주 소량만 겨우 드셨다. 그런데 할머니가 갑자기 무표정한 얼굴로 내 접시에서 멜론을 가져다 나 대신 먹어주시는 게 아닌가? 우리는 둘 다 아무 말도 하지 않았다. 나의 커다란 눈물방울이 조용히 카펫에 떨어졌다.

할머니의 머리카락과 손가락, 얼굴, 그 모든 것은 나를 가장 편안한 상태로 만들어주곤 했다. 2주 후, 할머니의 몸은 들것에 실려 천천히 병실 밖으로 옮겨졌다.

사실 할머니의 죽음은 내게 충격이었어야 했다. 피가 철철 흐르는 깊은 상처였어야 했다. 나는 내가 평소와 다른 어떤 특별한 상태가 될 거라 예상했으나 그런 일은 벌어지지 않았다. 그 대신 이상하리만치 거의 아무것도 느껴지지 않았다.

몇 번 울음을 터트렸지만 나는 장례식에서도 예상보다 더 의연했다. 삶은 계속되었고, 나는 내게 요구된 일들을 모두 해냈다. 아침에 일어나 일하고 밤에 잠자리에 들었다. 버스정류장에는 새 TV 프로그램 포스터가 붙어 있었고, 버스 안에서는 한 학생이 다른 학생을 플라스틱 물병으로 때리며 장난을 치고 있었다. 고속도로는 정체되었고 뉴스에서는 또 다른 사건들이 보도되었다. 모든 것이 그대로인 듯했다. 동시에 세상의 소음은 그 어느 때보다 내 관심을 끌지 못했다.

이런 상처는 처음이었다. 쓰라린 통증이 있어야 할 자리가 마치 마비된 듯 이상하리만치 무감각했다. 어차피 다 끝날 거라면 이 모든 삶, 관계, 배움, 발전이 무슨 소용인가? 도대체 무슨 의미가 있을까? 갑자기 세상 모든 것이 한심해 보였다. 이런 상태로 주변 사람들을 볼 때마다 각질화된 세포에 감싸져 있는 그 모습이 이상해 보였다. 우리는 이렇게 우리가 실제로는 얼마나 축축하고, 연약하고, 피투성이인지를 피부로 가린 채 살아가고 있었던 것이다.

시간이 흐르면서 삶은 나의 상처를 한 땀 한 땀 봉합해주었고, 나는 그 자리에 흉터가 생기는 것을 지켜보았다. 어쨌든 이제 나는 피가 멈췄고 딱지가 생기고 있다는 걸 안다. 길가에 핀 꽃을 볼 때면 나는 더 자주 멈춰 선다. 가끔 햇살이 내 얼굴을 비추면 나는 속으로 묻는다. 왜 지금 할머니가 생각나지?

겉은 바뀌어도 삶은 계속된다

몸의 가장 바깥층은 그 아래에 있는 그 어떤 것과도 다르다. 가장 바깥층에는 피도 없고 바이러스 감염도 없다. 심지어 통증조차 없다. μm 두께의 가장 바깥층 세포들은 신경도 정맥도 동맥도 필요치 않다. 이곳 세포들이 이렇게 특이한 이유는 단 하나다. 죽었기 때문이다.

죽은 세포는 생명의 껍질이 된다. 이것은 완벽함일까 아니면 아이러니일까?

피부세포는 죽고 나면 단단하게 변한다. 우리 몸을 감싸고 있는 얇은 각질층, 이른바 '각질화 편평상피'가 그렇게 만들어진다. 뿔은 코뿔소의 뿔처럼 방어 무기이자 도구다. 우리의 뿔, 즉 각질은 아주 작고 온몸에 퍼져 있다는 게 다를 뿐이다. 각질은 우리의 외관을 안정적으로 잡아주고 세상을 더 단단히 움켜쥐게 해준다. 찰과상이나 화상을 입었을 때 흐르는 물에 피부를 담가보면 각질 없는 피부가 얼마나 예민한지 깨닫게 될 것이다.

죽은 각질층은 외투처럼 바이러스를 막아준다. 바이러스는 살아 있는 세포에서만 증식할 수 있다. 사마귀 바이러스처럼 피부를 감염시키는 바이러스는 죽은 각질층의 미세한 손상 부위를 비집고 들어가 그 아래 살아 있는 세포에 도달해야만 감염에 성공할 수 있다. 그런 이유로 이런 '미세한 손상'이 특히 쉽게 발생하는 손이나 발 같은 피부에서만 사마귀가 주로 발견되는 것이다. 각질층이 손상되지 않는 한, 우리는 사마귀로부터 안전하다.

죽은 피부세포가 그냥 떨어져 나가지 않는 이유는 세포의 과거와 관련이 있다. 피부세포는 표피의 맨 아래층에서 줄기세포에 의해 만들어지면서 점차 위쪽으로 이동한다. 그 과정에서 피부세포는 다른 세포들과 손에 손을 잡았다. 실제로 현미경으로 관찰하면 세포들이 서로를 붙잡고 있는 팔을 볼 수 있다. 피부세포가 죽더라도 이 팔들은 계속 서로를 꼭 붙잡고 있는데, 뒤를 잇는 다음 세대의 세포들도 마찬가지다. 죽은 세포는 살아 있는 세포와의 마지막 연결 고리가 끊어진 후에야 비로소 떨어져 나간다. 생활 공간에 쌓이는 먼지의 최대 80% 가 우리 몸에서 떨어져 나간 이런 각질이다. 사람도 사람의 세포도 세대를 교체하며 모래시계의 모래처럼 흐른다.

과거 연구자들은 피부세포가 위쪽으로 이동하는 동안 계속해서 같은 세포와 손을 잡고 있다고 생각했었다. 마치 손에 손을 잡고 위험한 바깥세상을 향해 발맞춰 행진하는 모습으로 말이다. 그래서 피부 장벽은 단단히 연결되어 일제히 이동하는 띠로 묘사되었다. 하지만 오늘날 연구자들은 이 가설이 틀렸음을 밝혀냈다. 특수 염색 기술로 세포의 이동을 추적해보면 피부세포들이 각자 고유한 속도로 이동하는 것을 알 수 있다. 어떤 세포는 단 일주일 만에 벌써 바깥층에 도달하기도 하고 어떤 세포는 6주가 지나서야 도달한다. 이는 피부세포가 끊임없이 다른 세포와 손을 잡아야 한다는 뜻이다.

그들은 작은 팔을 뻗어 주변의 세포를 붙잡는다. 어떤 곳에서는 세포들이 평생 같은 세포와 계속 손을 잡고 있을지도 모른다. 또 어떤 곳에서는 세포들이 계속 혼자 지내며 새로운 연결을 위해 주변에 누가 있는지 둘러봐야만 한다.

각질화 세포는 서로 바짝 붙어 있어야 한다. 피부 깊숙한 곳, 즉 기 저층에 혈관이 있기 때문이다. 영양소와 산소가 혈관에서 세포로 스며들어야 한다. 이는 한동안 잘 진행되지만 대략 10~15세대가 지나면 끝이 난다. 그러면 소위 '영양 결핍'이 심해지고 세포는 더는 살 수 없음을 깨닫는다.

상처를 입어 떨어져 나가지 않는 한, 피부세포는 다음과 같은 과정을 거쳐 늙고 죽는다. 먼저 세포는 자신에게 집중하여 내면을 단단히 응축한 후, 스스로 고립되어 지방으로 자신을 감싼다. 마지막으로 세포핵이 녹는다. 다만 주변 세포와의 연결은 유지되어 떨어져 나가지 않고 단단히 붙어 있다. 단단히 붙어 있는 이런 지방막 덕분에 피부는 방수 기능이 들어간 옷처럼 우리를 보호한다.

'방수'라고 하면 우리는 보통 바깥의 수분이 안으로 들어오지 못하게 막는 거라고 생각한다. 마치 우비처럼 말이다. 하지만 사실 피부의 주요 방수 기능은 그 반대다. 즉, 안쪽의 수분이 바깥으로 나가지 못하게 막는 것이다! 심한 화상을 입으면 이 지방 장벽이 그동안 얼마나 대단한 일을 하고 있었는지 알 수 있다. 이런 지방층이 없으면 우리는 생명을 위협하는 감염에 노출되고 하루 최대 20ℓ에 달하는 엄청난 양의 수분을 잃는다. 이는 혈액량의 3~4배에 달하는 엄청난 양이다. 이런 수분 손실은 보충이 거의 불가하고 순환계에 과부하를 일으킬 수 있다. 반면에 땀을 흘리는 것은 신경, 호르몬, 땀샘에 의해 조절되는 고도의 과정이다. 우리는 평소 하루 한두 잔 정도의 수분만 외부로 배출한다.

습기는 곧 생명을 의미하며 건조함은 죽음을 의미한다. 사실 우리는 3억 년 전 육지로 이주한 수생생물이기 때문이다! 그래서 주변 환경이 건조할수록 피부는 우리를 보호하기 위해 각질층을 더 많이 쌓는다. 압력이나 마찰 같은 외부의 스트레스 요인에 대해서도 마찬가지다. 손과 발에는 오직 각질세포만을 위해 마련해둔 별도의 피부층이 있는데, 그곳의 표피는 최대 3mm까지 두꺼워질 수 있다. 반면, 눈꺼풀의 표피는 두께가 약 0.3mm에 불과하다.

감정의 굳은살 원리에 대해 들어보았는가? 감정에 '굳은살'이라는 단어를 쓴 데는 다 이유가 있다. 자주 맨발로 걷거나 기타를 친다거나 특정 도구를 자주 사용하면 피부가 거칠어진다. 이는 끊임없는 스트레스 속에서 우리의 피부가 더 큰 안전을 위해 감각의 민감성을 희생한다는 의미다. 피부에 천천히 굳은살이 생기는 데는 약 2주가 걸린다. 새 신발을 신고 오래 걷는 경우를 생각해보자. 가벼운 마찰이라면 눌린 자국만 조금 생기고 끝날 것이다. 그러나 심한 마찰이면 맨 앞의 세포들이 손을 놓쳐 서로 분리된다. 그러면 그 틈새로 조직액이 흘러들어 물집이 잡힌다. 이 작은 물주머니는 한동안 그 상태로 버티지만, 마찰 스트레스가 계속되면 가장 바깥층 내부의 연결도 곧 끊어지고 만다. 즉, 물집이 터지고 축축한 상처가 생긴다. 화가 난 주변 신경이 우리에게 더욱 조심해서 움직이라고 아프게 경고한다.

갑작스러운 강력한 충격으로 피가 나면 굳은살이나 물집이 생길 여지가 없다. 이런 부상은 그 자체로 하나의 현상이고 상황에 따라 그에 맞게 반응해야 하는데, 이것이 바로 피부의 전문 분야다. 스스로 파손을 복구하는 도로, 스스로 구멍을 꿰매는 청바지처럼 수천 년 동안 피부는 산업계와 연구자들이 꿈꾸는 일들을 해왔다. 이런 기술들은 아직 세상에 존재하지 않지만 피부는 여전히 스스로를 알아서 치유한다. 시간이 지나면서 겉모습은 약간 달라져도 삶은 계속된다.

결속, 보호, 연결, 치유. 이는 피부가 세대를 거쳐 자신의 천재성을 발휘하는 영역이다. 이처럼 피부는 온갖 상처와 아름다움으로 우리와 세상 사이를 중재한다.

모든 흉터는 치유의 흔적이다

상처가 났을 때 가장 먼저 해야 할 일은 뭘까? 바로 덮는 것이다. 뭐로든 일단 빨리! 피가 흘러나와선 안 되고 침입자가 들어가서도 안 된다. 딱지가 생기는 이유, 딱지가 하는 역할이 바로 그것이다. 겉에서 보기에 딱지는 계속 그렇게 딱딱하게 마른 채로 남아 있을 것만 같다. 하지만 갑작스럽게 충격적인 사건이 벌어졌을 때와 마찬가지로, 딱지 아래에서는 많은 일들이 벌어지고 있다.

상처가 나면 손상된 조직은 곧바로 면역세포를 호출한다. 현미경으로 보면 이 과정이 완전히 혼돈의 도가니처럼 보인다. 마치 상처에 중력이 작용하여 모든 섬유조직, 세포, 수분이 손상된 조직 쪽으로 끌어당겨지는 것만 같다. 이들은 조금씩 조금씩 잔해를 청소하고, 손상된 세포를 분해하거나 상처 부위의 먼지와 미생물을 제거한다. 동시에 줄기세포가 특별 지원을 위해 상처 가장자리로 떼 지어 몰려온다.

줄기세포는 원래 자기 자리를 절대 떠나지 않지만 위급한 상황에서는 예외다. 마치 부모가 다 자란 자식에게 도움을 주듯이, 줄기세포는 조직 깊은 곳에서 나와 상처로 이동하여 특별 지원을 제공한다. 성장인자와 조직세포가 오래된 세포와 새로운 세포를 연결한다. 그런 식으로 서서히 상처가 아물기 시작한다. 상처가 온전한 피부세포층으로 덮여야 비로소 정상으로 돌아간다. 그렇게 호출이 멈추고 다시 일상이 시작된다.

우리 몸은 실제로 흉터를 남기지 않고 치유될 수 있다. 우리 몸에는 거기에 필요한 유전자가 있고, 배아 단계(또는 특수한 조건)에서도 상처가 그런 방식으로 치유된다. 이때는 위로 기어올라 틈을 메울 줄기세포가 필요치 않다. 그 대신, 조직 끈이 생성되어 상처 가장자리를 잡아당겨 오므린다. 흉터 없이 치유되려면 상처 주변에 무엇이 남아 있는지 살펴보기만 하면 된다. 쏵! 상처가 오므라지면서 살아 있는 남은 조직이 서로 붙는다.

그러나 세상 밖으로 나오고 난 직후부터는 더는 그렇게 간단히 부상에서 벗어나지 못한다. 외부 세계와 접촉을 시작한 피부는 강도 높은 방어 전략이 포함된 치유 방식을 택한다. 즉, 면역세포가 출동하여 더 강력한 효소를 이용해 유해 미생물이나 오염물질을 공격한다. 그 결과, 조직 재생을 담당하는 세포들이 자궁에서만큼 원활히 일하지 못하여 거칠거칠한 조직이 형성된다. 그게 바로 흉터다.

흉터는 보통 미세한 주름이다. 처음 1~2년 동안은 정상 피부보다 더 붉거나 거무스름하고, 감각이 둔해지거나 예민해진다. 붉게 변하는 것은 혈류가 증가해서인데, 상처 부위에 영양소와 지원군을 운반하려면 더 많은 혈관이 필요하기 때문이다. 치유 과정에서 상처 부위에 보호 색소가 추가되면 그 부위가 거무스름하게 변하고, 신경이 자극을 받아 민감해지거나 신경이 끊어져 감각이 없어진다. 피부는 상처가 아물어 더는 보호할 필요가 없다고 판단되면 혈관을 파괴하고, 그 결과 붉은 기운이 사라진다. 지나치게 예민해졌던 신경이 휴식을 취하고 손상된 신경은 다시 자라난다. 하지만 스트레스로 형성된 섬유질은 남아 있다. 그래서 흉터는 손상된 적이 없는 피부보다 탄력과 회복력이 떨어진다.

다쳤을 때 사람마다 다르게 반응하듯 피부도 마찬가지다. 그래서 미세한 주름 흉터 외에 이른바 '비대성 흉터'가 생기기도 한다. 상처가 '과민하게' 반응하여 대체 섬유조직을 쓸데없이 많이 만드는 바람에 불룩하게 튀어나온 흉터가 생기는 것이다. 이런 흉터는 주로 심한 외상이나 화상, 또는 상처를 제대로 보호하지 않았을 때 발생한다. 극단적 형태로 '켈로이드keloid'라는 것이 있다. 켈로이드는 거의 통제할 수 없이 비대해진 흉터로, 일반 치료법(젤 패드 올리기, 붕대로 단단히 감기, 냉각, 진정 주사)으로는 감당이 안 된다. 켈로이드를 가라앉히려면 전문적인 치료가 필요하다.

비대성 흉터의 반대인 이른바 '위축성 흉터'는 상처가 아무는 과정에서 표면이 스스로 닳아 없어져 움푹 패인 자국이 남는 것이다. 필요 이상으로 섬유가 파괴되어 피부 표면이 아래로 오목하게 가라앉는다. 어떤 사람은 수두를 앓거나 여드름이 크게 난 이후에 이런 흉터가 생기기도 한다. 위축성 흉터는 필러로 치료할 수 있다. 심하지 않다면 살짝 패였네, 정도로 받아들이고 그대로 두어도 괜찮다.

상처 치유는 상처를 대하는 태도에 따라 달라진다. 마치 상처가 이미 다 아문 것처럼 함부로 세게 압력을 가하면, 조직이 다시 찢어지고 흉터가 더 비대해질 수 있다. 스트레스 호르몬이나 과도한 혈당 수치 또한 새살이 돋는 데 방해가 된다. 반대로 충분한 수분과 혈액 내 관련 영양소는 새살이 빨리 돋아날 수 있도록 도움을 준다. 이때 단백질, 비타민 C와 A, 엽산, 아연이 특히 중요하다. 음식으로 말하면 두부나 달걀 또는 고기를 더 많이 담고, 나물과 잎채소 약간 그리고 당근, 사과, 렌틸콩을 곁들인다는 뜻이다.

상처 보호와 건강한 식단 외에 습윤 밴드 사용도 괜찮은 방법이다. 상처는 건드리지 않고 가만히 놔둘 때, 건조함과 마찰 같은 모든 스트레스로부터 보호될 때 잘 아문다. 특정 젤 반창고와 밀폐 붕대로도 이런 효과를 얻을 수 있다. 작은 상처라 집에 있는 상비약으로 치료할 때는 방수가 잘되는 비닐 밴드를 사용하는 것도 효과적이다. 손상된 부위에 알로에를 약간 바르는 것도 도움이 된다.

습윤 밴드를 사용할 때는 치유되는 양상이 조금 다르다. 딱지 대신 뽀얀 피브린fibrin이 축적된다. 피브린은 고름처럼 피부 밖으로 배출되어 흘러내리지 않고 그대로 피부에 머무는데, 비교적 깨끗하고 작은 상처에서는 딱히 감염을 걱정할 필요가 없다. 면역세포가 지키고 있을 뿐 아니라 대다수 피부 박테리아는 산소가 없으면 번식하지 못하기 때문이다. 하지만 흙에 있는 파상풍균은 예외다. 파상풍균은 산소가 부족한 환경에서도 번식하므로 예방접종을 맞은 지 오래되었다면 갱신하는 것이 좋다. 특히 야외에서 깊은 상처를 입었다면 무조건 맞아야 한다.

딱지가 떨어지면 그 아래에 감춰져 있던 것이 드러난다. 새로운 뭔가가 거기에 있다. 더 좋은 것도 아니고, 더 나쁜 것도 아니다. 그저 일어난 일에 대한 반응일 뿐이다. 불룩하게 튀어나왔든 오목하게 패였든 그저 미세한 주름이든 모든 흉터는 피부의 치유 노력과 그 노력의 이유를 일깨워준다. 동시에 세포들이 소중한 생명을 잃었다는 사실, 그리고 삶이 계속되고 있다는 사실도 함께 말이다.

진피: 단단하면서도 유연한 최고의 중재자

진피는 표피 아래 약 0.5mm에서 시작된다. 이곳에서는 표피층과 같은 질서정연한 모습을 찾아보기 어렵다. 그리고 이것이 바로 진피의 참모습이다. 표피와 달리 진피에서는 여러 일들이 분주하게 진행된다. 얽히고설킨 섬유망 속에서 혈액이 혈관을 따라 꿀렁꿀렁 흐르고, 면역세포들이 떼 지어 몰려다니며, 모근에서 솜털이 자라나고, 땀샘이 수분을 증발시킨다. 바로 이곳에 감각을 담당하는 세포들이 있다. 여기서는 모든 것이 붉고 촉촉하고 완전히 살아 숨쉰다.

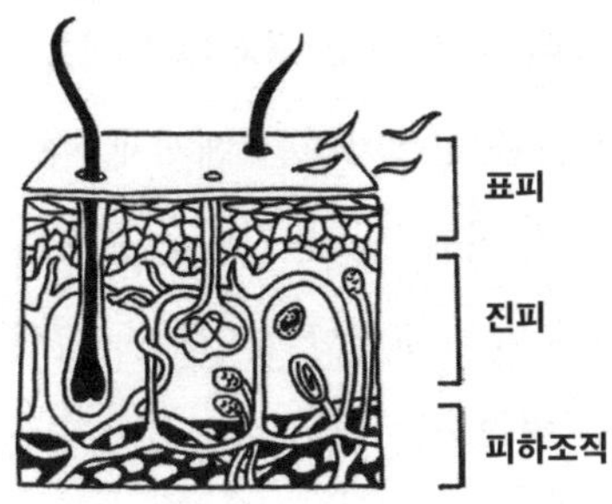

표피의 각질화 편평상피는 우리와 외부 세계를 분리하지만 진피는 그렇지 않다. 진피는 결합조직에 속한다. 진피는 자신의 섬유질을 이용해 세포와 장기, 장기와 생명체를 연결한다. 진피의 이런 연결이 없으면 우리 몸은 아마 형태도 없이 수프처럼 바닥에 쏟아져 있을 것이다. 진피가 연결해주지 않으면 뇌는 반응하지 못하고, 면역체계는 방어할 수 없으며, 신경은 메시지를 전달할 수 없다.

우리 몸의 결합조직 섬유는 인간의 상호 관계와 같은 운명이다. 대중은 인간의 상호 관계가 얼마나 중요한지 거의 신경 쓰지 않는다. 사람들은 결합조직을 그냥 지나쳐 '진정한' 활동가라고 생각하는 내부 장기에만 집중한다. 하지만 인간을 말 그대로 인간으로 만드는 것이 바로 섬유의 연결과 결합이다. 오직 이를 통해서만 인간과 세포는 계속 발달하고 특화될 수 있다.

과학, 문화, 수공예 기술의 탄생 기반은 잘 작동하는 공동체와 오직 보고 느끼고 움직이는 데 특화된 신체 부위의 발달이다. 인간의 세포나 장기가 홀로 존재할 수 없듯이 사회가 유지되기 위해서는 결속력이 필요하다. 그래야 애견 미용사와 신경외과 의사가 설령 둘 다 요리를 못하더라도 굶어 죽지 않고 생계를 유지할 수 있다.

서로 다른 세포들을 연결하려면 매개체, 즉 세포 간 물질이 필요하다. 이 물질은 장력, 마찰, 당김, 압력을 흡수하는데, 다양한 물질들이 우리 몸에서 이 역할을 수행한다. 어떤 곳에서는 세포들이 서로 질서정연하게 단단히 연결되는 것이 합리적이지만 어떤 곳에서는 느슨하고 유연한 것이 더 좋다. 예를 들어 현미경으로 간의 일부분을 관찰하면 화목한 가족 같은 상태를 볼 수 있다. 즉, 탄성이 좋은 느슨한 섬유망이 세포를 감싸고 있다. 그뿐이다. 탄성이 좋은 섬유는 어느 정도 결속력을 발휘하되, 배에 뭔가가 부딪혔을 때 장기가 자유롭게 이리저리 흔들리게 해준다. 이런 탄성은 끊임없는 외부 변화에 맞춰 유연하게 몸을 움직일 수 있도록 하는 데 적합하다.

뼈에서는 이런 무형성을 상상조차 할 수 없다. 뼈는 온몸의 무게를 지탱해야 하기에 세포 사이의 물질이 빠르게 석회화되어 단단한 기둥 구실을 한다. 인간의 삶에 비유하면 뼈는 공유 공간을 지탱해주는 엄격한 규칙과 비슷하다. 이런 결합조직 기둥은 돌에 새겨진 규칙처럼 굳건히 무거운 하중을 지탱하지만, 모든 규칙이 그렇듯 충격을 받으면 깨질 수도 있다.

힘줄에서는 다른 형태의 외교술이 필요하다. 여러 방향에서 끊임없이 당겨지면 콜라겐이 투입된다. 콜라겐은 긴 섬유를 꼬아 다양한 힘을 공통된 목적지로 보낸다. 그 결과 아킬레스건은 800kg을 버틸 수 있는 장력을 가진다. 같은 굵기라면 콜라겐 섬유가 강철보다 훨씬 강할 것이다.

우악스러운 상대를 대할 때는 연골이 나선다. 연골은 수분(물)을 결합하는 필러를 이용해 관절의 충돌과 마찰을 완화한다. 물은 압축되지 않는, 다시 말해 외부에서 압력을 가해도 부피가 줄어들지 않는 특성을 가졌는데, 이런 특성이야말로 세포의 활력을 유지하는 데 필수적인 것이다.

진피의 결합조직은 이 모든 것을 조금씩 다 가지고 있다. 외부와 내부 사이뿐 아니라 모든 형태의 긴장, 압박, 스트레스를 중재한다. 진피는 콜라겐 섬유를 그물망처럼 배열하여 모든 방향에서 끌어당겨도 버틸 수 있게 한다. 또한 충돌하는 곳이 있으면 수분 결합 필러(예: 히알루론산)와 탄력 섬유를 혼합하여 최고의 효과를 발휘한다. 진피는 단단하면서도 탄력적이다. 진피는 표피와 피하조직을 단단히 고정하면서도, 우리가 숨쉬고 움직일 때마다 그에 맞춰 팽창한다. 이런 경계면에서는 이용 가능한 모든 중재 능력이 필요하다.

진피는 이런 독보적 특성 덕분에 많은 팬을 확보했다. 그런 이유로 인간은 일찍이 표피가 없는 동물 진피, 즉 가죽을 오래전부터 많은 비용과 노력을 들여 보존 가능한 상태로 만들었다. 어쩌면 식용으로 사용할 수도 있었겠으나, 그냥 먹어치우기엔 진피가 가진 특성이 너무나도 귀했을 것이다.

오늘도 우리의 피부는 고급 가죽 신발이나 핸드백처럼 매일의 압박과 마찰을 견뎌낸다. 피부는 살아 있는 한, 상처를 치유하고 스트레스에 적응한다. 하지만 피부에는 노화라는 약점이 있다. 탄력 섬유와 콜라겐이 감소하면 피부는 탄력을 잃고 울퉁불퉁해지며 심지어 주름이 더러 생기기도 한다.

원래 다 그런 거라고, 세월을 막을 수는 없다고 말할 수도 있겠다. 조금은 초연한 마음으로 팽팽한 이마에 너무 집착하지 않는 게 좋을 수도 있다. 어쨌거나 팽팽하고 매끈한 피부가 생명에 필수는 아니니까. 하지만 노화라고 해서 다 똑같지는 않다. 충분히 예방 가능한 노화도 있다. 그런 의미에서 '가죽'을 잘 관리하는 것은 장기적으로 볼 때 결코 과소평가할 일이 아니다. 고급 명품 애호가와 열성적으로 피부 관리에 힘을 쏟는 사람 모두가 이 사실을 잘 알고 있을 것이다.

안티에이징과 햇빛: 적당히만 피하라

과학은 피부 노화를 내부 요인과 외부 요인 두 범주로 나눈다. 내부 요인인 '내인성' 노화는 주름을 유발하지 않는다. 표피가 얇아지면서 색소가 고르지 못해 그저 약간 칙칙해질 뿐이다. 보호층인 표피가 줄면 피부는 쉽게 건조해진다. 내인성 노화는 주로 유전자에 좌우되기에 약간의 보습 외에는 우리가 할 수 있는 일이 거의 없다.

반면, 외부 요인인 '외인성' 노화는 매우 쉽게 예방할 수 있다. 외인성 노화는 전형적인 주름을 유발하고 주로 진피층에 발생하며 결합 조직 섬유의 손상으로 발생한다. 그리고 이런 손상의 상당 부분이 자외선, 미세먼지, 흡연, 음주, 스트레스, 불균형한 식단 등 외부 요인에 의해 발생한다. 이런 손상은 충분히 줄일 수 있다.

충분한 수면, 영양크림, 각종 안티에이징 화장품 등 젊은 피부를 위한 조언과 제품들은 나름 효과가 있을 수 있지만 무시할 수 없는 엄청난 사실이 하나 있다. 바로 얼굴 피부 노화의 원인은 약 80%가 햇빛이라는 점이다. 믿기 어렵다면 50세 이후의 허벅지 피부와 줄곧 햇빛에 노출된 얼굴 피부를 비교해보라. 유전, 식단, 음주는 허벅지와 얼굴을 구별하지 않는다. 건강한 생활 습관을 어느 정도 유지하는 사람이라면 자외선 차단에만 집중해보자. 안티에이징 제품의 거대한 혼란 속에서 막대한 비용을 아낄 수 있다.

햇빛은 감지 가능한 입자(광자)로 구성되어 있고, 30만km/s의 속도로 이동한다. 햇빛은 외부에서 우리 피부에 도달하는 에너지다. 이 에너지는 따뜻하고 우리를 기분 좋게 만들 수 있지만, 피부를 태우고 앞을 제대로 못 보게 할 수도 있다. 효과적인 안티에이징이란 이런 극단적 상황 속에서 능숙하게 미세 조정을 하는 것이다. 외부 에너지가 유익하기보다 해로우면 우리 피부는 그것을 알아차리고 그에 맞게 대처할 줄 안다. 그렇게 우리는 스스로 오래도록 생기를 유지할 수 있다.

그리고 지구도 마찬가지다. 지구는 가장 바깥층 대기를 이용해 감마선이나 X선 같은 고에너지 태양 광선을 포획한다. 이때 똑같이 고에너지인 자외선 일부는 통과시키고 눈에 보이는 무지갯빛 가시광선은 (가장 높은 에너지로 하늘을 파랗게 물들이는 파란 광선 일부를 제외하고) 거의 모두 지구에 도달한다. 이렇게 선택적으로 지구에 도달한 광선들은 우리의 피부에서도 다양한 작용을 한다. 어떤 광선은 다른 광선보다 몸의 분자를 더 심하게 파괴할 수 있다. 물이 묻은 유리잔 테두리를 손끝으로 문지르면 소리가 나는 것처럼, 분자는 광선과 공명하는 고유한 주파수를 가지고 있다. 유의미한 우연인지 불운한 사실인지는 모르겠지만, 우리의 DNA는 태양의 'UV-B 스펙트럼' 안에서 매우 조화롭게 진동한다. 한마디로 햇빛 속에서 춤을 춘다. 언뜻 쾌활해 보이기도 하는데, 다만 너무 많은 자외선에 노출되면 과열로 특정 부위가 손상될 수 있다. 손상된 부위가 너무 광범위하여 복구가 안 되면 세포는 분해될 수밖에 없는데, 이것이 바로 햇빛에 살갗이 타는 일광화상이다. 누적된 손상을 조기에 발견하지 못하면 최악의 경우 피부암으로 이어질 수 있다.

UV-A 스펙트럼(에너지가 약간 낮음)은 다른 효과를 낸다. UV-A 광선은 피부 깊숙이 침투하여 결합조직 섬유에 영향을 미치고, 이러한 손상이 피부에 장기적으로 주름을 유발한다. UV-B와 UV-A는 모두 피부에서 무작위로 화학 반응을 일으키는 이른바 '자유라디칼free radical'을 생성한다. 이것 역시 DNA 손상과 조기 노화를 일으킨다.

자외선을 차단하는 방법은 아주 간단하다. 햇빛을 피하면 된다. 피부가 매우 흰 사람이나 빨간 머리, 면역 억제 환자, 또는 수상쩍은 반점이 많은 사람 등 특정 위험군에 속하는 사람은 대략 그런 식으로 자외선을 차단할 수 있다. 하지만 그렇다고 해서 햇빛을 아예 보지 않고 살 수는 없다. 수준 높은 대규모 장기 연구들이 계속해서 밝혀내고 있듯이 인간은 햇빛을 쐬지 않으면 수명이 단축되기 때문이다. 즉, 정기적으로 햇빛을 쐬는 사람이 더 오래 산다. 심지어 같은 사람이라도 심장마비 같은 일부 질병은 낮의 길이가 짧은 달에 더 자주 발생한다.

또한 전 세계적으로 다발성 경화증 같은 자가면역질환, 특정 유형의 암(예: 대장암 및 유방암), 심혈관 질환(예: 고혈압)의 경우, 남부와 북부에서 뚜렷한 차이를 보인다. 여러 전문가들이 특정 유전자, 식단, 야외 운동 등으로 이런 차이를 설명하려 시도했지만 그다지 설득력이 있는 이론은 없었다. 그로써 특정 질병 예방에 미치는 햇빛의 영향력이 더욱 신빙성을 얻었다.

태양 광선에는 분명 장점이 있다. 예를 들어 우리 몸은 UV-B 광선을 이용해 지방 분자를 쉽게 녹인다. 몸은 그 지방 분자를 일단 피부에 저장해두고 쏟아지는 광자에 의해 변형될 때까지 기다렸다가 해당 형태가 필요한 장기들로 이를 보내준다. 바로 비타민 D(엄밀히 말하면 비타민이 아니라 호르몬이다) 얘기를 하는 것이다.

비타민 D의 유익함은 그 자체로 유명해지기 전부터 이미 잘 알려져 있었다. 1903년, 닐스 핀센Niels Finsen은 햇빛이 피부결핵 감염을 치료한다는 사실을 발견하여 노벨상을 수상했지만 그 원리까지 밝혀내지는 못했다. 비타민 D는 강력한 항균 물질인 카텔리시딘cathelicidin의 생성을 촉진한다. 또한 약 2,000개의 다른 유전자를 직접 또는 간접적으로 조절한다. 대단히 인상적인 효과이긴 하지만 여기서 분명히 해둘 것이 있다. 비타민 D 자체가 햇빛이 주는 수명 연장 효과를 책임지지는 않는다는 것이다(적어도 혼자 책임지는 건 아니다). 많은 연구가 비타민 D의 수명 연장 효과를 증명하려 시도했지만 계속해서 미미하거나 심지어 반대의 결과를 얻기도 했다. 그러므로 비타민 D 보충제만으로는 햇빛의 효과를 완전히 대체할 수 없다.

자외선은 단순히 비타민 D만 제공하는 것이 아니다. 혈관 확장 물질의 분비를 촉진하여 혈압을 낮추고 세포 성장을 조절하는 소위 '시계 유전자'에 영향을 미치며 피부 면역세포를 조절하여 건선 예방에도 도움을 준다.

수년 동안 다른 광선들의 효과도 연구되었다. 예를 들어 적외선은 자외선보다 에너지는 약하지만 우리 신체 더 깊숙한 곳까지 침투한다. 일광욕을 하면 몸속 장기가 붉은 빛으로 물든다. 적외선은 파장이 넓어 두개골을 통과해 뇌에도 도달한다. 그래서 치매나 파킨슨병 같은 신경 퇴행성 질환의 보조적 치료법으로도 일부 활용되고 있다.

외부 에너지는 단순히 좋거나 나쁘다고 할 수 없어서 다루기가 매우 까다롭다. 햇빛의 긍정적 효과에도 심지어 어두운 면이 있다. 예를 들어 적외선은 신경세포 복구에 도움이 되지만 눈에는 손상을 줄 수 있다. 그리고 자외선이 모든 자가면역질환을 완화시키지는 않는다. 오히려 일부 질환은 악화시키기도 한다. 이처럼 외부 에너지에는 양면성이 있다. 좋지만 해로울 수 있고 해롭지만 유익할 수도 있는 것이다. 마치 누군가를 사랑하는 일처럼 말이다. 열애의 끝이 우리를 절망에 빠뜨리기도 하지만 때로는 가장 힘든 절망의 바닥이 우리 삶을 더 나은 방향으로 이끌기도 하지 않는가.

우리 몸이 자외선 차단을 위해 자체적으로 마련해둔 멜라닌세포는 지난 수십만 년 동안 정교한 시스템을 발전시켜왔다. 멜라닌세포는 보호 색소인 멜라닌을 생성하여 이를 주변 피부세포로 방출한다. 피부세포들은 세포핵에 색소를 분산시켜 자외선 차단제를 만든다. 멜라닌은 또한 자외선의 주파수 범위에서 진동함으로써 자외선 에너지를 포획하여 유전물질을 보호한다. 모든 사람은 같은 개수의 색소 생성 세포를 가지는데, 피부색에 따라 보호막의 두께가 조금씩 다르다.

초기 인류가 추운 북쪽에 정착하여 따뜻한 옷을 입고 컴컴한 집안에 살면서 우리의 피부는 점점 밝아졌다. 그래서 과거의 인류는 하루 10분에서 20분 정도 얼굴과 손만 햇빛에 노출되어도 충분했다. 시간이 흘러 더 남쪽으로 이주한 사람들은 더 강한 햇빛에 노출되었고 그들의 피부는 계속해서 색소 생성을 촉진했다. 그런 까닭에 아시아인의 피부는 황색을 띠다가 필요할 때면 더 빨리 갈색으로 변한다. 적도 근처에 사는 사람들의 피부는 강한 햇빛으로부터 최대한 보호하기 위해 최대한 어두운 색을 유지했다. 이런 최적의 조합으로 인간은 피부 손상을 막으면서 동시에 혜택을 누릴 수 있었다. 그러나 현대 사회는 이처럼 정교하게 균형 잡힌 시스템에 새로운 과제를 안겨준다.

피부색이 거주지와 무관해진 지는 상당히 오래되었다. 전 세계적으로 이동이 많아졌고 현대의 일상생활에서도 햇빛 노출이 위도에 좌우되는 경우가 점점 줄어들고 있다. 나이가 들면서 피부는 더 많이 손상되고 우리의 행동은 종종 신중한 피부세포를 심한 혼란에 빠트린다. 예를 들어 겨울이었던 나라에서 비행기를 타고 몇 시간을 날아간 다음 갑자기 열대 해변에 누워 있다거나, 평일에는 대부분 실내에 있지만 어떤 날에는 하루 종일 햇빛을 쐬며 휴식을 취한다. 그 결과 보호 색소는 어떨 때는 할 일이 없어 무료하다가 어떨 때는 할 일이 너무 많아 과부하를 겪는다. 이 같은 햇빛 노출의 과도한 변동성, 즉 '오랫동안 햇빛을 쐬지 않다가 갑자기 일광화상을 입는 것'은 가장 흔한 피부암(기저세포암)과 가장 위험한 피부암(악성 흑색종)의 주요 요인으로 점점 더 명확해지고 있는 만큼 주의가 필요하다. 이는 독일 피부과 학회의 '피부암 예방 지침'에도 반영되어 있다.

오늘날 우리는 이전 세대는 몰랐던 사실, 즉 창문의 양면성을 알고 있다. 창문은 UV-B를 차단하고 UV-A는 통과시킨다. 그런데 보호 색소는 UV-B의 자극이 있어야 생성된다. 그러므로 점심시간에 햇빛이 잘 드는 사무실에 앉아 있으면 피부가 타지 않을 뿐만 아니라 비타민 D도 생성되지 않는다. 하지만 주름과 자유라디칼은 발생한다. 따라서 얼굴처럼 햇빛에 끊임없이 노출되는 부위는 야외 활동을 하지 않더라도 자외선 차단제를 바르는 것이 좋다. 그렇지만 동시에 햇빛을 약간씩 쐬면 보호 효과를 얻는 데 도움이 된다.

햇빛과 인간의 관계는 우리네 인간관계와 무척 비슷하다. 우리를 다치게 하고 때로는 화상을 입히지만, 그 에너지 자체는 우리에게 생명과 힘을 준다. 그러므로 햇빛을 완전히 피하는 걸 안티에이징의 목표로 삼아선 안 된다. 외부의 영향에 균형을 잃지 않도록 내면의 핵심을 보호하는 것이 유연함을 유지하는 가장 확실한 길이다.

:: 잘못 바르면 오히려 독이 되는 선크림

자외선 차단제를 바르는 것은 외부 에너지로부터 우리를 보호하는 좋은 방법이다. 미네랄이 함유된 물리적 자외선 차단제의 경우 미네랄(예: 산화아연)이 작은 거울처럼 햇빛을 반사한다. 그래서 이 차단제를 바르면 피부가 유난히 하얗게 보인다. 유기화학적 자외선 차단제의 경우 피부 자체의 보호 색소를 모방하고 공명하여 햇빛을 포획한다(예: 베모트리지놀). 독일 피부과학회의 '피부암 예방 지침'은 그늘과 옷으로 가리기에 이어 세 번째로 자외선 차단제를 권장하며 다소 조심스럽게 덧붙인다. "다른 방법으로는 차단할 수 없는 부위에 사용하시오." 이들은 왜 이런 단서를 덧붙였을까? 실제로 자외선 차단제가 잘못 사용되는 경우가 매우 빈번하기 때문이다. 아예 사용하지 않는 것이 건강에 더 좋을 때도 있는데, 바로 다음과 같은 상황들이다.

1. 과거 1980년대와 1990년대에는 자외선 차단제에 UV-B 차단 성분만 있고 UV-A 차단 성분은 거의 없는 경우가 많았다. 그래서 UV-A는 아무런 방해도 받지 않고 피부 깊숙이 침투하여 자유 라디칼을 유발했지만 (UV-B가 필요한) 보호 색소 형성은 거의 일어나지 않았다. 그 결과 흑색종 발병 위험이 증가했고, 연구자들은 이를 '자외선 차단의 역설'이라고 불렀다. 이 용어는 오늘날 자외선 차단제를 바른 후 완벽하게 안전하다고 느껴 햇빛을 너무 오래 쬐는 사람들에게 종종 사용된다. UV-A 차단제가 널리 보급된 이후, 이런 현상은 데이터에서 사라졌다. UV-A 차단 효과가 좋은 제품에는 별표 또는 + 기호가 많고, 'UV-A' 또는 'PA'라고 적혀 있다.

2. SPF 즉, 자외선 차단 지수가 의미하는 바는 자외선 차단제가 햇빛의 일부분을 차단하면 피부 자체의 차단 효과가 '더 오래' 유지된다는 것이다. 실험실 실험 결과, SPF 15는 피부 자체의 차단 효과를 평균 15배 연장하는 것으로 나타났다. 따라서 여름철 햇빛에 10분만 노출되어도 피부가 살짝 붉어지지만 자외선 차단제를 바르면 이 시간이 150분으로 늘어날 수 있다.

시간이 지나 자외선 차단제를 덧발라서 닦여 나가거나 땀에 씻긴 부분을 보완하더라도, 150분이라는 지속 시간은 사실상 그대로다. 덧바른다고 해서 자외선 차단 효과가 더 오래 지속되지는 않는다. 자외선 차단제를 얇게 바르면 차단 효과가 크게 떨어진다(거의 10배!). 차단제를 바르지 않았을 때 10분이라면 얇게 바를 경우 150분이 아니라 20분 미만에 그친다. 그러므로 피부가 흰 사람이

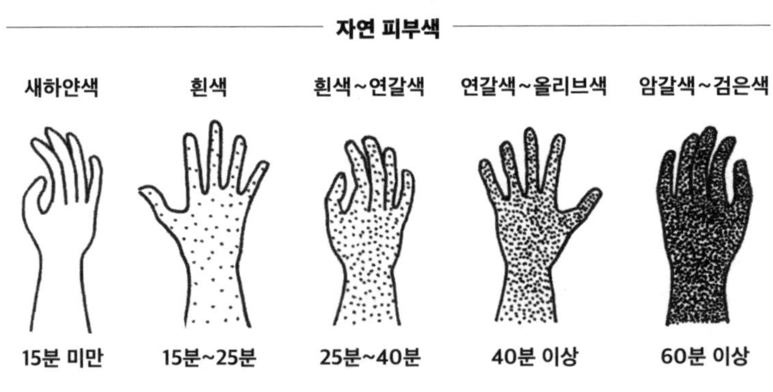

출처: 독일 연방방사선방호청(2020년)

라면 SPF 수치를 높이고 최대한 두껍게 바르는 것이 좋다(권장량은 피부 1cm²당 2mg으로, 얼굴에 바를 경우 보통 티스푼 하나 정도다).

3. 옥시벤존, 옥토크릴렌, 파라아미노벤조산(PABA), 옥티녹세이트 같은 오래된 유기화학적 자외선 차단제가 최근 재평가되고 있다. 이런 화학물질이 혈류로 흡수되어 호르몬과 비슷한 효과를 낼 수 있고, 바다에서 산호를 해칠 수 있다는 새로운 연구 결과가 발표되었기 때문이다. 그러므로 임산부와 생후 6개월 미만의 유아는 미네랄이 함유된 물리적 자외선 차단제를 사용하는 것이 좋다.

아무리 모범적인 자외선 차단제를 사용하더라도 개별 광선 입자(광자)들이 우리 세포와 충돌하는 것을 막을 수는 없다. 다시 말해 외부 에너지는 항상 피부에 작은 손상을 남긴다. 그래서 점점 더 많은 안티에이징 연구가 단순히 햇빛으로부터 피부를 보호하는 데 그치지 않고 손상된 피부를 빠르게 회복시키는 데 집중하고 있다. 그중에서도 연구자들이 가장 관심을 기울이는 물질이 비타민 A(레티놀 및 유도체)와 비타민 C다. 이런 물질들은 자유라디칼을 제거할 뿐만 아니라 피부 자체의 콜라겐 생성을 촉진한다. 그러므로 이론적으로는 매일 당근 주스 한 잔을 마시고 얼굴 피부의 혈액 순환이 원활해질 때까지 제자리에서 가볍게 뛰기만 하면 좋은 피부를 얻을 수 있다. 당근 주스 대신 바르는 크림을 이용하고 싶다면 저녁에 바르는 것이 좋고, 여기에 더해 자외선 차단도 잘해야 효과가 있다. 비타민 A는 햇빛에 노출되면 자유라디칼을 생성하고 비타민 C는 햇빛에 분해되기 때문이다. 비타민 E를 함께 사용하면 이런 분해로부터 비타민 C를 보호할 수 있다. 그런 까닭에 화장품에 비타민 E가 자주 사용되는 것이다. 다른 많은 천연물질이 주로 광고(또는 인터넷 영상)에서 치료제인 양 열성적으로 권장되곤 하는데, 아직은 더 큰 규모의 연구가 필요한 상황이다.

미용 차원에서 들이는 이런 노력의 결과는 우리에게 거울 보는 재미를 더할 뿐만 아니라 삶의 다른 영역에도 새로운 생각을 불어넣어준다. 즉, 외부의 영향으로부터 자신을 보호하고 싶은 사람이라면 피부가 하는 것처럼 자신을 보호하거나 의식적으로 차단하거나 피신하는 방법을 쓸 수 있다. 대인 관계에서도 거울처럼 반사하거나 적절한 거리를 잘 조절하는 등 피부와 매우 유사한 심리적 전략이 때로는 도움이 된다. 하지만 피부가 그렇듯, 대인 관계에서도 모든 손상을 완전히 예방할 수는 없다. 그리고 아름다움을 유지하는 비결은 대개 완벽한 차단이 아니라 치유와 회복 능력이다.

다정한 어루만짐이 몸에 미치는 영향

피부를 만질 때, 우리 피부는 단순한 장벽 구실만 하는 게 아니다. 평소 세상으로부터 우리를 보호하던 피부는 접촉의 순간에 '센서'로 변한다. 그 덕에 우리는 흐르는 물의 시원한 촉촉함과 따뜻하고 부드러운 입맞춤을 느낄 수 있다. 시각, 청각, 후각이 항상 세상과 떨어져서 작용하는 것과 달리 촉각은 매우 직접적이다. 우리는 멀리 있는 차의 불빛을 보고, 옆방에서 들려오는 음악을 듣고, 비 내리는 거리의 내음을 열린 창문을 통해 맡는다. 하지만 촉각은 다르다. 미각과 마찬가지로 촉각 또한 오직 가까운 거리에서만 작용한다. 어쩌면 그런 이유로 쾌락 순위에서 미각과 촉각이 높은 자리를 차지하는 건지도 모르겠다. 쾌락 순위에서 음식과 기분 좋은 신체 접촉이 최상위에 있는데는 그럴 만한 이유가 있다.

미각에 짠맛, 단맛, 쓴맛, 신맛이 있다면, 촉각에는 압력, 속도, 팽창, 진동이 있다. 누군가 팔을 쓰다듬으면 여러 세포가 이 감각을 감지해낸다. 압력은 표피와 진피 사이, 그러니까 위쪽에 자리한 세포가 감지한다. 아주 살짝이라도 이 세포들이 눌리면, 몸 안의 신호물질이 신경 섬유에 분사된다. 피부가 겨우 100분의 1mm 정도만 오목해지더라도 이 세포들은 곧바로 이 사실을 우리에게 알려준다.

접촉의 속도는 나선형 세포가 감지한다. 이들은 모근 주변에서 모근이 얼마나 빨리 움직이는지 측정한다. 털이 없는 피부(손바닥과 발바닥)에서는 손가락과 발가락 지문의 융기된 선 바로 아래에 위치한다.

팽창은 결합조직 섬유의 가로줄이 감지한다. 섬유가 좌우로 당겨지면 풍선껌처럼 늘어난다(하지만 끊어지지는 않는다).

진동 센서는 가장 깊은 곳에 있다. 거의 모든 접촉이 진동을 생성한다는 사실을 아는가? 손가락으로 거친 표면을 문지르면 지문의 미세한 홈조차 진동을 만든다. 진동 센서는 지방조직 깊숙이 뻗어 있고 양파 모양을 하고 있는데, 손을 이 양파 모양 확성기에 대면 가장 안쪽 층까지 진동이 전달된다. 약한 진동이라면 양파의 바깥쪽만 우아하게 흔들린다.

우리가 최종적으로 감지하는 촉각이라는 감각은 사실 피부 어디에나 있는 수백만 개의 압축되고 진동하고 찌그러진 구조의 합창이다. 따라서 각각의 느낌을 구분하기는 쉽지 않다. 예를 들어 어루만지는 것이 기분 좋은 이유를 물으면 많은 사람이 '부드럽기 때문에', 즉 '압력이 없기 때문에'라고 답할 것이다. 하지만 접촉이 있을 때 그것이 기분 좋은지 그렇지 않은지를 결정하는 요인은 사실 속도다. 더 정확히 말하면 3cm/s의 속도다.

1~10cm/s 범위의 접촉일 때 우리는 (미각으로 번역하면) '맛있다'고 느낀다. 평균 3cm/s 범위의 쓰다듬는 손길은 '다정하다' 또는 '풍미가 가득하다'고 느껴진다. 우리 의식은 보통 이를 인지하지 못하지만 우리 몸은 이미 이 '다정함'을 다 알고 있는 듯하다. 어머니들은 정확히 이 속도로 아이를 쓰다듬고 TV를 보면서 친밀한 옆 사람의 머리카락을 쓰다듬을 때도 우리는 정확히 이렇게 한다. 심지어 무의식적으로 자기 얼굴을 만질 때조차도 거의 정확히 이 속도를 지킨다.

느끼는 것과 만지는 것은 서로 다른 능력이다. 두 능력은 우리 안에서 서로 다른 것을 촉발할 뿐만 아니라, 기능도 다르다. 만지는 것은 우리에게 도구나 마찬가지다. 투명한 셀로판테이프의 시작 부분을 찾기 위해 집중해서 만질 때 우리는 이렇다 할 아무런 감정을 느끼지 않는다. 이때의 촉각 정보는 빠른 신경(소위 A-섬유)을 통해 더 중립적인 뇌 영역(대뇌)으로 전달된다. 정보들은 그곳에서 일단 다발로 묶일 뿐, 감정적으로 평가되지 않는다. 빠른 전달, 감정 배제. 어쩐지 매우 현대적으로 들린다. 그리고 실제로도 그렇다. 우리 몸에서 촉각을 담당하는 신경과 뇌 영역은 더 늦게 진화하여 '더 젊고 더 현대적이다.' 정보를 감각뿐 아니라 중립적인 '지식'으로 받아들이는 것은, 말하자면 생명체의 영리한 발전이었다. 생명체는 이런 지식을 이용해 더 논리적으로 더 깊이 그리고 더 넓게 생각할 수 있다. 이를테면 '테이프의 시작 부분이 여기에 없다면 다른 어딘가에 분명 있을 것이다'라는 식으로 말이다.

만지는 대신 피부로 뭔가를 느낄 때는 C-섬유라는 더 오래된 시스템을 사용한다. 이 신경섬유는 A-섬유보다 10배에서 100배 정도 느리다. 그렇더라도 전달 속도가 대략 1m/s이므로, 제 소임을 다하기에 충분하다(어차피 우리는 아무리 커봐야 약 2m니까). A-섬유와 달리 C-섬유는 뜨거운 불판에서 재빨리 손을 떼게 하려고 있는 것이 아니라 그 후에 경고성 고통을 서서히 전달하여 분노와 충격의 눈물을 흘리게 하는 데 그 목적이 있다. 이 정보는 감정과 연결된 뇌 영역(대뇌변연계)에 도달한다. 그래서 우리는 손을 데인 뜨거운 불판이나 머리를 부딪힌 낮은 천장을 잠시나마 '악의적으로' 노려보며 화를 낸다.

이제 우리는 피부로 느끼는 이런 감정을 향해 자상하게 미소 지으며 아이를 달래는 아버지처럼 불판이나 천장이 일부러 그런 게 아니라고 타이를 수도 있다. 죄 없는 낮은 천장을 탓하지 않는 것이 합리적이지만 그것이 만지는 촉각이 느끼는 접촉보다 더 우월하다는 뜻은 아니다. 최근 수십 년 동안 연구자들은 기분 좋은 부드러운 접촉이 우리 몸에 미치는 놀랍도록 강력한 효과를 점점 더 많이 발견하고 있다.

부모와 자주 피부 접촉을 하는 미숙아는 출생 후 인큐베이터의 온기만을 받은 아이들과 여러 면에서 차이를 보였다. 그리고 그 차이는 10년이 지난 후에도 나타났다. 전자는 잠을 더 잘 자고 스트레스에 더 강하며 인지 검사에서 더 높은 점수를 받았다. 예정일에 맞춰 '제때' 태어난 아기 역시 직접적 신체 접촉에 명확한 반응을 보인다. 더 깊게 호흡하고 물질대사가 더 안정적이며 1년 뒤에 검사를 해봐도 출생 후 피부 접촉이 없었던 대조군보다 회복력이 더 좋다. 신약 개발의 측면에서 본다면 이는 엄청난 성공일 것이다.

성인을 대상으로 한 연구에서도 명확하게 같은 결과가 나온다. 환자의 상태가 24시간 내내 모니터링되는 중환자실을 떠올려보자. 환자를 위한 일이긴 하지만 이러한 모니터링은 환자에게 많은 스트레스를 유발한다. 무언가가 끊임없이 깜빡거리고 경고음을 내고 심지어 밤에도 반복적으로 검사를 하니 어찌 보면 당연한 일이다. 이런 반복적인 스트레스가 가해지면 신체는 이완하는 법을 잊고 수면의 질이 떨어지며 내적 불안감이 커진다. 이때 중환자실 환자들이 마사지 같은 기분 좋은 접촉을 정기적으로 받으면, 더 깊이 잠들고 혈압이 안정되고 호흡이 차분해지고 평균적으로 통증도 덜 느낀다.

이처럼 피부 접촉의 효과는 우리가 머리로는 바로 이해할 수 없는 무언가를 보여준다. 사실, 스트레스를 줄이려면 그 원인을 제거하는 것이 '논리적'인 방법이다. 즉, 반복적인 경고음을 줄이거나 검사 횟수를 줄이는 것이 마땅하다. 이것이 피부 접촉만큼 빠른 효과를 내지 않는다는 지적은 언뜻 무의미해 보인다. 또한 피부 접촉을 좋아하지 않는 사람에게도 '편안한 접촉'이 좋은 효과를 낸다는 결과 역시 '비논리적'으로 들린다. 하지만 ADHD나 자폐증이 있고 피부 접촉을 싫어하거나 부담스러워하는 사람이라도 친근한 사람이 가끔씩 쓰다듬어 주면, 혈중 스트레스 호르몬 수치가 내려가고 잠도 더 잘 잔다. 산후 우울증을 겪고 아직 감정적으로 아이를 제대로 받아들이지 못하는 산모들도 아기를 어루만지는 것에서 도움을 받는다. 아이의 몸을 어루만지면 더 빨리 유대감이 생기고 우울한 기간도 줄일 수 있다.

피부 접촉은 어쩌면 직선적 논리가 아니라 결합조직 같은 네트워크일지도 모른다. 두 사람이 서로를 어루만지면 서로 연결이 이루어진다. 언뜻 아주 단순한 표현처럼 들리지만 이는 엄격하게 증명된 측정 가능한 '대인 동기화interpersonal synchronization'라는 현상이다. 일단의 연구진들이 다음과 같은 실험을 진행했다. 한 사람이 통 안에 누워 있고 그의 파트너는 그 옆에 앉아 있다. 그들은 서로를 볼 수 없다. 그런 상태에서 두 사람이 손을 잡으면 두 사람의 몸이 동기화되기 시작한다. 호흡, 심장박동, 심지어 피부의 전기 전도력까지 일치하는 모습을 보인다. 왜 이런 일이 일어나는지 알 수 없지만 실제로 그런 일이 벌어진다.

연구자들은 이에 대해 신경안정 호르몬 분비부터 '신체 확장'(정신적으로 다른 사람을 '나'의 연장으로 인식하는 능력)까지 다양한 설명을 시도한다. 테니스 라켓을 팔의 연장선으로 인식할 때 작은 규모의 신체 확장을 경험하고, 사랑에 빠진 연인이 서로가 하나로 합쳐진 듯한 느낌을 받을 때 더 큰 규모의 신체 확장을 경험하는 것처럼 말이다.

우리는 타인뿐 아니라 자신과도 동기화될 수 있다. 생각에 잠겨 있거나 스트레스를 받거나 긴장할 때, 우리는 자신의 얼굴을 쓰다듬는 경향이 있다. 이것은 의도된 동작이 아니다. 마치 자기도 모르게 손으로 머리를 쥐어뜯어 뇌의 주의를 몸의 다른 부위로 돌리는 것처럼 부지불식간에 일어난다. 지금까지의 연구에 따르면 이때 신경안정 호르몬이 분비되거나 신체를 담당하는 뇌 회로가 활성화된다. 그러므로 그런 동작을 통해 뇌가 지금 이 순간, 바로 여기에서 신체의 다른 부위와 다시 연결될 수 있다는 것은 그리 터무니없는 생각이 아니다.

피부 접촉이 인간관계에 미치는 영향을 알고 나면 거의 필연적으로 다음과 같은 질문을 던지게 된다. 외로움이란 무엇일까? 신체 접촉의 반대일까? 그렇다면 외로움은 타인뿐 아니라 자신과의 관계가 불만족스러워도 발생할 것이다. 생각에 잠겨 감정이나 신체의 다른 부위와 충분히 연결되지 않은 머리는 외롭다.

특히 오늘날에는 이러한 경향이 더 심해졌다. 생각하는 뇌는 스마트폰이나 컴퓨터와 연합하여 최고 '인싸'마냥 이곳저곳을 돌아다니느라 바쁜데, 나머지 신체는 부서진 치즈 샌드위치를 락앤락 용기에서 쓸쓸히 꺼내고 있는 신세다. 우리가 뉴스와 이메일을 읽고, 동영상과 사진을 보는 동안 머리를 제외한 다른 모든 신체 부위는 가만히 앉아 아무것도 경험하지 못한다. 언제부터 이런 상태가 일종의 외로움으로 바뀔까?

더 흔한 형태인 사회적 외로움은 이제 사회심리학에서 충분히 연구가 이루어진 상태다. 사회적 외로움은 다음과 같은 다섯 가지 전형적인 변화를 가져온다. 첫째, 더 불안해지고 더 불신하게 된다. 다른 사람의 시선이나 침묵, 심지어 특정 단어 선택을 섣불리 거부나 적대감으로 인식한다. 둘째, 신체적으로 드러날 정도로 스트레스 수준이 올라가고 염증 반응이 더 자주 발생한다. 셋째, 수면의 질이 떨어지고 밤에 더 자주 깬다. 넷째, 충동적인 행동에 더 쉽게 빠진다. 예를 들어 폭식, 통제되지 않는 분노 폭발 그리고 과도한 낯가림도 여기에 포함된다. 다섯째, 더 자주 우울해진다. 우울감보다는 덜 해로운 전조 증상으로는 불평불만이 있는데, 행동생물학에서는 이것을 소속감 및 애정 욕구의 표현으로 본다.

진화론의 관점에서 보면 이런 변화는 아마도 그저 보호를 위한 시도였을 것이다. 이를테면 예전에 무리에서 벗어나 혼자 야생으로 나간 사람은 깊이 잠들지 않고 이따금씩 잠에서 깨는 것이 공격받지 않는 좋은 방법이었다. 타인을 적으로 의심하는 것은 당연한 일이었다. 적어도 야생 생존 가이드북에는 '다정한 순진함'이나 '그냥 내버려두기' 같은 장은 없다. 하지만 현대에서는 이런 행동 중 상당수가 불이익을 안겨준다. 타인을 의심하고 수면 부족에 시달리거나 쉽게 화를 내는 사람은 다른 사람들에게 점점 더 외면당하고, 외로움은 더 커질 뿐이다.

자기 자신과의 관계에서도 자기 내면에만 극도로 몰두하는 행동들이 있다. 어떤 사람은 자기 자신을 너무 비판하여 스스로 자존감을 떨어뜨린다. 어떤 사람은 대수롭지 않은 일에도 자주 수치심을 느껴

스스로 삶을 심각하게 제한한다. 또 어떤 사람은 불쾌한 감정을 억누르기 위해 스마트폰에 의존한다. 이런 상황에서 자신을 대하듯 다른 사람을 대하면 우리는 그것을 무례하다고 여기겠지만, 자신에게 얼마나 무례를 범하고 있는지는 거의 알아차리지 못한다. 현대 심리학에 따르면 자기 수용, 자기 신뢰, 자기 연민은 자신을 친절하게 대하는 데 도움이 될 수 있다. 그리고 여기에는 신체 접촉도 포함된다.

기분 좋은 접촉이 위로의 말과 똑같은 효력을 낸다는 사실이 실험을 통해 점점 더 많이 입증되고 있다. 2017년에 발표된 한 연구 결과에 따르면 자신을 자주 심하게 비판하는 사람들이 7분 정도 손 마사지를 받자, 마사지 후 더 안정적이고 편안해지는 효과를 얻었다. 마사지를 받기 전에는 다른 치료법들에 회의적이었지만 마사지 후에는 더 열린 마음으로 치료법을 받아들였고, 치료 효과 역시 좋았다.

이인증성 장애depersonalization disorder, 즉 현실감이 부족하고 모든 상황을 외부에서 관찰하거나 마치 솜에 둘러싸인 것처럼 경험하는 경우에도 자기 몸을 의식적으로 만지는 행동이 도움이 된다. 뇌졸중으로 신체 절반이 마비된 후에도 마비 부위를 반복해서 만져 자신의 일부로 이해하는 것이 중요하다.

다정한 어루만짐은 누군가 곁에 있음을 확인시켜줄 뿐 아니라 우리 자신도 지금 거기에 있음을 일깨워준다. 최근 연구에 따르면 고양이가 자기 새끼를 핥는 이유는 단순히 몸을 깨끗하게 하거나 유대감을 형성하려는 것보다 새끼 고양이가, 더 정확히는 새끼 고양이의 뇌가 자기 몸의 각 부분을 제대로 인식하도록 돕기 위해서라고 한다. 어미의 핥음을 받은 새끼는 더 빨리 자라고 더 씩씩하게 움직이며 생존 가능성도 더 높다. 이는 인큐베이터 안의 미숙아가 겪는 어려움과 외로운 사람의 수명이 통계적으로 더 짧은 사실을 떠올리게 한다.

우리가 살면서 '마음에 와닿는 일', 즉 감동적이라고 표현하는 일들은 모두 우리 몸에 반응을 일으킨다. 마음을 울리는 음악을 들으면 소름이 돋고 사랑하는 사람의 얼굴을 보면 우리는 몸가짐이 달라진다. 이런 경험은 치유와 위안을 선사하지만 그것이 결핍되었을 때는 반대의 효과를 가져온다. 외로울 때 우리는 종종 자신이 남들과 다르고, 어울리지 않는 곳에 있다고 느낀다. 이런 외로움은 특정 개인에게만 생기는 배타적이고 특수한 현상이 아니다. 우리는 모두 반복적으로 외로움을 경험한다. 손을 잡기 위해 팔을 뻗은 채 움직이는 표피 세포들처럼, 연결을 찾기 위해 생각에 잠긴 채 얼굴을 감싸는 손처럼. 우리 몸은 이 모든 것을 아주 잘 알고 있다. 그리고 우리의 피부는 이런 '연결'에 성공하기 위해 이미 다양한 구조를 개발해두었다.

촉각은 외부 세계가 내면 깊은 곳까지 영향을 미치고, 우리에게 타인의 존재가 필요하다는 사실을 가르쳐주는 첫 번째 감각이다. 피부세포의 작은 팔부터 얼굴을 감싸는 손가락까지, 촉각은 끊임없이 손을 내밀어 연결을 추구하는 것이야말로 삶의 일부임을 깨닫게 해준다. 특히 상실을 겪거나 외로움을 느끼거나 상처받았을 때, 피부는 자신의 중요성과 타인의 중요성, 즉 차단으로 자신을 보호하는 일과 접촉으로 타인을 느끼는 일의 중요성을 함께 일깨워준다.

강하다는 말의 진정한 의미

힘과 근육

◆

엄마가 보여준 강함

철없던 어린 시절, 언니와 나는 어머니를 한동안 '밥하는 사람'이라고 불렀다. 어머니는 하루의 대부분을 부엌에서만 보냈기 때문이다. 아침에는 통곡물빵으로 샌드위치를 만들어주었고, 점심과 저녁에는 종종 언니와 나를 위해 두 가지 음식을 따로 만들어주었다(질: 마늘 빼고, 줄리아: 파프리카 빼고). 주말에는 케이크를 굽기도 했다. '밥하는 사람'이라는 별명 안에는 우리가 마음으로 느끼는 뭔가가 담겨 있었지만 우리는 그저 장난처럼 그렇게 부르곤 했다. 단어들로 가득한 세상에서 어머니는 행동 그 자체였다.

어머니는 매일 저녁 우리에게 책을 읽어주고, 스포츠 시합이나 파티가 있으면 데리러 왔으며, 생일파티를 열 때면 직접 그림을 그리고 글자를 적고 촛불과 꽃으로 멋지게 장식해주었다. 어머니는 조언도 해주고, 질문도 하고, 귀 기울여 들어주었다. 열이 나면 사과를 갈아서 먹여주었고, 식초 냄새가 코를 찌르는 수건으로 종아리를 감싸주었다. 어머니의 힘은 끝이 없어 보였다. 어머니는 마치 '어머니로 살기' 종목의 마라톤 선수 같았다.

어머니의 그 모든 힘이 어디서 나오는지 나는 놀라울 따름이었다.

남들의 감탄과 찬사에서 나오지 않는 것만은 분명했다. 어머니는 비싼 물건을 갖거나 특정 지위에 오르는 데 관심이 없었고, 그저 자신의 행동이 의미 있는지만을 중요하게 생각했다. 그럴 때 어머니는 기쁨을 느꼈다. 정신없이 바빴던 하루를 마치고 소파에서 일찍 잠이 드는 어머니를 지켜보는 게 나는 좋았다. 잠든 어머니의 얼굴은 매우 평화로웠다. 아무것도 하지 않아도 되고 무엇과도 싸울 필요가 없었다.

혹시 어머니가 불필요하게 많은 것들과 싸워왔던 걸까? 잘 모르겠다. 어쨌든 어머니의 삶은 온전히 평화롭고 조화롭지만은 않았다. 68운동(1960년대 서독에서 권위주의 타파와 나치 청산을 목표로 전개된 학생운동—옮긴이) 시기에 어머니는 여성이 남성을 흉내 낸다고 여성 해방이 오는 건 아니라는 내용의 글을 썼다. 어머니의 생각에 짧은 머리와 바지정장, 공격적 발언은 일종의 사고오류를 범하는 것이었다. 어머니에게 평등이란 원피스를 입은 사람들에게도 동등한 권리를 주는 것을 의미했다! 어머니는 자본주의를 비판하며 공산당에 입당했지만 동독과 쿠바를 여행하며 공산당 체제의 결함을 경험한 후 다시 탈당했다. 자신에게 안성맞춤이었던 직장에서도 배후의 부패 구조를 감지하자 보란 듯이 사표를 던졌다. 그런 행동 때문에 어머니는 종종 다른 사람들의 분노를 샀고, 인기나 우정, 취업 기회 등을 잃었다. 그 때문에 괴롭고 슬픈 밤을 보내야 했지만 어머니는 그것조차 받아들였다. "아픈 발로는 계속 걸을 수 있지만 부러진 척추로는 안 돼."

어머니가 매번 그렇게 과격하게 반응하지 않았으면 좋겠다고, 나는 이따금 생각했다. 한번은 수업시간에 너무 떠든다는 이유로 선생님이 내 손목을 세게 잡고 복도로 끌어낸 일이 있었다. 어머니는 격분하여 선생님을 욕했는데 어찌나 심하게 욕을 하던지 나는 선생님이 오히려 걱정되었다. 아버지 이후로 유일하게 사귀었던 남자친구와 끝내면서는 이렇게 말했다. "너희가 새아버지 때문에 힘들 일은 절대 없을 거야." 사실 그는 정말 착해 보였는데 말이다. 어쩌면 어머니의 이런 과격함이 나와 언니에게 콘크리트같이 단단한 내면의 힘을 주었을지도 모른다. "학교 가기 싫으면 말해. 매일 결석 사유서를 써줄게." 어머니가 이렇게 말하면 정말 그렇게 할 것이 분명했다. 그래서 다음 날 아침, 나는 어찌어찌 문제들을 해결하며 다시 학교에 갔다. 그런 어머니가 있으면 복도로 수천 번 끌려가도 아무 상처도 입지 않을 수 있다.

시간이 흘러 나와 언니는 독립했다. 어머니는 남아서 할머니를 돌봤다. 할머니가 돌아가셨을 때, 어머니는 무너졌다. 당시 어머니와 말다툼했던 일이 아직도 생생하다. 어머니에게 "다른 사람들은 돌보면서 왜 자신은 돌보지 않아요?"라고 소리쳤다. 버릇없는 말대꾸가 아니었다. 그러기에는 이 말 속에 진실이 너무 크게 담겨 있었다. 어머니는 이제 삶이 자신을 중심으로 돌아가게 되었다는 사실이 몹시 당황스러웠던 것 같았다. 하고 싶은 게 뭐냐고 물었을 때, 그녀는 마치 단 한 번도 소원이란 걸 가져본 적이 없는 사람처럼 보였다. 어머니의 현실은 냉혹했다. 조건 없이 남을 돌보느라 치러야 했던 대가는 보잘것없는 연금, 잃어버린 우정, 포기한 꿈 등 너무 컸다. 어머니의 갑작스러운 무력감에 언니와 나는 너무나 큰 충격을 받았다. 이 시기에 우리는 어머니에 대한 재밌는 별명을 결코 생각해낼 수 없었다.

힘이란 무엇일까? 그리고 강함이란 무엇일까? 남성은 무언가를 해낼 때, 여성은 무언가를 견뎌낼 때 강하다고 평가받는다는데 정말일까? 이게 사실이라면 '강한 여성'이란 남편을 오랫동안 돌보거나 다른 종류의 힘든 삶을 버텨내는 여성을 말한다. 같은 상황에서 이렇게 하는 남성은 오히려 '약하다'는 소리를 들을 가능성이 더 크다. 이는 남성에게도 불공평한 일이다. 그리고 명함에 적힌 직책과 다른 크게 눈에 띄지 않는 일을 성취하는 모든 사람에게도 불공평할 것이다.

어머니가 새로운 인생을 시작하기까지, 즉 도움을 받아들이고 자신만의 소망과 욕구를 다시 찾기까지 몇 년이 걸렸다. 어머니가 그것을 해냈다는 사실에 우리는 안도했다. 왜 그렇게 안도했을까? 어차피 어머니는 '어머니로 살기' 마라톤 선수인데?

우리 몸의 움직임을 만드는 바탕

혹시 추웠을까? 영양소가 부족했던 걸까, 아니면 비탈길에서 굴러떨어졌을까? 그냥 가만히 있었던 조상들과 달리 '그것'은 아무도 하지 않았던 뭔가를 갑자기 했다. 그것은 살짝 움츠러들었다가 다시 펴졌다. 육안으로는 볼 수 없었겠으나 이 사건은 생명 세계의 전환점이었다. 세포가 움직인 것이다.

우리에게 운동 능력이 생긴 건 일종의 오타 덕분이다. 세포가 조상의 유전물질을 복제할 때 실수로 철자를 두 번 쓸 수 있는데, 이를

테면 'Jo' 대신 'JoJo'라고 쓰는 것이다. 그리고 바로 그 순간, 새로운 무언가가 나타난다. 생명 세계의 놀라운 전환점에 바로 이런 일이 일어났다! 최초의 이동성 세포가 실수로 유전자 하나를 두 번 복제하는 바람에 새로운 유형의 단백질, 즉 에너지를 운동으로 전환하는 단백질 설계도가 탄생했다.

인간의 근육에는 이런 단백질이 수십억 개 있다. 현미경으로 보면 작은 발이 달린 다리처럼 보인다. 신경 신호가 다리에 전달되면 일어서서 걷기 시작한다. 예를 들어 이두근이 수축으로 짧아질 때 이두근 내부에서 이런 일이 발생한다. 단백질 발의 한 걸음은 약 10nm, 100만 걸음은 1cm다. 움직임 신호가 있는 한, 걸음은 계속된다.

이 작은 단백질 발은 세 가지 방식으로 움직인다. 첫째, 목표를 향해 움직이고 목표에 도달하면 힘을 빼고 쉰다. 우리에게 가장 익숙한 전형적인 방식이다(과학은 이를 '동심성同心性 힘'이라고 부른다). 이런 방식으로 팔뚝은 정확히 우리가 원하는 만큼 수축한다. 그리고 우리의

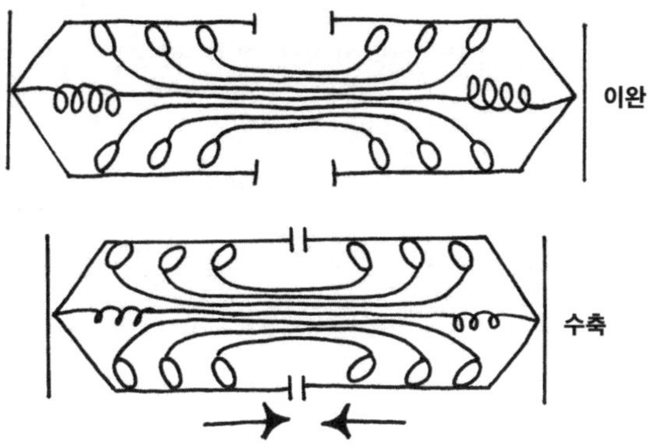

눈동자도 이런 방식으로 정확히 원하는 지점까지 돌아간다. 바닥에서 무거운 물건을 들어 올릴 때도 마찬가지다. 하지만 이 작은 단백질 발은 이때 갑자기 납 조끼를 입은 것처럼 느낀다.

둘째, 견딘다. 이때 작은 발은 제자리걸음을 한다. 아기를 안거나 상자를 들고 있을 때 팔에서 이런 현상이 나타난다. 우리의 직립 자세도 이와 같은 방식이다. 등, 허리, 복부 근육에서 작은 다리들이 제자리에서 잔발춤을 춘다. 이런 근력을 '등척성等尺性' 또는 '정적靜的' 힘이라고 부르는데, 사실 이런 용어는 반만 맞다고 볼 수 있다. 외부에서 봤을 땐 아무런 움직임도 없지만 그 속에서 바쁘게 움직이는 단백질들의 잔발춤을 살짝 무시한 용어이기 때문이다!

셋째, 저항한다. 공을 잡을 때 근육의 작은 발은 공과 반대 방향으로 달린다. 공이 부딪히는 강도에 따라 처음에는 뒤로 튕겨 나가기도 하지만 이들의 노력이 헛되지는 않다. 이들의 노력이 없었더라면 우리의 팔은 공에 맞아 아주 멀리까지 뒤로 밀려났을 테니까. 이들 덕분에 우리는 저항할 수 있다.

저항이란 다른 힘에 맞서는 것이다. 우리는 다른 힘과 반대 방향으로 힘을 투입하여 다른 힘을 약하게 하고, 때로는 공을 되받아칠 때처럼 다른 힘을 반동으로 이용할 수도 있다. 이 과정에서 투입되는 '신장성伸長性 힘'은 효과적이긴 하지만 불편하기도 하다. 다른 두 가지 방식의 움직임보다 근육 단백질과 그 주변에 경미한 부상을 일으켜 근육통을 유발하는 경우가 많기 때문이다. 이보다 가벼운 저항도 있다. 예를 들어 무거운 물건을 땅에 천천히 내려놓을 때, 근육의 작은 발들은 묵묵히 중력과 반대 방향으로 움직인다. 아주 약하게 말이다! 이때 근육은 계속해서 (작은 발과 반대 방향으로) 땅을 향해 늘어나지만 작은 발의 움직임에 따라 이런 신장 과정은 통제되어 천천히 이루어진다.

이 세 가지 유형의 힘은 실생활에서 끊임없이 서로 얽히고설킨다. 우리가 한 걸음 내디딜 때마다 근육은 먼저 충격을 완화하고, 잠시 제자리걸음을 한 후, 앞으로 나아간다. 우리는 그렇게 저항하고, 견디고, 전진한다. 생리학적으로 그 비율은 대략 40:20:40이다. 움직임은 이렇게 구성되며 이 모든 것이 '힘'이다.

하지만 우리는 힘과 그 효력을 종종 단편적으로 생각하곤 한다. 명확한 목표를 추구하는 행동이나 프로젝트, 다시 말해 '동심성 힘'만을 힘이라고 생각하는 것이다. 하지만 단 한 걸음을 움직이는 데도 역경에 저항하고 무게를 견디는 힘을 써야 한다. 그런데도 어째서 우리는 이런 힘을 그토록 자주 간과하는 걸까?

가장 강력한 신체 부위는 어디인가? 이런 질문에 방광 근육벽을 떠올리거나 눈 근육을 칭찬하는 사람은 거의 없을 것이다. 마찬가지로 직장에서도 우리는 '내면의 성장'이나 '새로운 것을 받아들이는 적응력'에는 거의 신경 쓰지 않는다. 개인은 위기 극복을 능동적 행동이라기보다는 혹독한 의무로 느끼고, 사회도 안정 및 적응 과정이나 위기를 성공적으로 극복하는 데 큰 의미를 두지 않는 것 같다. 특히나 경제 성장이 둔화하면서 이러한 현상이 더더욱 심해지는 듯하다. 왜 그럴까?

우리가 앞으로 나아가기 위해서는 기본적으로 이 모든 과정이 꼭 필요하다. 때로는 미리, 때로는 나중에, 때로는 진행 중에 말이다. 우리가 돌이켜보며 자랑스러워하는 단계들은 그 사이의 '덜 효과적'인 단계들이 없었더라면 결코 거의 존재하지 못했을 것이다.

우리 몸 안에서 분명히 드러나는 이 힘은 다양한 형태를 띤다. 이런 다양한 힘이 합쳐질 때, 우리는 비로소 살고, 움직이고, 똑바로 걷고, 사물을 변형시킬 수 있다.

근육도 경주를 벌인다

근육은 용도에 따라 그 힘을 다르게 투입한다. 진화론의 관점에서 보면 사육 목적에 따라 다르게 발달한 말과 비슷하다. 근육들의 경주는 경마 못지않게 흥미진진하다. 쌍안경을 들고 한번 구경해보자.

첫 번째 게이트에서 저작근이 출발 신호를 기다리고 있다. 저작근은 몸에서 가장 작은 근육에 속하지만 아주 강력한 힘을 낼 수 있다. 한 무리의 사람들이 도서관에 모여 앉아 어느 근육에 베팅하면 좋을지 찾고 있다. 사용 시 가장 많은 칼로리를 소모하는 근육은 무엇일까? 그들 중 한 명이 교과서에서 관련 내용을 찾아내 힘차게 외쳤다. '저작근!' 하지만 이내 실망한 듯 목소리가 잦아들며 그 옆 괄호 안에 적힌 내용을 읽었다. '씹는 근육'.

턱 양쪽에 있는 씹는 근육인 저작근은 근육 1g당 생성하는 힘이 특히 높다. 이두근이 저작근처럼 힘을 생성한다면 훈련받지 않은 사람도 수백 kg을 쉽게 들어 올릴 수 있을 것이다. 저작근은 턱뼈에서 지렛대 효과를 최대로 낼 수 있는 바로 그 자리에 정확히 붙어 있다. 마치 사람이 적절한 순간에 적절한 자리에 있으면 '기회'라는 가장 효과적인 힘의 증폭 장치를 활용할 수 있는 것처럼 말이다. 뒤쪽 어금니 부위에서 최대 80kg, 앞쪽 앞니 부위에서는 약 25kg의 힘을 만들어낸다. 다리에서는 발꿈치에 지렛대 효과를 제공하는 종아리 근육이 저작근과 가장 유사하다.

2번 게이트에 코를 힝힝거리고 흥분해서 머리를 이리저리 흔드는 근육의 모습이 보인다. 커다란 속눈썹이 펄럭인다. 외안근, 즉 눈동자 주위의 이 근육은 힘을 가장 빠른 움직임으로 전환하는 데 아주 탁월하다. 외안근의 절대 강점은 방향 전환이다. 프로 농구 선수는 한 경기에서 약 3,000번 방향을 바꾸지만 외안근은 한 시간 독서만으로도 벌써 1만 번은 족히 방향을 바꾼다. 아주 짧은 시간 안에 급정지하고 반대 방향으로 전속력을 내려면 엄청난 힘이 필요하다. 이 어려운 과제를 해내기 위해 외안근은 (방향 전환이 없는) 단순한 움직임에 필요한 힘의 약 100배에 달하는 힘을 낸다.

몇몇 관중은 3번 게이트에 전부 걸었다. 그런데 문이 열리는 순간 숨이 턱 막힌다. 뛰쳐 나와야 할 심장 근육의 모습이 보이지 않는다! 사실 심장 근육에게는 자체 박자 생성기인 이른바 페이스메이커 세포가 있어서 출발 신호 따위에 별 신경을 쓰지 않는다. 심장 근육은 뇌를 통해 열띤 경쟁 분위기를 감지하지만 아무런 감흥도 느끼지 않는다. 그저 자신의 박자에 맞춰 계속 뛰기만 한다. 오로지 자기에게 집중하기에 그다지 빨리 뛰지는 못하지만 평생 계속해서 뛸 것이다! 심장 근육은 1분에 약 100걸음씩 꾸준한 속도로 달려 겨우 1분이 지났지만 이미 크게 뒤처져 승리를 기대하기는 어려워 보인다.

'달려! 달려! 달려!' 몇몇 구석에서 열광적인 함성이 들린다. 저작근을 선택했던 사람들은 열광하는 무리를 부러운 눈빛으로 바라본다. 그들은 잘못된 선택을 후회했다. 칼로리를 많이 소모하려면 4번 게이트를 선택했어야 했다. 대둔근, 즉 엉덩이 근육은 몇 걸음에 벌써 한참을 앞서 나갔다. 그 이유는 간단하다. 대둔근은 일단 크고 에너지를 많이 소모하기 때문이다. 대둔근은 실제 달리기 시합에서도 에너지 관리를 잘한다. 대둔근은 상체를 몇 시간 동안 꼿꼿이 지탱할 수 있고 빠른 발길질에도 효과적이다.

출발 직후에 벌써 차이가 확연하게 벌어졌다. 5번 게이트의 자궁 근육은 3분째 가만히 웅크리고 있다. 6번 게이트의 장 근육은 이 일에 별 관심이 없어 보인다. 장 근육은 마치 행위 예술가처럼 꿀렁꿀렁 춤을 춘다. 지금 무슨 일이 일어나고 있는지 이해하지 못하는 걸까?

그럼에도 관중은 여전히 쌍안경을 든 채 앉아 있다가 특히 정교한 소화 운동이나 심박수 증가에 감탄하며 '아아', '오오'를 연발한다. 어떻게 이럴 수 있을까? 이상한 관중일까? 전혀 아니다! 그들은 생명의 경주에 다른 규칙이 적용된다는 걸 아주 잘 알고 있다. 여기서 승자를 결정짓는 것은 전진 속도가 아니다. 진정한 힘을 측정할 때는 킬로그램이나 미터뿐 아니라 힘의 '효과'도 본다. 즉, 힘을 가장 효율적으로 투입하는 자가 승자가 된다. 온갖 종류의 힘이 필요한 것이다.

누구에게든 자기에게 맞는 자리가 있다

근육을 분류하는 표준화된 체계는 아직 없다. 연구자들이 다양한 방식으로 분류를 시도해왔지만 그 어떤 접근법도 근육의 모든 특성을 포괄하지 못하는 실정이다. 그럼에도 가장 오래되었고 그래서 자주 사용되는 접근법을 하나 꼽자면 근육에 일을 시키는 의뢰자, 즉 움직임을 제어하는 뇌 영역을 기반으로 한 분류다.

어떤 움직임은 뇌의 무의식 영역에 의해서만 제어된다. 이런 움직임은 대개 수백만 년 전에 완벽히 설정이 끝나서 더는 개선할 것이 없다. 이런 움직임은 수생동물의 움직임과 유사하다. 장은 장어가 먹이를 감싸듯 음식물을 감싼다. 방광은 해파리처럼 처음에 팽창하다가 비워질 때 갑자기 다시 수축한다. 혈관은 해면동물의 입처럼 넓어졌다가 좁아지면서 혈류를 조절한다. 소장, 정관, 난관(그리고 기관지의 습한 부위)에서 펄럭이는 짧고 굵은 섬모와 융모는 말미잘을 연상시킨다. 신체 몇몇 곳에서 이런 움직임을 관찰할 수 있다. 예를 들어 촉촉한 안구에 갑자기 밝은 빛이 닿으면 눈동자는 마치 한 곳으로 모여드는 구피 떼처럼 우아하게 수축한다.

우리 몸은 뭔가 절대적으로 안전하고 에너지 효율이 높아야 할 때는 항상 무의식적 근육을 쓴다. 의식은 영리하고 빠르지만 하루 8시간씩 누워 잠을 자기 때문이다! 방금 채워진 위 또는 쉬지 않고 호흡해야 하는 폐는 다른 신체 부위가 쉬고 있을 때도 일해야 하므로 잠 같은 것은 상상도 할 수 없다. 게다가 의식은 주의가 산만하고 건망증이 심하다. 자궁 근육을 제어하는 뇌 영역이 스트레스로 의식이 마비되어 아무것도 기억하지 못한다면 자궁이 어떻게 되겠는가?

이러한 무의식적 움직임은 오늘날 직장에서 흔히 '느려터졌다'라고 평가받을 수 있는 행동을 완벽하게 해낸다. 무의식적 움직임은 아주 '효율적으로' 느리다. 의식적 근육과 직접 비교했을 때, 무의식적 근육인 이른바 '민무늬근'은 최대 99%까지 에너지를 적게 소비한다. 에너지원인 산소를 호흡으로 쉽게 충당할 수 있는 만큼만 딱 사용하고 그 이상은 절대 사용하지 않는다. 그 대신에 민무늬근 세포는 급류 위의 카약처럼 다닥다닥 붙어 있다. 그들은 유기적으로 직조되어 언뜻 보면 마구 엉켜 있는 듯 보이지만 움직일 때는 세포들이 사방에서 수축한다. 활성화된 세포 하나가 자신의 모든 잠재력을 발휘하더라도 마치 반대쪽으로 팽팽하게 당겨지는 것처럼 더 느리다.

반면에 의식적으로 조절 가능한 근육의 세포들은 마치 자를 대고 그은 것처럼 너무 나란히 있어서 오히려 부자연스러워 보인다(그래서 '가로무늬근'이라는 이름을 얻었다). 가로무늬근의 섬유는 직선으로 움직이기에 민무늬근에 비해 몇 배나 더 빠르고, 그 덕분에 의식적인 뇌

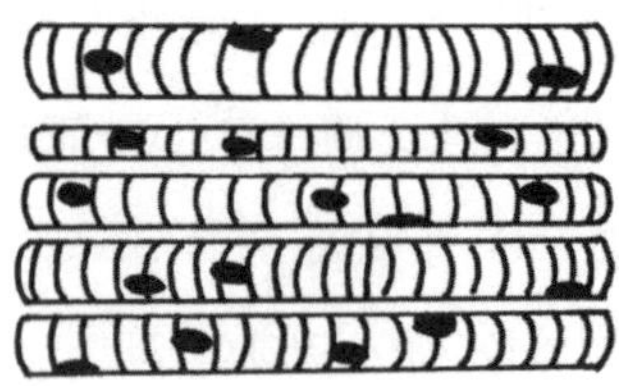

가로무늬근

민무늬근

영역이 제어하는 것 또한 가능하다. 생각해보라. 직선으로 움직이지 않는다면 뇌가 제어하기가 얼마나 복잡하고 힘들 것인가!

의식적으로 움직일 수 있는 근육은 무의식적 근육만큼 효율적efficient이지는 않지만 더 효과적effective이다. 효율적인 것과 효과적인 것은 다르다. 효율은 자원을 얼마나 잘 활용하느냐와 관련이 있는 반면, 효과는 목표 달성 그 자체에만 초점을 맞춘다. 목표를 이루기 위해 어떤 노력을 기울였는지는 상관하지 않는다.

효력을 내는 것이 목표이기 때문에 의식적 근육은 끊임없이 새로운 도전과제 앞에 선다. 그런데 충분한 효력을 냈는지는 누가 결정할까? 바로 외부 세계다! 밝은 대낮에는 성냥개비 불빛이 거의 눈에 띄지 않지만, 어두운 동굴에서는 엄청난 차이를 만들어낸다. 의식적 근육들도 그렇게 주변의 힘과 끊임없이 비교하고 또 조율한다. 지구 중력만으로도 벌써 조율이 시작된다. 우리가 넘어지면 팔과 손은 재빨리 움직임을 멈추고 지구 중력에 대응해야 한다. 이런 순간에는 장기적 안목의 자원 관리보다는 당장 효력을 내는 것이 더 중요하다.

의식적으로 움직일 수 있는 근육은 효력을 내는 데 필요한 만큼 충분히 산소를 소비한다. 호흡으로 충당하는 산소가 얼마나 많은지는 그들에게 그다지 중요하지 않다. 그들은 규칙적인 펌프질에 의존해 산다! 이런 이유로 근육의 움직임이 우리를 '숨차게' 만드는 것이다. 이 근육은 앞으로 나아가기 위해 저장된 에너지를 가져다 쓴다. 그래서 계단을 오른 뒤에는 고갈된 에너지를 보충해야 하므로 한동안 계속 숨을 헐떡인다! 이 과정에서 또 다른 에너지가 소모되지만 어쨌든 계단은 다 올랐다.

의식이 이런 '고비용 근육'을 쓰는 까닭은 외부 세계가 어떤지 잘 알기 때문이다. 의식은 바로 그 주요 임무를 수행하고자 두려움과 논리, 학습능력을 가졌을 뿐 아니라 눈과 귀에 연결되어 있다. 이 부분에서도 잠의 중요성이 대두된다. 잠을 잘 잘수록 힘든 움직임이 크게 줄기 때문이다.

깨어 있는 동안에 근육은 우리의 생각에 귀를 기울인다. 근육은 지시받은 동작을 충실히 수행한다. 코를 후비든 당구를 치든 상관하지 않는다. 하지만 이런 지시 방식에도 한계가 존재한다. 다시 말해 의식적 근육이 지시를 따르긴 하지만 아무 의견 없이 단순히 지시만을 따르는 하인은 아니라는 얘기다. 이 근육은 뇌와 협력하고, 뇌에 피드백을 제공하며, 뇌와 경계를 둔다. 예를 들어 버스를 잡으려고 달릴 때 막판에 다리가 아프다면 그것은 근육의 힘이 떨어져서가 아니라 근육이 적극적으로 우리를 멈추게 하려고 하기 때문이다. 달리는 동안 근육이 위험할 정도로 한계에 가까워지면 근육은 신경을 통해 뇌에 멈추라고 신호를 보낸다. 설령 우리의 의식이 계속 달리고 싶더라도, 뇌는 중대한 반대 근거 없이 근육의 신호를 무시하거나 차단할 수 없다. 만약에 근육의 피드백을 '무음 처리'하면(연구자들이 이미 이러한 시도를 해보았다) 갑자기 다시 힘이 날 것이다.

근육들도 남의 말을 듣기는 한다. 움직이고자 하는 강한 동기가 생기면(위험 또는 강력한 욕망이 생길 경우) 뇌는 지친 근육도 다시 움직이게 할 수 있다. 마라톤을 뛰는 사람들은 '고통을 견디며 달린' 이야기나 '의지만 있다면 무엇이든 해낼 수 있음'을 보여주는 경험을 들려준다. 하지만 다음 날 다시 마라톤 풀코스를 달리려 하면 그들 역시 한 번은 가능해도 두 번은 어렵다는 걸 인정할 수밖에 없으리라. 이렇게 지쳤을 때 굶주린 호랑이가 모퉁이를 돌아 나타난다면 생명이 위태로울 것이다! 근육이 하는 일이 바로 이런 위험을 미리 방지하는 것이다. 즉, 근육의 '약점'이 사실은 우리를 보호하는 데 중요한 역할을 한다. 일찍 지치는 이런 '영리한 약함'은 일종의 조기 경보 시스템이자 현명한 파업으로써, 다음 날을 위해 힘을 아껴두도록 해준다.

근육을 명확히 분류하기 어려운 이유는 바로 예외 때문이다. 의식과 무의식의 뇌 영역이 제어할 수 있는 근육이 있다. 훈련을 통해 산소를 훨씬 더 효율적으로 사용하는 의식적 근육이 있고, 다양한 능력의 장점을 결합한 일종의 혼합 근육도 있다. 심장이 바로 그런 후보 중 하나다. 심장은 효율적이면서 효과적으로 뛴다. 모든 것을 '가로무늬근과 민무늬근'으로 분류하려 시도하면 어느 한쪽으로 보내기 힘든 이런 혼합 근육이 남는다.

우리의 심장은 내부 장기만큼이나 에너지 효율이 높지만 때로는 달리는 다리와도 보조를 맞춰야 한다. 심장의 성능은 충격적일 정도로 놀랍다. 1분에 공기 몇 그램을 빨아들이는 호흡 근육과 달리 심장 근육은 1분에 피 5kg을 펌핑한다. 하루에 약 7t이다!

이 놀라운 일을 해내기 위해 심장은 의식적 근육의 나란한 섬유들을 빌려와(즉, 최대의 효력을 내기 위해) 산소 처리 능력이 좋은 민무늬근과 비슷한 유기적 구조로 결합한다. 이런 구조는 성능과 내구성을 결합하면 어떤 일이 가능한지를 여실히 보여준다.

기꺼이 손잡고 싶은 훌륭한 상사, 모두를 성장시키는 인기 많은 노력가, 진정으로 지속가능한 기업처럼 우리의 심장은 양립할 수 없어 보이는 것들을 하나로 결합해낸다. 심장은 수십 년 동안 고동치는 활력을 만들어내고 두 세계의 장점을 제대로 보여준다.

하지만 감탄이 과해지기 전에 말해둘 것이 있다. 이런 근육은 심장 외 다른 어떤 신체 부위에도 맞지 않는다. 우리에게는 엄청나게 빠른 다리 또는 여유롭게 지속하는 소화 근육이 지금 있는 바로 그 자리에서 필요하다.

근육은 이처럼 각자 자신이 가장 잘하는 일을 함으로써 최고의 성과를 내고, 누구도 과도한 업무에 시달리지 않는다. 다행히 현대 노동 연구도 유사한 접근법을 채택한다. 예를 들어 '직무 수요 자원 모델 Job Demands Resources Model'은 능력과 특성에 따라 업무와 일상을 조정한다. 그러므로 일반적인 사무직이 적성에 안 맞으면 다른 곳을 찾아보는 것이 좋다. 누구든 자기에게 맞는 자리가 있기 마련이다.

과학이 무언가를 완벽하게 분류할 수 없다는 사실이 흡족하진 않지만 그래도 한 가지는 확실히 말할 수 있다. 우리의 근육은 다행히 서로 다르게 발달했다. 근육은 다행스럽게도 뇌가 요구하는 모든 것을 해내지는 못하고, 다행스럽게도 항상 변화하여 더 효과적이거나 더 오래 버틸 수 있다. 힘을 쓴다는 것은 어디에 어떤 형태의 근력이 필요한지를 잘 안다는 뜻이다. 우리의 몸은 근육을 통해 그런 일이 어떻게 가능한지 보여준다.

힘은 어디에서 오는가?

언뜻 보면 이 세상에는 스스로 힘을 낼 수 있는 것이 그리 많지 않은 것 같다. 예를 들어 모래알은 사막에 그냥 놓여 있다가 가끔 바람에 날리거나 바닷물에 씻겨 나갈 뿐이다. 엄밀히 말하면 바닷물 역시 스스로 힘을 내지 못하고 중력과 달, 뜨거운 태양광선에 의해 움직인다. 비바람은 지붕을 통째로 날려버릴 수 있지만 그 또한 외부의 힘에 의해 움직이는 공기일 뿐이다.

그러니 동기부여 코치와 라이프스타일 코치들은 분명 이런 지구에 크게 실망할 것이다. 빈털터리든 부자든 우리는 모든 것을 스스로 해내야 하니 말이다. 모래알이여! 자기 삶을 스스로 통제하지 않으면 누가 대신해주겠는가? 스스로 움직이지 않으면 다른 사람이 당신을 움직일 것이다! 하지만 사실 그렇게 심각하게 생각할 필요 없다. 스스로 움직이지 않고도 식물, 공룡, 원시림, 작은 곤충, 거대한 고래, 다채로운 암석층, 기이한 곰팡이까지 이 모든 인상적인 존재들이 이 지구에서 생겨나지 않았는가? 그렇다면 이 모든 게 수동적으로 이리저리 휩쓸린 결과일까? 스스로 아무 힘도 내지 않고서?

이 우주의 어떤 것도 스스로 힘을 내지 않는다. 힘을 낸다는 것은 힘에 필요한 에너지를 스스로 만들거나 어찌어찌하여 가지고 있다는 뜻이다. 그러나 사실 태양, 지구, 달을 포함한 우리는 모두 여전히 빅뱅 에너지를 가지고 있다. 빅뱅은 사랑하는 부모님이나 조상들 그리고 우리에게도 이후의 모든 삶에 필요한 기본 장비를 주었다. 다시 말해 우리 내부와 외부의 모든 힘은 사실 물리적으로 보면 빅뱅 에너지가 다른 무언가로 '전환'되는 과정에서 생겨난 것이다.

태양은 그 에너지로 햇빛을 만들고 지구는 원소를 만들었다. 그리고 그 둘이 만나서 식물을 '살아 있는 존재'로 변화시켰다. 동물은 이 식물에서 힘을 얻어 생존했다. 그러므로 어쩌면 세상과 우주의 위대한 발전은 힘을 활용하는 새로운 방법을 찾아내는 데서 비롯된다고 말할 수 있으리라. 이 과정에서 근육세포의 형성은 그저 또 하나의 대담한 혁신에 불과했다.

한 번뿐인 인생에서도 우리는 힘을 활용하는 새로운 방법을 끊임없이 찾아낸다. 아기일 때 우리는 넘어지지 않고 앉는 법을 배운다. 그리고 곧 첫걸음을 뗀다. 아직 발달하지 않은 근육은 매일 뇌로부터 자극을 받는다. 처음에 근육은 마치 당황한 훈련병처럼 어리바리 혼란스러워한다. '먼저 팔을 앞으로 뻗어 중심을 잡아!', '아니면, 허리를 잔뜩 숙여봐!', '정면을 뚫어지게 응시하면 혹시 도움이 될까?', '아니면 머리를 앞으로 쑥 내밀어 봐!', '쾅당!'. 다시 그리고 다시. 그러다 언젠가 근육은 (분명 몇 가지 우연한 발견을 통해) 작동 원리를 이해하고 빅뱅 에너지를 자연스러운 걸음으로 전환할 수 있게 된다. 그리고 뇌로부터 다음 자극이 온다. 점프! 그렇게 훈련이 다시 시작된다.

힘은 근육만이 아니라 신경과 신경 자극들의 성공적인 협력이 있을 때 비로소 발휘될 수 있다. 움직임을 제어하는 뇌 영역만 자주 사용해도 힘이 더 생긴다. 이는 스포츠 훈련 개념인 '이미지 트레이닝'을 통해서도 과학적으로 입증된 바 있다. 효과를 검증하기 위해 연구팀은 한 무리의 사람들을 둘로 나누었다. 절반은 매일 체육관에서 훈련했고 절반은 훈련하는 장면과 최고의 실력을 발휘하는 장면을 상상만 했다. 주말에 신체 지표를 측정하자 상상만 했는데도 유의미한 향상이 있었다. 체육관에서 훈련한 절반은 그 효과가 현저히 낮았다.

이미지 트레이닝에서는 (대부분 이미 최적으로 발달한 상태인) 근육이 아니라 움직임을 제어하는 뇌세포를 훈련한다. 이러한 훈련을 할 때 해당 뇌 영역에 혈류가 더 많아지는 것을 뇌 스캔에서 확인할 수 있다. 혈류가 많아진다는 것은 영양소를 더 많이 공급받고 새로운 신경 및 더 안정적인 연결 같은 특정한 변화를 감당해낼 수 있다는 뜻이다. 이렇게 개선된 신경망은 더욱 강렬한 자극을 생성하고 근육은 이를 감지한다. 움직이고 싶은 강한 욕구가 근육에 도달하면 근육은 그에 맞춰 더욱 강하게 움직인다. 단단히 잠겨 잘 열리지 않는 피클 병을 열 때, 기대에 찬 눈빛이 자신에게 쏠렸다는 사실만으로 더 센 힘을 발휘했던 적이 있는가? 그렇다면 분명 이 현상을 잘 알 것이다. 강한 욕구는 추가적인 힘을 끌어낼 수 있다.

그렇다면 그 욕구는 얼마나 큰 힘을 끌어낼 수 있을까? 과학자들은 종종 극한 상황을 설정하여 뇌가 우리 힘에 미치는 영향의 최대치를 측정하곤 한다. 이와 관련하여 수많은 사례 보고가 있었다. 가장 대표적인 사례가 어떤 사람이(특히 체구가 작은 여성이) 아이가 차에 깔릴 위험에 처하자 갑자기 차를 통째로 들어 올린 일이다. 일반적으로 근육은 뇌의 지시를 이행하는 데 모든 에너지를 쏟지 않지만 이때는 뇌가 매우 강력한 신호를 보내 매우 비범한 일이 발생했다는 것이 한 가지 설명이다. 즉, 모든 근육 섬유가 동시에 힘을 냈다!

이처럼 인간의 진짜 근력은 일상에서 느껴지는 것보다 훨씬 강력한 면이 있다. 아이를 차 밑에 깔리게 두는 위험한 일을 하지 않고 최대 근력을 측정해보기 위해 연구자들은 사이렌이라는 인위적인 상황을 설정해 실험을 해보았다. 피험자들을 모아놓고 평범한 근력 테스트를 시키다가 중간에 사이렌을 울려 그들을 깜짝 놀라게 만든 것이다. 사이렌 소리에 놀란 직후, 피험자들의 근력이 순간적으로 올라갔다.

실험 결과에서 한 가지 흥미로웠던 점은 근육질의 사람이 반드시 더 나은 성과를 내지는 않았다는 것이다! 이들의 근육은 이미 뇌와 긴밀한 관계를 맺고 있어서 사이렌의 충격이 없어도 다른 사람보다 더 큰 힘을 생성한다! 말하자면 이미 큰 힘을 내고 있어서 힘을 더 올릴 여지가 그리 많지 않았던 것이다.

우리는 내부를 안전하게 보호하고 외부의 영향을 차단함으로써 힘을 키울 수 있다. 규칙적으로 열심히 운동하는 사람은 신경 섬유를 감싸고 있는 미엘린myelin이라는 덮개가 더 두껍나. 전선 피복처럼 미엘린은 신경이 에너지를 외부에 너무 많이 빼앗기지 않도록 보호한다. 그 덕분에 뇌에서 보내는 신호가 더 명확하게 목적지에 도달한다('팔을 조금만 더 높이 들어볼 수 있을까?'라고 말하지 않고 '팔 올려!'라고 말하는 것이다). 대부분의 근육 섬유는 약한 신호에도 반응하지만 특히 큰 근육 섬유는 그런 보잘것없는 신호에는 반응하지 않는다. 큰 근육 섬유는 정말로 필요하다고 느낄 때만 움직인다. 온 힘을 다해 무언가를 하려면 큰 근육 섬유를 움직여야 한다.

뇌와 신경을 단련하면 단순히 근력뿐 아니라 힘을 발휘하는 능력, 즉 우리의 강점도 커진다. 이 지식을 역으로 생각해보면 어떨까? 지금 당장 무언가를 할 수 없다고 해서(일주일에 세 번씩 달리기로 한 계획처럼) 우리가 나약하다고 생각하는 것은 공정하지 못하다. 첫날에 바로 200kg을 들어 올리지 못하더라도 절망할 필요 없다! 인생이든 스포츠든 힘을 기른다는 것은 '원하는 바를 이루기 위해 연습하고 실제로 실행하는 것'까지 포함하는 말이니까.

첫걸음, 첫 기타 레슨, 새로운 댄스 스타일, 다르게 날아오는 공. 처음에는 잘못된 부위의 근육이 뭉치고, 근육을 너무 많이 쓰거나 엉뚱한 근육을 써서 움직임이 서툴 수밖에 없다. 하지만 꾸준히 노력하면 몸은 우리가 원하는 방향에 맞춰 스스로 바뀐다. 근육은 달라지고 뇌와 신경은 학습한다. 서두르느라 에너지를 낭비하는 대신 조금 일찍 집을 나서는 노년의 습관 역시, 작은 훈련들이 우리의 움직임을 어떻게 끊임없이 개선해주는지 보여주는 증거다.

힘을 보다 유기적으로 보는 것, 즉 힘이 어디에서 오고 얼마나 다양한지 이해하는 것은 힘을 계속해서 발휘하는 데 도움이 될 수 있다. 힘은 근육에서만 생기는 게 아니다. 힘은 우리를 움직이게 하는 동기에서 이미 시작된다. 사랑, 야망, 관심, 호기심 때문에 무언가를 하든 평온과 안락함을 얻기 위해서든 힘을 얻을 수 있는 원천은 많다.

지구가 무모한 자들의 요구를 곧이곧대로 들어주지 않으면서도 위대한 것들을 창조해내듯, 우리도 그렇다. 우리의 몸은 심장에서 혈관으로 한 걸음 한 걸음 이동하는 내부 파동을 만들어내고, 호흡으로 스스로 내부 바람을 만들어내며, 근육을 움직여 중력을 거스른다.

그러니 수상쩍은 동기부여 코치들이 스스로 만들어내는 성공을 설명할 때 너무 귀 기울여 듣지 말라. 차라리 우리의 내부와 외부에 있는 빅뱅 에너지와 그것을 어떻게 활용할지에 더 집중하라. 우리 스스로 힘을 만들어내지는 못하더라도 그 힘을 활용하는 우리만의 방법은 분명히 있으니까 말이다!

이완과 긴장: 근육에도 '워라밸'은 필요하다

신문기사, 팟캐스트, 강연 등에서는 추진력과 노력, 성공을 종종 근육에 비유해 설명한다. '근육처럼 생산성 또한 단련할 수 있다'고 말하고, 경력 사다리를 더 높이 오를수록 더 많은 책임을 '짊어질 수 있다'고 말한다. '경제 근력'이라는 것이 있어서 성공한 사람은 강하고 실패한 사람은 약하다고 여겨진다. 그리고 '한 걸음 더 나아가라' 또는 '고통이 없으면 얻는 것도 없다' 같은 표현들을 거리낌 없이 사용한다. 스포츠에서 유래한 표현이지만 아주 오래전부터 우리는 직업과 경력에 이 같은 표현들을 사용해왔다. 그렇다면 추진력의 반대인 휴식은 어떨까? 비유에 열광하는 팬들도 이 경기장에서는 비교적 조용하다. 하지만 몸에서 휴식은 매우 성공적인 행위에 속한다!

이완은 아무것도 안 하는 것이 아니다. 하지만 억울하게도 종종 그런 평가를 받는다. 아무것도 하지 않는 것은 기껏해야 '다음에 무언가를 다시 할 수 있게' 하는 데 도움이 될 뿐, 그 이상은 아니라는 것이다. 하지만 근육이 정말 아무 일도 하지 않으면, 즉 작은 단백질 발이 전혀 움직이지 않으면 어떻게 되는지 아는가? 근육이 딱딱하게 굳어버린다. 의학에서는 이를 사후경직이라고 부른다. 이는 마지막 심장박동 후 몇 시간이 지났을 때 시작되고, 근육의 작은 발들이 더는 에너지를 움직임으로 전환하지 않을 때 발생한다. 이 상태에서는 근육의 작은 발들이 굳은 채 꼼짝하지 않는다. 하지만 이완 상태에서는 이와 전혀 다른 일들이 벌어진다.

긴장을 풀고 이완하면 근육이 활발해진다. 다만 우리가 생각하는 그런 익숙한 방식이 아닌 다소 다른 방식으로 활발하다. 소파에 누워 한쪽 팔을 늘어뜨리면 팔 근육이 물렁물렁하게 축 처진다. 안에서는 신경이 몇 ms마다 근육에 작은 파동을 보내기 때문에 '이론적으로는' 언제든 움직일 준비가 되어 있는 상태다. 신경이 보낸 파동을 받으면 근육의 작은 발이 화답하듯 발을 구른다. 하지만 딱 한 번 짧게 그리고 일어나 걷기 시작할 때보다 훨씬 느리게 움직인다. 이렇게 주고받는 파동이 근육을 부드럽게 유지시킨다. 이는 마치 등산객들이 지나치며 짧게 건네는 인사처럼 뇌의 명령 없이 거의 자동으로 일어나고, '근긴장도'로 표시된다.

신경이 예민해지고 곧 움직여야 할 것 같으면 그들은 더 자주 파동 인사를 나눈다. 이런 잦은 인사는 결국 살짝 피곤해지기에 이른다. 그러면 근긴장도가 올라간다. 다시 말해 근육이 긴장한다. 이때 신경은 우리가 그저 정신을 바짝 차리려 애쓰는 중인지, 컴퓨터로 뇌 훈런 퀴즈를 풀고 있는지, 울타리 뒤에 숨어 잠복 중인지를 구분하지 못한다. 이런 상태에서 뒷목은 언제든 뛰쳐나갈 준비를 한다. 그래서 몇 시간 동안 컴퓨터 작업을 하면 뒷목이 뻐근해질 수 있다.

편안한 상황에서도 뭔가 나쁜 일이 일어날 수 있음을 직접 겪었던 사람은 소파에 누워 있을 때도 종종 근육이 더 긴장될 수 있다. 트라우마 연구가 그 사실을 잘 보여준다. 트라우마가 있는 사람의 신경계는 특히 예민해져 있어서 모든 상황에 대비하고자 한다. 하지만 끊임없이 파동을 보내고 응답으로 발을 구르는 것은 몹시 힘들고 지치는 일이다. 이는 근육통처럼 느껴지는 만성 통증으로 이어질 수 있다.

근육 경련을 생각해보면 반대 개념을 이용해 이완을 보다 잘 이해할 수 있다. 경련은 악순환을 만든다. 자극받은 근육이 신경을 활성화하고 신경은 다시 근육을 활성화한다. 무한루프에 갇힌 듯 같은 생각을 곱씹거나 강박적으로 씻고 또 씻는 것처럼 한 동작의 끝이 계속해서 다음 동작의 시작으로 이어진다. 근육의 작은 발들이 쉴 새 없이 쿵쾅거리며 발을 구른다. 그것도 동시에. 오늘날의 직장 환경에서는 이를 '전진을 위한 야수 모드'라고 말할 수도 있겠다. 적극적 활동이 우리를 더 멀리 나아가게 한다! 더 많이 활동할수록 더 좋다! 그렇지 않은가? 하지만 근육은 다르다. 과도한 활동은 올바른 행동을 방해한다. 다른 근육이 추진력을 발휘하는 동안 근육의 몇몇 작은 발이 쉬지 않으면 우리는 아무 데도 가지 못한다.

이완은 '행동'에서 아주 중요한 부분을 차지한다. 우리가 생각하는 것보다 훨씬 더 그 중요성이 크다. 근육은 실제로 세 가지 유형의 이완을 인식하는데, 직장 생활에서 흔히 쓰이는 용어로 쉽게 설명이 가능하다. 첫 번째는 업무 간 균형이고 두 번째는 일과 삶의 균형(이른바 워라밸), 그리고 마지막은 과도한 휴식이다.

먼저 첫 번째 유형인 업무 간 균형을 살펴보자. 우리는 제대로 기능하는 데 필요한 만큼만 휴식을 취한다. 예를 들어 우리가 달릴 때 근육의 작은 단백질 발들은 잠깐 잠깐씩 계속 휴식을 취해야 한다. 그래야 다리에 쥐가 나지 않는다. 또한 근육은 기능에 필요한 것 이상으로 휴식을 취한다. 달리기 시합 후에는 충분히 휴식을 취하고 통증이 가라앉은 후에야 비로소 다시 근육을 단련한다. 물론, 그전에 이미 몇 바퀴 정도 달릴 여력이 있지만 우리는 그렇게 하지 않는다. 근육이 단련되고 성장하여 기능을 지속하려면 그만큼 충분한 휴식이 필요하기 때문이다. 이것이 바로 두 번째 유형인 워라밸이다.

극찬을 받는 운동 효과는 거의 예외 없이 운동 후 쉴 때 나타난다. 휴식 시간에 근육은 손상을 회복하고 그날의 활동을 성찰한다. '다시 그렇게 달리려면 산소를 결합하는 단백질이 더 많이 필요하고 심장이 더 강력하게 뛰어야 하며 저장물질도 더 많이 필요하겠어.' 그렇게 근육은 회복 단계에서 더 강해진다! 나아가 재생력도 개선된다!

힘든 하루를 보낸 후 근육에 통증이 느껴진다면 몸 안에서 바로 이 과정이 진행 중이라는 뜻이다. 이 단계를 중단하고 통증이 있는 상태에서 근육을 쓴다면, 우리 근육은 회복의 무한루프에 갇히게 된다. 그러면 발달할 시간이 없다. 소위 '오버 트레이닝'을 받은 사람은 실제로 눈에 띄게 약해진다. 몇 주 동안 달리고 무거운 무게를 들며 온 힘을 다해 체력을 단련하더라도 결국 이전보다 더 짧은 구간을 달리고 더 가벼운 무게를 들게 된다. 왜 그럴까? 너무 적게 쉬었기 때문이다.

이런 현상은 번아웃을 경험한 사람들의 보고서와 놀라울 정도로 유사하다. 많은 운동선수와 직장인이 자신과 타인의 기대를 충족시키고자 하지만 전형적인 오류에 빠져 악순환에서 헤어나오지 못하곤 한다. 훈련이나 신속한 업무 완료만으로는 더 나은 사람이 될 수 없다. 경험을 쌓은 후 편안히 쉴 때 일어나는 일만이 우리를 한 걸음 성큼 나아가게 한다.

이는 여러 직업심리학 연구를 통해서도 이미 드러난 바 있다. 자주 휴식 시간을 건너뛰는 직원은 장기적으로 생산성이 떨어지고 실수를 더 많이 하며 불평불만이 많아진다. 반대로, 점심 휴식 시간을 성실하게 지키는 직원은 장기적으로 생산성을 포함해 모든 측면에서 더 나은 성과를 보인다. 그러나 효율보다 효력을 중시하는 사회에서는 휴식을 '아무것도 하지 않는 것'으로 보고, 활동이 '전부'라고 여기기 때문에 통계적으로 볼 때 정작 휴식이 가장 필요한 사람들이 휴식을 포기하고는 한다. 중요한 업무 또는 많은 업무를 맡은 사람들과 대체 불가로 여겨지는 사람들이 주로 이런 태도의 희생자가 된다.

직장인(그리고 근육) 연구에 따르면 좋은 워라밸을 위해서는 다양한 휴식이 필요하다. 소위 '마이크로 브레이크'는 초 단위 또는 분 단위로 잠시 숨을 돌릴 수 있게 해준다. 짧은 휴식은(1시간 30분마다 5~15분이 가장 좋다) 집중력을 유지하는 데 도움이 된다. 긴 휴식은(6시간 근무 후 그리고 퇴근 후 30~60분)은 한 주 동안 업무를 처리하는 데 필수다. 또한 모든 휴식에는 공통적으로 적용되는 규칙이 있다. 바로 주의를 기울여 쉬어야 가장 효과적이라는 것이다. 퇴근 후 집안일에 몰두하지 말고 정말로 시간을 따로 내서 쉬도록 하자! 약간 심심할 정도로 쉴 수 있다면 더욱 좋다!

물론, 이런 휴식 방식이 매일 또는 모든 직업에 적합하지는 않을 것이다. 그러나 좋은 성과를 내고 싶다면 너무 적게 쉬는 것보다는 차라리 많이 쉬는 편이 더 낫다. 이제 스포츠 세계에서는 회복 시간을 중심에 두고 훈련 계획을 세우는 것이 기본이 되었다. 회복 시간을 충분히 가진 후에만 훈련하고, 회복이 더 빨라진 경우에만 훈련 강도를 높인다! 이제 막 10분 러닝을 시작한 아마추어라도 시간을 12분으로 늘리기 전에 먼저 의학적 관점에서 회복이 개선되었는지 확인하는 것이 좋다. 이런 방식이 최대 효율성을 보장한다.

너무 적게 회복하면 효율성이 떨어지지만 그렇다고 너무 많이 회복하는 것도 마냥 좋지만은 않다. 그렇게 쉬다 보면 다시 복구할 것이 더는 남아 있지 않을 테니까 말이다. 우리가 휴식으로 복구할 수 있는 모든 것이 이미 복구되었고 이완할 수 있는 모든 것이 이완되었다면 이제 회복의 또 다른 과제가 남았다. 바로 에너지 분배다. 그런데 지나치게 이완되어버리면 근육은 더는 에너지를 세포에 공급하거나 새로운 저장고 마련에 투자하지 않고 에너지가 덜 필요하다는 신호를 물질대사에 보내게 된다.

그저 잠깐 과도하게 이완되는 것은 큰 문제가 아니다. 그저 혈액순환이 느려지고 신경이 거의 신호를 보내지 않아서 소파에서 일어나기가 더 어려워질 뿐이다. 하지만 이런 상태가 길어지면 몸은 점점 근육을 잃는다! 쓰지도 않는 근육을 굳이 유지할 까닭이 없지 않겠나! 아무리 가지 말라고 애원해도 소용없다. 근육은 '나중에 혹시 필요할지도 몰라'라고 말하며 지하실에 쌓아두는 일 따위 하지 않는다. 근육의 지하실은 언제나 말끔히 비어 있으며 그렇게 우리 몸은 딱 필요한 만큼의 활력만을 얻는다. 그 이상도 그 이하도 아니다.

만약 14일 동안 움직이지 않고 누워만 있으면 몸은 근육의 약 10%를 잃는다. 이는 30년 동안 정상적인 노화 과정에서 잃는 근육양과 거의 같다. 근육 손실은 특히 노년층에게 치명적인데, 젊을 때는 3주간 운동하면 손실을 보충할 수 있지만 60세가 넘으면 최소 6주의 시간이 필요하기 때문이다.

그런 까닭에 우리의 머리도 이 과도한 이완 현상을 잘 알아챈다. 장시간 스마트폰을 보거나 과도하게 많이 자거나 긴 TV 시리즈를 마라톤으로 정주행한 후에는 보통 재충전된 기분이나 상쾌함을 느끼기보다는 오히려 이전보다 더 기운이 없고 피곤하다. 많은 사람이 은되를 두려워하는 이유도 바로 이 때문이다. 직장 생활은 다른 사람들과 함께 뭔가를 하는 일상이기도 하다. 그래서 만약 갑자기 일이 없어지면 (이전에 그 일을 얼마나 저주했는지 상관없이) 과도한 이완이 우리를 위협한다. 여기서 우리는 얻는 것보다 잃는 것이 더 많다.

너무 적게 활동하면 회복과 정반대의 결과가 발생한다. 즉, 쇠약해지고 사소한 일에도 금세 스트레스를 받는다. 근육 경련이나 오버 트레이닝과 마찬가지로, 과도한 이완 역시 활동을 어렵게 한다. 갑작스러운 실직으로 슬럼프에 빠지는 것은 번아웃의 정반대 현상이다. 하지만 둘 다 에너지를 고갈시키고 적어도 근육의 관점에서는, 똑같이 심각한 상태다.

이완은 결코 아무것도 아닌 것이 아니다. 그렇다고 긴장이 전부이냐 하면 그 또한 맞지 않다. 이 둘이 적절한 균형을 이룰 때, 우리는 근육을 유연하게 유지하고 키울 수 있다. 휴식 시간 동안 근육에서 일어나는 바로 그 일이 활동을 할 때와 마찬가지로 우리를 강하게 만든다. 이 말을 잠시 천천히 되새겨보길 바란다.

내 안의 '거인'을 깨우는 법

"더 많은 성과를 올린 사람이 더 나은 삶을 누릴 자격이 있다." 이것이 바로 오늘날 성과주의 사회의 전제다. 우리는 성과주의 사회가 모든 것이 출생 신분으로 결정되던 계급주의 사회보다 더 공평하다고 생각한다. 성과의 보상으로 돈과 사회적 인정, 심지어 권력까지 얻을 수 있으니까. 성과는 우리에게 더 나은 삶을 살 기회를 제공하고 노력할 동기를 부여한다.

A에서 B로 이동하는 것이 의미가 있으려면 먼저 이동하려는 의지와 욕구가 있어야 한다. A가 이미 충분히 좋은데 굳이 다른 곳으로 갈 필요가 있을까? 그래서 성과주의 사회는 끊임없이 B를 제시한다. 더 많은 돈, 더 많은 인정, 더 많은 권력.

그런데 우리가 계속 B를 좇지만 약속된 더 나은 삶을 전혀 얻지 못한다면 어떻게 될까? 그리고 돈, 인정, 권력이 전부가 아니라면? 성과는 과연 공정하게 평가될 수 있을까? 이는 인간이 자신에게 던지는 질문들 가운데 단 세 가지만 뽑은 것이다. 우리가 이 개념을 몇 세대에 걸쳐 이미 시험해왔기 때문이다.

근육 연구는 오랫동안 매우 유사한 문제에 직면해왔다. 사실 연구자들은 명확히 알고 있었다. 근육의 성과는 오로지 근육 내부의 작은 단백질 발의 성능에 달려 있다는 것을 말이다! 단백질 발의 성능이 좋아지면 더 멀리 뛰거나 더 무거운 무게를 들어 올릴 수 있다. 그리고 그것을 근거로 우리가 얼마나 강한지도 측정할 수 있다. 이는 일부 동작에는 맞고 그런 식으로 근육의 성과를 계산할 수도 있다. 하지만 다른 일부 동작에는 맞지 않는다. 다리가 더 많은 힘을 쓰지 않았는데도, 즉 단백질 발의 성능이 그대로인데도, 갑자기 더 멀리 뛰는 경우가 있다. 이런 불일치는 놀라울 정도로 간단한 성능 공식에 오랫동안 걸림돌이 되었다.

1960년대 후반 과학자들은 이 현상을 더 강한 근육과 더 약한 근육이 있다는 말로 설명했다. 약한 근육이 정기적으로 붕괴하고, 강한 근육은 힘든 동작을 할 때 이 약한 근육을 일종의 디딤판, 트램펄린, 또는 지지대로 삼아 추진력을 더한다는 논리였다. 그러면 동작이 놀랍도록 강력해진다. 그러나 시간이 지나면서 이런 설명을 비판하는 목소리가 커졌다. 첫째, 약한 근육이 왜 정기적으로 붕괴하는지 설명이 되지 않았고, 둘째, 수상쩍은 수치를 가진 실험이 너무 많았다.

2015년에 마침내 반론이 제기되었다. 이 기이한 힘의 배후에는 강한 근육과 약한 근육의 조합이 아니라 티틴titin이 있었다.

티틴은 전화선처럼 나선형으로 꼬인 단백질이다. 그리스 신화에 등장하는 거인족 타이탄Titan의 이름을 딴 명명인데, 우리 몸이 생성할 수 있는 가장 큰 단백질이기 때문이다. 티틴이 발견된 후 오랫동안 연구자들은 티틴이 단순히 근육의 작은 발들을 세포에 고정해두는 역할을 한다고 생각했다. 하지만 우리가 긴장을 풀고 힘을 빼면 티틴은 그냥 여기저기 널브러져 있다. 그 상태로는 아무것도 고정할 수가 없다. 그러나 신경이 근육을 자극하여 깨우면 그때부터 티틴이 제 능력을 발휘하기 시작한다. 널브러져 있다가 갑자기 일어나 세포를 단단히 감싸면서 마치 용수철처럼 변하는 것이다! 이렇게 옥죄인 근육을 늘리면 이 용수철은 에너지를 흡수했다가 나중에 다시 방출할 수 있다. 이 과정을 통해 우리 근육은 엄청난 변화를 겪는다. 마치 재래식 기중기에서 유기적 투석기로 변하듯이 말이다!

티틴의 발견으로 우리 몸의 많은 움직임이 한순간에 설명되었다. 우리는 공을 던질 때 먼저 팔을 목표 지점의 반대 방향으로, 즉 머리 뒤쪽으로 젖힌다. 그러면 티틴 용수철이 늘어난다. 이제 근육의 작은 발들이 전진하면, 티틴은 이 기회를 이용해 몇 나노미터씩 질주한다. 덕분에 근육의 작은 발들은 혼자 힘으로 갈 수 있는 것보다 더 멀리 전진한다.

올림픽 100m 경주에서 볼 수 있는 제자리 뛰기도 마찬가지다. 출발선에서 선수들은 껑충껑충 점프하며 준비운동을 한다. 그 이유를 과학적으로 설명할 수는 없지만 아무튼 효과가 있는 것만은 분명하다. 세게 높이 점프하면 그 후 눈에 띄게 더 빨리 달릴 수 있다. 이 현상을 '활성 후 강화'라고 부르는데, 오늘날 우리가 알고 있듯이 점프가 '튀어 오르는' 용수철에 에너지를 충전한다. 15초에서 30초 정도만 충전해도 티틴은 그 에너지를 6분에서 90분 동안 방출한다.

이런 용수철 효과를 활용한 동작은 다른 동작보다 약 3~4배 더 강력하다. 하지만 에너지 소비량은 거의 같다. 현대 스포츠 의학에서 이 발견은 패러다임의 전환을 의미했다. 오랫동안 아무도 이 현상을 이해하지 못했고 심지어 고려조차 하지 않았다. 이제 여러 동작들과 스포츠, 근육 운동은 재고되어야 했고 그동안 설명할 수 없었던 몇몇 관찰 결과들이 논리적이고 권장할 만한 것이 되었다.

티틴의 발견 덕분에 요가와 필라테스 또한 더욱 현실적인 운동으로 인정받기 시작했다. 긴장 상태의 근육을 늘리면 티틴 용수철이 활성화된다. 티틴 용수철이 자주 활성화될수록 근육은 더욱 정밀하게 동작에 맞춰 강도를 조절한다. 요가와 필라테스에서 이런 정밀한 조절이 특히 자주 일어난다. 긴장된 신체 부위를 정확히 겨냥해 늘려주며 때로는 몇 분씩 계속해서 늘린다. 이런 방식으로 훈련된 티틴은 근육이 뭉친 사람(그리고 '작은' 근육을 가진 사람)에게도 눈에 띄는 근력 강화를 선사한다.

그래서인지 심지어 축구 국가대표팀조차 몇 년 전부터 '견상 자세', '코브라 자세', '가부좌 자세' 등 요가 자세를 훈련한다. 고전적 근육 생리학을 지지하는 사람들에게는 이런 자세들이 다소 혼란스러울 수도 있다. 격렬한 근력 운동이나 달리기에 비해 다소 가볍고 부드럽게 느껴지기 때문이다. 하지만 이런 가볍고 부드러운 자세야말로 잘 단련된 근육이 잠재력을 최대한 발휘하는 데 꼭 필요한 것일 수 있다. 이런 운동은 근력과 유연성을 모두 향상시킨다.

티틴이 가진 또 하나의 놀라운 역할은 근육 손실의 예방이다. 장기간 중환자실에 있었던 사람들을 대상으로 연구를 한 결과, 근육을 그냥 움직이는 대신 적극적으로 스트레칭을 했을 때 근육 손실이 현저히 적었다. 이런 현상의 배후 메커니즘도 밝혀졌는데, 활성화된 티틴 용수철이 근육을 특수 물질로 표시해놓아서 이 근육이 손실되지 않게 보호한 것이었다. 이 과정은 어쩌면 알려진 근육 손실 방지 메커니즘 중 가장 효과적일 것이다.

전문적으로 이삿짐을 나르는 사람이나 보디빌딩 대회에 참가하는 사람들 역시 기존의 힘이 부족할 때는 결국 티틴에 의존하게 된다. 수많은 상자 또는 무거운 짐을 옮기다가 팔에 힘이 빠지면 보통 팔을 잠깐 세게 흔들어 힘을 '보충'한다. 강한 스윙 동작(편심성 운동)이 전통적인 근력 운동보다 더 효과적이라는 것이 점점 더 많은 연구에서 입증되고 있다.

세상은 역동적이다. 적어도 꽤 자주 그렇다. 역동적이라는 말은 움직일 때 여러 방향에서 동시에 힘이 작용한다는 뜻이다. 예를 들어 우리가 공을 던질 때 보면 중력은 물론이고 지렛대 원리와 복원력, 바람의 저항이 함께 작용한다. 그래서 투입된 힘과 운동 성과가 정비례하는 경우가 거의 없다. 때로는 의도한 목표의 정반대 방향으로 힘이 작용하기도 한다. 우리 몸은 티틴 형성에서 이것을 이해했다. 그렇다면 우리 사회는 이런 현상을 얼마나 깊이 체득했을까?

현대 노동 연구는 티틴의 역동성을 연상시키는 연구 결과들을 점점 더 많이 내놓고 있다. 이 연구들의 결론은 이렇다. "의욕적인 한 직원이 자신의 성공만을 위해 노력하는 대신 다른 사람을 도우면 팀 전체의 성과가 향상된다. 이때의 성과는 뛰어난 실력자 한 사람이 내는 성과보다 몇 배나 더 높다." 또는 "아침에 다 같이 명상을 하면 건설 현장의 사고 발생 빈도가 줄어든다." 또는 "낮잠을 자거나 한 시간 동안 이메일을 보지 않는 것이 한 시간 더 일하는 것보다 업무의 생산성을 더 높인다." 이런 연구 결과는 최근에 새롭게 발견된 것이 아니다. 그럼에도 회사에 명상 방석을 요청하거나 잠이 부족하여 휴게실에서 15분 동안 낮잠을 자는 직원은 아마 없을 것이다. 동료들과 협력하는 좋은 분위기를 조성한다고 해서 월급이 오를까? 안타깝게도 그런 사례는 들어본 적이 없다.

세상만큼이나 개인의 삶도 매우 역동적이다. 그런데도 우리는 이러한 역동성을 무시한 채 오로지 2차원적 지표로 자기 자신과 성과를 측정하곤 한다. 완료된 업무, 실패와 성공을 오로지 노력의 결과나 약점 또는 능력으로 본다면 결과적으로 우리는 유익한 시각을 빼앗기게 된다. 예를 들어 관계의 질을 가장 정확하게 예측하는 도구 또한 관심과 애정의 역동성을 보여주는 그래프다. 고트만 연구소에서 개발한 이 방법은 2005년부터 과학계에 알려졌고 부부의 운명을 96%의 확률로 예측했다. 여기서 중요한 것은 단순히 관심과 애정을 '얼마나 많이 쏟느냐'가 아니었다. 그보다는 '언제, 어떻게' 서로 반응하느냐가 훨씬 중요했다.

이렇듯 역동성은 어디에나 있고, 우리가 그것을 이해하는 즉시 큰 효과를 낸다. 근육이 저항에서 힘을 얻는 방식은 여러 상황에서 우리에게 영감을 줄 수 있다. 티틴은 외부 영향에 단순히 저항하는 데 그치지 않는다. 오히려 외부 영향을 받아들이고 원래 원했던 방향과 정반대 방향으로 향한다! 심리학에서도 스트레스나 가혹한 운명에 직면했을 때 이를 극복하는 첫걸음이 바로 현실을 받아들이고 저항하지 않는 것이다. 현실과 싸우기를 멈추면 새로운 마음가짐, 뜻밖의 관점, 예기치 못한 해결책 등 다른 것에 쏟을 수 있는 에너지를 많이 아낄 수 있다.

티틴은 끌려가는 동안 행동을 바꾼다. 더욱 안정되게 단단히 똬리를 틀어 자신을 끌어당기는 에너지를 차곡차곡 모은다. 그리고 끌려가는 상황에서 벗어날 아주 작은 기회라도 생기면 그 순간을 놓치지 않고 휙 잡아채 원래 원했던 방향으로 쏜살같이 나아간다.

힘든 시기에 내면에 집중하여 새로운 안정을 구축하고 개선의 기회를 단호하게 잡기. 정말 믿을 만하며 든든한 계획이라고 생각되지 않는가? 티틴 방식의 행동 또는 이와 가장 유사한 심리학 개념인 회복탄력성은 우리에게 이미 내재한 능력이다. '튕겨 오르다'라는 뜻의 라틴어 'resilire'에서 유래한 이 단어는 우리가 변화나 문제에 회복탄력성으로 대응하면 역경에도 계속 전진하고 어려운 상황에서조차 힘을 얻을 수 있다는 사실을 보여준다.

우리는 이 힘으로 이미 역사의 흐름을 자주 바꿔왔다. 이 흐름은 마치 활시위를 팽팽하게 뒤로 당겼다가 다시 놓아주면 앞으로 수 킬로미터를 쭉 뻗어 나가는 화살과 같다. 세계 정치나 우리의 삶에서 이런 일이 일어날 때마다 우리는 거의 예외 없이 항상 놀라곤 한다. 이렇게 놀라는 이유는 간단하다. 우리가 너무나 자주 2차원적 공식에 따라 방향을 잡기 때문이다. 물론, 세상의 모든 움직임이 용수철처럼 추진력을 얻지는 않지만 이런 힘을 늘 염두에 두면 유익할 것이다. 어쩌면 팽팽해진 희망에 힘입어 가장 멀리까지 전진할 기회가 곧 찾아올지도 모르니까 말이다.

운동: 뇌와 근육의 우정 쌓기

다음과 같은 시나리오를 상상해보자. 지극히 평범한 근무일. 당신은 지갑, 휴대전화, 열쇠를 챙겨 넓은 사무실로 향한다. 그곳엔 가짜 컴퓨터가 놓인 가짜 책상들이 즐비하게 놓여 있다. 앞쪽에서 의욕에 찬 목소리가 외친다. '시작하세요!' 스피커 두 개에서 요란한 음악이 울려 퍼진다. 모두가 마치 급한 일이 있는 것처럼 분주하게 움직인다. 한 여성이 전화기를 집어 든다(낡은 유선전화기인데 전화선이 꽂혀 있지 않다). 그녀는 수화기에 대고 외친다. '사세요, 파세요!' 한 동료는 사무실 저편에서 물뿌리개를 들고 플라스틱 꽃에 물을 준다. 두 줄 떨어진 자리에선 어떤 사람이 온 힘을 다해 키보드를 두드리는데, 키보드 역시 어디에도 선이 꽂혀 있지 않다. '어서, 계속!' 앞쪽에서 목소리가 외친다. '모두가 땀에 흠뻑 젖을 때까지!'

이게 대체 무슨 상황인가 싶은가? 그렇다면 이런 상상의 장면과 헬스장에서 하는 운동의 차이점이 무엇일지 한번 생각해보자. 운동으로 하는 모든 움직임은 사실 우리 삶에 '필수적'이지 않다. 우리는 30kg 무게를 굳이 들어 올릴 필요가 없다! 러닝머신에서 뛰는 것도 필요 없을까? 그렇다. 그렇게 뛰어가야 할 만큼 우리를 기다리는 것도, 우리를 쫓아오는 포식자도 없으니까 말이다! 그런데도 왜 우리는 운동을 하고, 또 해야만 하는 걸까? 뇌는 근육이 움직이도록 그저 자극만 주는 것 같다. 운동은 할 일을 잃어버린 근육을 위한 무의미한 작업 치료(재활 분야에서 사용되는 말로, 환자가 일상생활이나 직업 활동을 다시 수행할 수 있도록 돕는 치료를 의미한다.—옮긴이)인 걸까? 땀 흘리며 하는 모든 운동은 하루 대부분의 시간을 화면만 보며 보내는 정신노동 사회에 바치는 제물에 불과할까?

우리가 '스포츠'라고 부르는 것은 역사의 흐름 속에서 엄청나게 변화해왔다. 고도로 발달한 마야 문명에서는 스포츠를 활용해 문명화된 방식으로 분쟁을 해결했다. 고대 그리스에서는 스포츠가 '정신과 육체의 발달'을 촉진했다. 정신과 육체는 다양한 스포츠를 통해 서로 소통하는 법을 배운다. 로마 제국에서는 전쟁 준비에 스포츠가 처음 활용되었고 계몽주의 시대에는 신체가 스포츠를 통해 '감각 정보'를 수집한다고 보았다(신체가 감각 정보를 많이 수집할수록 현실 세계에 더 합리적으로 대응한다고 보았다).

근대에는 '육체 단련'이 '인간의 탁월함'을 위한 프로그램으로 발전했다. 그러나 탁월함이라는 개념에는 어쩔 수 없이 두 가지 측면이 포함되어 있었으니, 하나는 칭찬이고 다른 하나는 경멸이었다. 탁월함의 어원인 라틴어 'ex-cellere'는 '벗어나다', '돋보이다'라는 뜻이다. 칭찬과 경멸은 '더 열등한' 대중이 있을 때만 가능했다. 근대 직후 시작된 나치 시대에는 일부 몸은 칭찬받고 찬양되고 전시되었지만, 다른 많은 몸은 고문당하고 경멸받고 파괴되었다. 스포츠는 지역 공동체에서 압수되어 정치 활동으로 재편되었다.

현대로 들어서면서 '신체 능력 향상'이라는 목표는 점차 개인의 책임 영역으로 옮겨갔다. 나중에 다시 허용된 지역 공동체의 스포츠 클럽에 더하여 최근 수십 년 동안 헬스장, 온라인 강좌, 일대일로 예약할 수 있는 강좌들이 점점 더 많아졌다. 이제 운동은 개인의 '라이프스타일 프로그램'에 속한다. 운동을 거부하는 사람은 '뚱뚱하고 건강하지 못하다'는 암묵적 비난을 받는다! 운동은 또한 정신 건강에도 좋다고 추앙받는다.

그런데 우리의 생존에 실제로 전혀 필요하지 않은 동작을 하는 것이 어째서 '건강한 삶'에 포함되어야 할까? 마치 필요한 척하면서 말이다. 직장에서라면 그런 행동은 불필요한 장난이자 시간 낭비일 것이다. 운동을 주제로 한 최신 연구 결과는 그동안 추앙받았던 몇몇 운동 효과들에 의문을 제기한다.

:: 운동이 체중 감량에 정말 도움이 될까?

운동을 향한 모든 칭찬이 과학적으로 타당한 것은 아니다. 사실, 운동이 체중 감량에 얼마나 도움이 되는지도 명확하지가 않다. 듀크 대학교의 허먼 폰처Herman Pontzer 연구팀은 2010년 아프리카 부족을 연구하면서 이런 결론을 내렸다. 연구팀은 특히 원시적인 하자족의 하루 칼로리 섭취량을 조사했다.

하자족 여자들은 낮에 식용 식물을 채집한다. 이 과정에서 그들은 약 8km, 그러니까 대략 1만 2,000보를 걷는다. 사냥하는 남자들은 하루에 약 1만 9,000보(12km)를 걷는다. 자연에서 원시적으로 사는 하자족은 하루 120분 정도 신체 활동을 한다. 서구 선진국 사람들의 약 다섯 배에 달하는 수치다. 그런데 폰처 연구팀을 충격에 빠트린 사실은 이들의 칼로리 소모량이었다. 하자족의 하루 칼로리 소모량은 주로 책상에 앉아 있는 서구인들보다 그다지 높지 않은 약 2,000kcal에 불과했다. 연구팀은 물질대사 후 소변에 남은 특수 표지 원자를 레이저로 감지하는 방법으로 칼로리 소모량을 측정했다. 이 방법은 현재 물질대사 연구의 표준이다.

다른 연구팀도 아마존 저지대의 토착민인 슈아르족을 대상으로 한 연구에서 매우 유사한 결과를 얻었다. 이들 역시 운동을 아주 많이 하는데도 하루 칼로리 소모량이 2,000kcal에 불과했다! 이 연구가 내린 결론은 이렇다. "우리가 아무리 조상들만큼 운동을 많이 하더라도 장기적으로 칼로리 소모량이 반드시 늘어나지는 않는다." 대체 어떻게 그럴 수 있을까?

식단과 물질대사의 효율이 체중을 결정한다. 운동은? 그다지 상관없다. 현재 여러 연구가 이런 가정을 뒷받침하고 있다. 처음에는 운동으로 체중이 줄지만, 3~4개월 후부터 그 효과가 점차 사라진다. 근육이 늘어 체중 감량을 상쇄하기 때문이 아니다. 근육량은 쉽게 측정할 수 있다. 몇 달 후부터 체중 감량 효과가 사라지는 이유는 따로 있다. 몸이 적응하기 때문이다. 규칙적으로 6개월만 운동을 해도 체중은 처음만큼 줄지 않는다.

우리 몸은 에너지를 배분하는 데 선수다. 하루 두 시간씩 대초원을 돌아다니는 데 에너지가 필요하다면 몸은 다른 부위에서 에너지를 끌어온다. 그러면 면역세포가 덜 생성되고 최소한의 영양소만 저장하며 호르몬 생성량도 줄어든다. 이런 에너지 절약 덕분에 산을 오르는 사람이나 편안히 앉아 있는 사람이나 하루에 필요한 칼로리량이 거의 비슷한 것이다. 운동은 물질대사의 에너지 효율을 더욱 높인다.

이것이 가능하려면 일정 수준의 풍요가 전제되어야 한다. 지난 수십만 년 동안 우리의 물질대사는 대부분 재정이 빠듯했다. 몸은 하루를 마감할 때 가장 중요한 일에 쓸 에너지가 충분히 남았는지 항상 살펴야만 했다. 하지만 이제 상황이 바뀌었다. 오늘날 대다수 국가의 사람들은 식량이 항상 충분하고, 하루 두 시간씩 식량을 찾아 대초원을 헤매지 않아도 되는 시대에 살고 있다. 예전에는 애써 아껴야 했던 에너지를 어디에든 사용해도 되는 시대가 마침내 온 것이다! 그렇게 선진국 사람들은 면역세포와 호르몬을 확연히 더 많이 생성하고 몸은 더 큰 탄수화물 및 지방 저장고를 마련하게 되었다. 여력이 되는 사람이 더 많은 일을 할 수 있는 법이다.

하지만 폰처 연구팀의 연구 결과를 비판하는 목소리도 적지 않다. 다른 연구자들이 그 한계점을 지적한다. 하자족은 달리지 않고 걸었기 때문에 이를 고강도 운동과 직접 비교할 수 없다는 얘기였다. 게다가 수집된 데이터는 다르게 계산될 수 있고 수십 년 동안 수많은 연구가 신체 활동량과 에너지 소비량의 정비례 관계를 입증한 바 있었다. 그것이 틀렸을 리가 없지 않은가!? 폰처는 이 질문에 대해 아주 차분하게 대응한다. 격렬한 육체노동으로 칼로리를 특히 많이 소모하는 사람들은 일반적으로 필요량을 충당하기 위해 더 많이 먹어야 한다고 말이다. 모든 운동선수가 익히 잘 아는 현상이다. 그러므로 역시 운동은 체중 감량에 아무런 효과가 없다.

그러나 폰처와 비판자들의 의견이 일치하는 한 가지 측면이 있으니, 바로 '과잉의 덫'이다. 수년, 수십 년에 걸쳐 면역세포를 더 많이 생성하고, 호르몬을 대량으로 분비하고, 저장고를 가득 채우는 것은 몸에 수많은 문제를 초래한다. 즉, 우리가 가진 모든 것에 문제가 발생할 확률이 높아진다. 이 과잉이 불러오는 문제들은 인류 역사에서 비교적 늦게 등장했지만 수치가 너무나 명확해 이견의 여지가 없다.

면역세포가 많아지면 알레르기나 염증성 질환의 위험이 증가한다. 지방이 많이 쌓이면 물질대사 전체에 부담이 되고, 더 직설적으로 말하면 뼈와 관절이 힘겨워한다. 스트레스 호르몬이 과도하게 분비되면 심혈관 질환이 생길 수 있고, 성호르몬은 특정 유형의 암(유방암, 전립선암 등)을 유발할 수 있다. 삶에서 다른 위험 요소가 더해지면 질병 발생 가능성이 더욱 커진다.

폰처의 체중 가설이 전적으로 옳든 부분만 옳든 운동이 가져다주는 '건강 효과' 중 상당 부분은 우리 몸이 불필요한 행동에 에너지를 덜 쓴다는 데 있다. 따라서 운동은 물질대사가 갑자기 과도하게 일어나지 않도록 조절하는 일종의 밸브라 할 수 있겠다. 과식의 위험에서 우리를 보호하는 것이다! 하지만 그게 전부라면 질병을 예방하는 데는 단식이 효과적이지 않을까?

실제로 이 가설을 뒷받침하는 데이터는 상당히 그럴듯하다. 간헐적 단식을 예로 들어보자. 이 식이요법을 따르는 사람들은 먹을 수 있을 때 먹지 않고 오랫동안 먹지 않은 후에 먹는다. 그러면 몸은 규칙적으로 가벼운 허기 상태에 빠지는데, 이는 운동과 마찬가지로 우리 몸이 에너지를 무분별하게 낭비하지 않도록 해준다. 간헐적 단식의 건강 효과는 운동과 대체로 일치한다. 암뿐 아니라 염증성 질환 및 심혈관 질환 예방에도 확실히 효과가 있다. 체중에 미치는 효과 또한 운동과 매우 유사하다. 처음에는 체중이 줄다가 어느 시기 이후로 안정적으로 유지된다. 하지만 차이점도 몇 가지 있다. 간헐적 단식은 운동을 '대체'할 수 없다. 따라서 운동은 단순히 과식의 위험에서 우리를 보호하는 것 이상의 의미를 지녔음이 분명하다.

:: 운동이라는 '스트레스'는 우리 몸을 어떻게 변화시킬까?

과학자들은 수년 동안 운동 중 분비되는 '건강한 물질'을 찾아왔다. 몇몇 후보 물질은 체중 감량이나 건강과 높은 상관관계를 보였다. 하지만 이런 물질들을 화학적으로 분리하여 일반인에게 투여했을 때는 아무런 효과도 나타나지 않았다. 그렇다면 물질이 해답이 아닌 걸까? 이 같은 의문은 사고의 전환을 이끌어냈고, 운동이 '스트레스(를 만드는) 게임'이라는 또 다른 발견으로 이끌었다.

운동할 때 발생하는 스트레스인 긴장, 열, 뼈와 관절의 진동, 심장 박동수 증가 등은 인생에서 가장 기분 좋은 일은 아니지만 그렇다고 진짜 열, 통제할 수 없는 진짜 경련, 진짜 두려움도 아니다. 바로 이런 차이점을 아는 것이 중요하다!

현재 연구자들은 다양한 스트레스 상황에서 나타나는 급격한 '기복'이 운동에서 특히 중요하다는 점을 안다. 달리면서 발이 교차될 때마다 근육은 긴장과 이완을 반복한다. 이는 뒷목이 계속 긴장된 채로 사무실에 앉아 있을 때 뇌에 주는 긴장감과는 완전히 다르다. 움직이지 않고 신경이 몇 시간 동안 오로지 '긴장'만 하는 대신, 실제로 몸의 어딘가를 움직이는 의미 있는 긴장을 짧게 경험하면 책상에 앉아 있을 때처럼 긴장할 필요가 전혀 없을 때 더 쉽게 이완할 수 있다.

체온 상승 효과도 이와 비슷한 방식으로 설명된다. 근육은 최대로 활동하면 40℃까지 쉽게 뜨거워진다. 그러면 몸에서 열이 나고, 열은 면역세포를 활성화하고 스트레스 물질대사로 전환한다. 운동 후 몸을 식히면 모든 것이 정상으로 돌아간다. 그러면 몸은 '음, 별일 아니군!' 하며 빠르게 정상으로 돌아가는 동시에, 이를 통해 훈련도 된다. 면역 체계가 독감이나 염증 후 다시 얌전해지고 코로나19 때처럼 과잉 반응하지 않는 데는 이런 신속한 '하향 조절'이 이뤄지기 때문이다.

다음 스트레스는 진동이다! 길을 따라 달릴 때, 우리 몸에서는 다양한 주파수의 진동이 생성된다. 지표면이 바뀌고 여기에 맞춰 자세도 끊임없이 바뀌어야 하기에 발을 디딜 때마다 우리 몸은 골격을 위해 북소리처럼 진동한다. 골격은 이후 휴식 시간에 압력파에 힘입어 더욱 단단해진다. 진동은 튼튼한 뼈를 위한 가장 중요한 자극 중 하나다.

가장 전형적인 스트레스는 바로 숨이 차고 심장박동이 빨라지는 것이다. 두 경우 모두 신체에 불안 신호를 줄 수 있지만 이 상황이 '그저 운동일 뿐'임을 인식하면 아무렇지 않게 넘어간다. 몇 번의 숨가쁨과 빠른 심장박동을 무사히 견뎌내고 나면 우리 몸은 체온 상승 때처럼 이후로는 평정심을 더 잘 유지할 수 있다. 또한 뇌와 면역세포는 이후에 일상에서 이와 비슷한 일이 일어날 때 더 자신감 있게 반응한다. 이는 두려움과 불안장애를 완화하는 데 도움이 되고, 스트레스성 질병 위험을 줄인다. 다시 말해 아드레날린이 위험만이 아니라 즐겁고 활동적인 삶도 의미하게 되는 것이다! 장기적으로는 심지어 심장도 변화하여 대개 더 천천히 뛰게 되고 이는 언젠가 정신없이 바쁜 상황에서 추가적인 완충 구실을 해주기도 한다.

운동은 정말로 스트레스 게임이다. 우리는 힘겨운 마지막 몇 분을 참으며 달리고 무거운 무게를 힘껏 들어 올리고 이 과정에서 괴로움과 나약함을 극복한다. 심각한 결과도, 위험도, 사생결단도 없다. 그 결과로 우리는 두 배로 즐겁게 샤워하고, 양심의 가책 없이 실컷 먹고 마시거나 소파에 누워 빈둥거릴 수 있다. 그런데 과연 이 모든 효과를 다른 방법으로는 얻을 수 없을까? 체온 상승이나 가쁜 호흡 등 몇몇 스트레스는 운동 없이도 충분히 만들 수 있다.

관련 연구(몇몇 괴짜 과학자들이 계속해서 이 분야를 연구해왔다)를 살펴보면 운동 효과의 상당 부분이 쉽게 대체된다는 사실을 알 수 있다. 조금만 조사해보면 거의 빙고 게임처럼 대부분의 분야에서 운동의 대안이 존재한다. 운동의 체온 상승 효과를 완벽하게 모방하는 활동은 무엇일까? 사우나. 빙고! 달리기의 진동은? 진동판(15~45Hz) 위에 서면 되지 않을까? 빙고! 역동적 긴장은 어디에서 얻을 수 있을까? 점진적 근육 이완에서! 가쁜 호흡은? 호흡 훈련! 빙고, 빙고, 빙고!

입증된 건강 효과는 각각이 놀라울 정도로 유사하다. 하지만 이런 대안에서도 우리는 결국 한계에 부딪히게 된다. 일주일에 세 번 사우나에 가고 진동판 위에 서고 호흡 훈련을 하고 간헐적 단식에 더하여 칼로리 섭취를 균형 있게 유지하기. 이것이 약간 버겁게 느껴진다면, 어쩌면 그냥 약 30분 정도 공원을 달리는 것이 더 나을지도 모른다.

:: 운동의 대체불가 효과

운동을 '스트레스 게임' 또는 '과도한 물질대사를 막는 밸브'로 보는 시각에는 운동의 수많은 기능이 포함되어 있다. 로마인의 전쟁 준비, 마야인의 분쟁 해결, 근대의 자기 최적화까지 말이다. 그렇다면 운동을 뇌와 근육의 '우정 쌓기'로 이해했던 고대 그리스인들의 시각은 어떨까? 이는 매우 독특할 뿐 아니라 대체하기도 어려워 보인다.

현대 유전학 연구 역시 이 길을 따라왔다고 말해야 공정할 것이다. 유전학 연구자들은 필요한 장비를 개발하는 데만도 수십 년이 필요했기에 사색하는 그리스인들보다 훨씬 더 많은 수고를 들여야 했지만 말이다. 또한 수백 명이 이런저런 운동을 하기 전과 후에 수많은 유전자 검사를 받아야 했다. 여기서 얻은 데이터를 복잡한 알고리즘으로 평가하고 '고출력 데이터 분석'을 통해 검증해야 했다. 하지만 그런 수고 덕분에 우리는 이제 확실하게 알게 되었다. 유전학(그리고 그리스인들)의 관점에서 볼 때, 운동은 근육과 뇌가 나누는 아주 '자극적인' 대화다.

현실 세계만큼 우리 뇌에 많은 질문을 던지는 것은 없다. 내 팔은 어디에 있을까? 왜 거기에 있을까? 이제 이 팔로 무엇을 할까? 양팔을 어떻게 움직여야 서로 잘 맞을까? 다리는 어떻게 움직여야 할까? 나무 블록이 아래로 떨어지지 않게 하려면 언제 잘 잡고 있어야 할까? 뇌는 단순히 원하는 대로 현실을 생각할 수 없다. 뇌는 오직 근육을 통해 현실 세계의 다양한 차원을 경험한다. 나무 블록은 떨어지거나 떨어지지 않거나 둘 중 하나다.

근육량이나 운동 능력을 담당하는 유전자는 (그것이 있든 없든) 훈련으로 크게 바뀌지 않는다. 원래 근육 생성이 빠른 사람은 근력 운동 때도 유리하다. 그러나 뇌는 다르다. 뇌는 몸의 모든 움직임에 민감하게 반응하고 변화한다. 팔뚝이 여전히 가늘더라도 머릿속에서는 갑자기 매우 다르게 보인다. 예를 들어 운동을 딱 한 번만 했어도, 뇌는 벌써 다음 몇 시간을 위해 도파민 수용체 수를 조절한다. 힘든 동작을 해내기 위해 자체 성장인자의 생산을 높이는 것이다! 그리고 이 과정을 통해 새로운 뇌세포가 발달할 수 있다. 이는 오랫동안 의학적으로 불가능하다고 여겨졌던 이론이었다. 그러나 이제 우리는 운동으로 추가 생성된 신경과 규칙적인 운동이 치매나 우울증 또는 파킨슨병같이 신경세포가 죽는 질병을 예방한다는 사실을 안다.

운동은 뇌세포에 생명을 불어넣고 수백 가지 다양한 유전자를 조절한다. 그 어떤 활동도 이와 비슷한 효과를 내지 못하기에 다른 어떤 활동으로도 이를 대체할 수 없다. 이런 움직임에는 이렇다 할 직접적 목적이 없기 때문에 합리적 시각에서 보면 언뜻 놀라워 보인다. 하지만 관계의 맥락에서 보면 수긍이 된다. 근육과 뇌가 무엇을 또는 왜 함께 도모하는지는 이제 그다지 중요하지 않다. 중요한 것은 퇴근 후에 둘이 기꺼이 함께 시간을 보낸다는 사실 그 자체다.

성장하여 가장 중요한 동작들을 모두 익히고 나면 일상과 루틴이 시작된다. 혼자 힘으로 걷는 것을 여전히 감탄하며 놀라워할 사람이 어디 있겠나? 앉을 수 있고 고개를 똑바로 가눌 수 있다는 사실에 여전히 감사할 사람이 어디 있겠나? 뇌와 근육은 마치 천생연분 부부처럼 완벽하게 협력한다. 일할 때를 제외하면, 오직 운동만이 뇌와 근육이 서로에게 적응하고 배우는 유일한 시간이다.

'스포츠'로 분류되는 어떤 운동을 해야 한다고 말하는 것이 아니다. 유전적 효과를 위해 꼭 그런 스포츠를 해야 할 필요는 없다. 각기 다른 방식으로 공기를 마시는 것만으로도, 뇌와 횡격막 근육은 잘 협력한다. 신경학 연구에 따르면 근력 운동만큼이나 춤도 유익하다. 쉬는 날에 트레킹을 하거나 자전거를 타거나 음악을 들으며 청소를 하는 것도 좋다! 근육과 뇌가 지루한 의무를 이행하기 위해 연결하는 데 그치지 않고 뭔가를 '함께' 경험하는 것이 중요하다. 한 번쯤 숨도 차보고 새로운 것에 도전도 하면, 이후의 일상이 더 수월해진다.

유전학 연구자들의 이야기를 한 김에 그들이 발견한 또 다른 중요한 것들도 언급할 필요가 있겠다. 바로 우리에게 가장 적합한 운동이 유전적으로 이미 결정되었을 수도 있다는 사실이다. 연구자들은 특히 ACTN3과 ACE라는 두 가지 유전자를 연구했다. ACTN3 유전자는 자신이 '생산한' 알파-액티닌-3를 이용해 근육의 작은 단백질 발을 안정화한다. 이 유전자를 가진 사람은 단거리 달리기에 더 뛰어난 경향이 있다. 북반구에는 이 유전자가 없는 사람이 많다. 그들의 근육 속 작은 발들은 더 느리게 움직이고 더 많은 열을 방출한다. 그래서 추위를 더 잘 견딘다. 예를 들어 스칸디나비아 사람들은 대개 얼음물에서 몸을 떨지 않고 더 오래 수영할 수 있다.

또 다른 유전자인 ACE는 혈압에 영향을 미친다. 변이된 유전자 ACE-D를 가진 사람은 평균 혈압이 약간 더 높다. 그래서 휴식 중에도 산소와 영양소를 많이 공급받는다. 그러면 빠르게 최고 기량을 회복할 수 있으므로 근력 운동에 유리하다. 반면 마라톤 선수와 산악인 중에는 변이된 유전자 ACE-I를 가진 사람이 훨씬 더 많다. 이들은 평균 혈압이 더 낮아서 장시간 운동을 해도 에너지를 보존할 수 있다.

종일 앉아서 생활하는 대다수 사람에게 고혈압은 해롭다. 혈압을 낮추기 위해 사용되는 약물은 ACE 유전자의 생성물을 표적으로 삼는다. 이른바 'ACE 억제제'인 셈이다. SARS-CoV-2 바이러스가 특정 ACE 수용체에 결합할 수 있다는 사실 때문에 ACE 유전자는 코로나 팬데믹 기간에 악명을 떨쳤다. 게다가 고혈압 환자는 중증 질환에 걸릴 가능성이 더 높은 반면, 지구력을 기르는 사람은 중증 질환에 걸릴 가능성이 더 낮은 것으로 밝혀졌다. 이 모든 것이 어느 정도 상관관계가 있는 것 같다.

혈압이 높은 편인가? 그렇다면 짧은 조깅이나 근력 운동이 더 적합할 것이다. 추위를 잘 견디는 편이라면 지구력 스포츠나 장거리 러닝이 좋다. 어느 쪽에 속하는지 잘 모르겠으면, 자기 몸을 더 예민하게 관찰하는 방법도 있다. 규칙적으로 한 시간씩 운동을 하는데도 여전히 몸이 개운하지 않다면, 어쩌면 (여러 다른 유전자 때문에라도) 짧고 강렬한 운동이 더 적합할 수 있다. 예를 들어 '7분 반복 운동'이 있다. 30초 운동 후 30초 휴식을 7분간 반복하는 방법이다.

자신에게 적합한 운동을 찾기까지 시간이 좀 걸리더라도, 뇌와 근육의 두터운 우정 쌓기는 그만한 가치가 있다. 효과적인 운동은 한낱 작업 치료가 아니다. 재미난 스트레스이자 친절한 에너지 소모이며, 우정과 마찬가지로 그 자체로 의미가 있다. 뇌와 근육의 우정을 꼭 어떤 수치로 측정할 필요는 없다. 많은 경우, 운동은 특정 시간에 약속 장소에서 만나 뭔가를 하는 것에서 기쁨을 찾는 행위이다. 운동은 본질적으로 성과의 반대 개념이다. 아마도 그래서 운동을 정확히 정의하기 이토록 어려운 것이리라. 운동은 다른 누구도 아닌 오직 자기 자신에게만 의미가 있어야 한다.

제 5 장

우리는 모두 연결되어 있다

뇌

◆

언니가 가르쳐준 '관계'의 의미

내가 생각이라는 걸 할 줄 알게 된 이후로, 나와 언니는 줄곧 정반대였다. 나는 활기차고 언니는 수줍음이 많았다. 언니는 이미지로 생각하고 나는 단어로 생각한다. 언니는 여름에 태어났고 나는 겨울에 태어났다. 우리는 감각조차 나뉘어져 있다. 언니는 시각과 미각이 뛰어나고 나는 청각과 후각이 발달했다. 인간이 가지는 차이점을 우리 두 사람에게 압축해놓았다고 해도 과언이 아닐 정도다. 낮과 밤. 이런 다름 때문에 우리는 어렸을 때 자주 싸웠지만 성인이 되어서는 서로가 가진 장점을 깊이 깨닫게 되었다.

우리는 무의식적으로 많은 일을 서로 나누어서 했다. 한 사람이 할 수 없는 일을 다른 사람이 해낸다. 개가 짖으면 나는 자연스럽게 뒤로 물러나고 언니가 앞에 선다. 작성해야 할 서류가 있으면 내가 펜을 든다. 식물이 병들면? 나는 아무 말 없이 언니 집 현관에 가져다 놓는다. 나는 낯선 사람에게 쉽게 다가가 대화를 시작하고 언니는 차분한 질문으로 대화에 깊이를 더한다. 혼자서는 할 수 없지만 함께라면 우리는 해낼 수 있다.

그런 이유로 우리는 함께 작업할 때 최고의 성과를 낸다. 첫 번째 책부터 그랬다. 내가 연구 자료를 읽고 글로 정리하면, 언니는 삽화를 그리고 이해하기 어려운 부분을 꼬치꼬치 따져 물었다. 나는 언니의 도움으로 부족한 아이디어를 채웠고, 언니는 나의 도움으로 삽화 아이디어를 떠올렸다. 우리는 솔직하게 소통했고, 그만큼 시간을 절약했다. 언니는 내가 쓴 글 옆에 "너무 복잡해!"라고 썼고 나는 수긍했다. 나는 언니의 삽화에 "좀 더 세밀하게!"라고 써서 돌려주었고 다음 날 언니는 더욱 세밀하게 수정했다. 누구도 기분 나빠하지 않았다. 오히려 신뢰가 더욱 두터워졌다. 겉으로는 기이해 보였을 테지만 안으로는 아주 잘 통했다.

첫 번째 책의 성공 후 이상한 시기가 시작되었다. 우리 둘이 어딘가에 가면 갑자기 사람들이 내게만 인사를 건넸다. "작가님!" 그들이 외쳤다. 누군가는 언니가 "내 성공의 덕을 보고 있다"고 말하기도 했고, 공동 수상인데도 내 이름만 호명되었다. 물론, 책을 쓴 사람은 나지만 언니가 없었더라면 나는 이렇게까지 잘해낼 수 없었을 것이다! 갑자기 달라진 대우가 나는 기괴하기까지 했다. 나는 언니를 정중히게 예의를 갖춰 대우하는지를 기준으로 사람들을 판단하기 시작했다. 어쩌면 그들이 속으로는 언니를 유명하거나 중요한 인물이 아니라고 생각했을지 모르지만 말이다.

사람들이 서로를 판단하는 방식은 많은 것을 변화시킨다. 먼저 우리의 행동을 변화시킨다. 우리는 왜 그런지 바로 이해하지 못한 채 행동을 바꾼다. 나는 대학에서 시험을 볼 때 이 사실을 처음 깨달았다. 아주 고약하기로 정평이 난 외과의사에게 질문을 받았는데, 그는 나의 대답 한 마디 한 마디를 왜곡했고 얕잡아 보듯 팔짱을 낀 채 나를 내려다보았다. 그날 나는 살면서 가장 멍청한 사람이 되었다! 그리고 깨달았다. 그날의 감정은 언니가 내게 주었던 감정과 정반대였다. 언니가 곁에 있으면 나는 재치 있고 똑똑하고 당돌하다. 나의 몇몇 최고의 문장들은 언니가 옆에 있을 때 탄생했다.

인간은 그렇게 항상 서로에게 영향을 미쳤고 서로에게서 위대함을 불러내는 능력을 지녔다. 미디어에서 흔히 한 사람을 찬양하고 숭배하는데, 그건 틀린 말이다. 우리 사회에서는 언니 같은 사람, 또는 수줍은 사람, 잘 들어주는 사람, 매사에 정확한 사람, 지지와 영감을 주는 사람 등등이 종종 간과된다. 기업 전체의 성과를 최고경영자 개인의 성과로 돌린다. 뇌를 종종 '보스'로 여기듯이 말이다. 하지만 사실 뇌는 '연결 기관'이 아닐까?

우리가 사는 세상에서는 모든 것이 범주화되고 그에 따라 평가가 이루어진다. 깨어 있는 것이 잠든 것보다 높이 평가되고, 지식이 감정보다 더 추앙받고, 성공이 만족감보다 먼저 언급된다. 그리고 그렇게 함으로써 한쪽이 다른 한쪽 없이도 충분히 존재할 수 있을 것처럼 행동한다! 하지만 밤 없는 낮이 존재할 수 있을까? 이미지 없는 낱말이란 무슨 의미일까? 몸 없는 뇌란 무엇이며 상호작용이 없는 둘이란 대체 무엇이란 말인가?

뇌는 최고의 조율자다

이 장기는 다른 여느 장기와는 다르다. 이 장기는 저 높은 곳 왕좌에 앉아 전용 두개골에 둘러싸여 있다. 모든 혈액은 한 방울도 빠짐없이 특수 필터를 거쳐 정화된 후에야 이 장기에 도달할 수 있다. 마치 몸에도 특별한 보호와 안락이 보장된 '상위 계층'이 있는 것처럼 느껴진다. 뇌는 바닥의 오물과 발버둥에서 멀리 떨어져 맨 꼭대기에서 탁 트인 시야를 즐긴다. 이곳에서는 소화기관의 소음에 방해받지 않고 잘 들을 수 있고 세상에서 벌어지는 일들을 조망할 수 있다. 반면에, 나머지 다른 장기들은 가슴과 복부의 좁은 공간을 나눠 쓴다. 손이 도구를 놓치더라도 머리는 멀리 떨어져 있어 안전하고, 다리가 비틀거려 넘어지더라도 머리는 가장 늦게 땅에 부딪힌다.

일상생활에서도 뇌는 특권을 누리는 듯 보인다. 뇌는 미지근한 풀장(뇌척수액)에서 헤엄치며 명령을 내린다. 뇌의 절반 이상(무려 55%)이 지방이라는 사실이 이러한 점을 더욱 부각시킨다. 지방은 칼로리 밀도가 가장 높고 그래서 생명체에게 가장 귀중한 구성물질이다. 지방은 같은 질량의 탄수화물과 단백질보다 두 배나 더 많은 에너지를 제공한다. 뇌가 이 귀중한 물질을 에너지원으로 사용하지 않는 것은 오만이자 영리한 선택이다. 뇌는 신경을 지방으로 감싸 소중한 전기를 보호한다. 지방이 물에 뜨는 성질을 가진 덕분에 뇌는 마치 무중력 상태처럼 두개골 중앙에 떠 있다. 그래서 뇌를 한 자리에 고정하는 별도의 근육이나 힘줄 또한 필요가 없다.

물론, 몇몇 힘줄, 근육, 섬유다발이 간접적으로 뇌의 무게를 지탱하기는 한다. 이들은 뇌에 직접 작용하지 않고 두개골을 들어 올려 뇌를 움직인다. 그리고 당연히 뇌는 이런 근육들을 통제한다. 뇌는 근육들에게 긴장을 풀라고 또는 옆으로 기울이라고 지시할 수 있다. 콘서트에서 격렬한 헤드뱅잉을 한다 해도 뇌는 근육에 명령을 내려 머리에 손상이 가지 않을 정도까지만 고개를 흔들고 그 모든 과정에서 물과 뼈의 보호를 받는다. 그렇게 회색 사령관은 몸의 펜트하우스에서 숭고한 존재감을 드러낸다.

우리는 뇌가 최고 기관이기 때문에 이 같은 독점적 지위를 누린다는 오해를 오랫동안 해왔다. 하지만 뇌의 진정한 가치는 사실 뇌 자체가 아니라 뇌가 매개하는 '관계'에서 나온다! 심장박동 속도와 다리의 움직임을 조율하는 것은 귀중한 기술이다. 날아다니는 새를 바라보거나 세상의 사실들을 머릿속에 그려보는 일은 또 어떤가? 심지어 호르몬과 신호물질의 전체 흐름을 조율하는 것까지도 뇌의 업적이다! 눈, 새, 사실, 신호 같은 현실의 개별 행위자들, 다시 말해 뇌의 관계 네트워크를 구성하는 다양한 '파트너'들이 없다면 뇌는 아무것도 아닐 것이다. 더 냉정하고 정확하게 말하면, 아무런 가치가 없을 것이다.

두개골 안에서는 매우 독립적으로 보이지만 뇌의 목표는 단 하나, 바로 연결뿐이다. 뇌는 눈과 귀와 코를 통해 우리를 외부 세계와 연결하고 척수를 통해 몸과 연결한다. 신경 섬유는 발가락과 손가락 끝까지 뻗어 있다. 해부학의 모든 차원을 들여다보면 '연결'이라는 공통된 모토를 발견할 수 있다. 둥그스름한 형태에 수많은 신경 다발이 모여 있는 뇌의 모습은 신경세포 하나와 비슷하게 생겼다. 신경세포 역시 둥그스름한 세포체에서 신경 섬유가 수백, 수천 개씩 뻗어 나온다. 신경이 신체조직 안에 서로 얽혀 있는 것처럼 뇌의 축삭돌기와 수상돌기 역시 미시 세계에서 서로 얽히고설키며 연결되어 있다. 여기서 생기는 결합이 다시 수조 개의 조합을 가능하게 만든다. 이런 조합이 있기에 우리는 생각이라는 걸 할 수 있다.

신경 연구자들은 신경이 그냥 생겨났다고 추측한다. 순전히 실용적 차원에서 함께 돕지 않고 빈둥거리는 세포들이 갑자기 생겨났다는 것이다. 이 세포들은 간처럼 해독하거나 소장처럼 영양소를 흡수할 줄 몰랐다. 이 세포들은 그저 정보만 전달했다. 주변 환경의 신호를 포착하여 일종의 팬터마임으로 방식으로 말이다.

이제 막 배우기 시작한 이 세포들이 선보인 첫 작품은 '낮인가 밤인가?'이다. 그렇게 빛에 반응하는 단백질이 형성되었다. 환하고 따뜻하면 이 단백질은 주변 세포를 활성화했고, 반대로 어둡고 쌀쌀하면 에너시를 절약했다. 이로써 다양한 세포 활동이 처음으로 낮과 밤이라는 공동 리듬을 갖게 되었다. 쇼비즈니스에서처럼 뭔가가 호평을 받으면 모두가 그것을 더 많이 원하게 되는 법이다.

최초의 신경이 생겨났고 곧바로 신경의 활동 범위가 확장되었다. 신경은 길게 뻗은 신경 섬유를 통해 먼 곳의 정보도 전달하고 전기 처리도 전문화했다. 팬터마임 배우들은 고도의 기술을 익혀 스크린에 첫 데뷔를 했다. 온몸에 전선망을 깔아 영리하게 전기를 전달하는 기술 덕분에 근거리 전달이나 혈액을 이용한 전달보다 더 빠르고 효율적으로 일할 수 있게 된 것이다. 이후 신경세포들은 점차 활동 영역을 넓혀 레퍼토리를 풍성하게 했다. 어떤 세포는 다양한 유형의 빛을, 어떤 세포는 냄새를, 또 어떤 세포는 중력과 균형을 전문으로 담당했다. 단순한 팬터마임으로 시작한 신경은 이런 다재다능함 덕분에 주인공으로 진화했다. 생명체가 재건될 때, 신경은 점점 더 고귀한 대접을 받았고, 곧 끊임없이 성장하는 머릿속 중앙본부를 차지하게 되었다. 그 이후로 신경 경로는 머리에서 시작하여 몸의 모든 장기와 부위로 뻗어나갔다.

그렇게 우리의 학습 및 사고 과정은 단순한 '낮과 밤'의 구분보다 훨씬 더 복잡해졌다.

연구자들은 다양한 비유로 신경계의 발달을 설명한다. 팬터마임 외에 인간의 의사소통도 비유로 쓰기에 적합하다. 처음에는 단순한 몸짓과 소리로 소통하다가 점차 언어와 문자가 추가되었고, 마침내 전화선과 인터넷을 통해 전 세계와 소통한다. 이외에도 진흙 길에서 시작하여 포장도로를 지나 세계 항로에 이르는 사회기반 시설의 확장 또는 물물교환에서 시작하여 주식시장의 디지털 금융거래에 이르기까지의 경제 발전 등 다양한 비유를 들어 설명할 수 있다. 모든 비유에 적용되는 핵심은 하나이기 때문이다. 즉, 단순하고 구체적이며 실용적으로 시작하여 점점 더 커지고 복잡해지다가 마침내 거의 추상적으로 바뀐다. 우리는 종종 이런 변화 과정에 감탄하느라 이것이 어떻게 차곡차곡 증축되었는지 잊어버리곤 한다. 성공적으로 복잡해지기 위해서는 명확하고 의미 있는 토대가 필요하다. 혼란이 발생하면 언제든지 다시 돌아갈 수 있는 토대 말이다. 성장 과정은 미로 게임과 같다. 뇌도 마찬가지다.

인간의 뇌는 일종의 빠른 진화 과정을 거쳐 발달한다. 인간의 배아 뇌는 처음 몇 주 동안 물고기의 길쭉한 뇌와 비슷하다가 이내 도마뱀의 뇌와 비슷해진다. 자궁에서 2~3개월이 지나면 명확히 포유류의 뇌가 되고(기억과 감정을 담당하는 특수한 돌기가 발달한다), 출생 시에 겨우 유인원 수준에 도달한다. 그 후 '인간'의 범주에 들어가기까지 무려 2년이 걸린다.

이 과정은 뇌를 대략 세 부분으로 나눈다. 생존에 필수인 기본 기능(호흡, 심장박동, 보호 반사 등)이 가장 먼저 성숙하는데, 이 부분은 가장 아래쪽(흔히 파충류 뇌라고 함)에 위치한다. 멀리 위쪽(흔히 포유류 뇌라고 함)에서는 더 정교한 조절이 이루어진다. 이를테면 상황에 따라 심장을 더 빨리 뛰게 하거나 근육과 호흡을 진정시키는지 등이다. 사랑, 분노, 기쁨, 평온 같은 감정은 포유류의 전형적인 돌출부에서 발생한다.

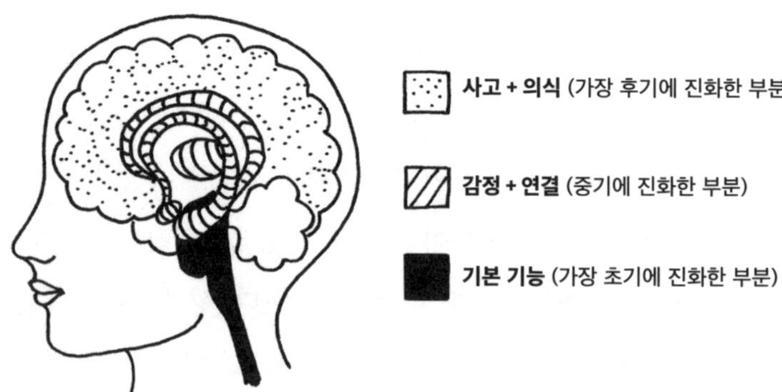

뇌에서 '가장 젊은' 대뇌피질은 우리가 뇌에 대해 갖고 있는 전형적인 이미지인 꼬불꼬불 주름진 모양을 하고 있으며, 뇌의 가장 위쪽에 위치한다. 대뇌피질의 가장 앞쪽에 위치한 전두엽이 가장 마지막에 형성되며(대략 25세가 되어서야 완전히 '완성'된다) 바로 이곳에서 트렌드와 새로운 지식을 취급한다. 우리는 대뇌피질에서 자신이 누구인지, 어떤 사람이 되고 싶은지, 어떤 개념과 철학이 옳은지 숙고한다. 종교, 의심, 미래 계획이 이곳에서 만들어지고, 감정이 조절되며, 의식적으로 근육을 움직인다. 대뇌피질의 목표는 기존 패턴을 새로운 패턴으로 보완하고 장기 계획을 세우는 것이다. 간단히 말해, 밑에 있는 영역보다 훨씬 더 미세하게 우리 몸을 조절하는 것이다.

뇌의 성숙 순서는 삶에 구체적인 영향을 미친다. 예를 들어 전두엽은 청소년기가 되어야 성숙하기 때문에 어린아이들은 분노 폭발, 하늘로 솟는 기쁨, 울부짖음 같은 여과되지 않은 감정을 드러낸다. 언어를 담당하는 영역은 훨씬 일찍(첫 단어를 말할 때부터!) 발달한다. 보상체계의 발달과 함께 인형이나 자동차를 가지고 노는 '놀이'가 시작되고, 가치관과 도덕이 형성되자마자 이 놀이는 끝난다. 자신이 누구인지 열심히 탐구하고 그 과정에서 온갖 시도를 하는 사춘기 청소년들의 뇌는 신경학적 관점에서 완전히 새롭게 형성된 영역들을 기존의 영역들과 처음으로 조율한다. 개별 영역들이 조화를 이룰 때, 우리는 자신이 누구인지, 무엇을 믿는지, 그리고 무엇이 필요한지 더욱 명확히 알게 된다. 그렇게 우리의 뇌는 평생 형성된다. 회색 사령관은 영원히 성장을 멈추지 않는다.

과거의 이론과 달리, 이제 우리는 뇌가 우리 몸의 다른 부분들과 매우 긴밀하게 협력한다는 사실을 안다. 여러 새로운 연구들이 이러한 흥미로운 협력 관계를 속속 밝혀내고 있다! 오랫동안 그저 '신체 균형 잡기 센터'로만 여겨졌던 소뇌의 한 영역이 대표적인 고등 영역이라고 생각했던 대뇌피질이 어려운 결정을 내릴 때 도움을 주기도 한다. 때로는 포유류의 감정을 담당하는 영역이 배고픔에서 '의욕'을 만들어내기도 한다(말하자면 '더 많이 먹고 싶게' 만든다). 두려움을 담당하는 핵심 뇌 영역으로 오랫동안 여겨졌던 편도체가 사실은 주의력을 조절하고 그래서 더 복잡한 사고 과정에도 관여한다는 것이 최근 연구에서 밝혀졌다! 감정과 이성을 엄격히 구분하던 경계는 점점 모호해지고 있다.

우리의 뇌는 이른바 '다세대 공존'의 성공적 사례다. 그리고 이러한 공존은 서로 다른 능력과 관점을 가진 다양한 집단이 결합하여 탄생한다! 물론 이런 공존이 잘 작동할 때도 있고 때론 삐걱거리기도 한다. 그럼에도 불구하고 다세대 공존은 과거와 현재와 미래로 구성된 검증된 기반 위에서만 구축될 수 있다. 모든 뇌 영역 중에서 이성이 자리한 대뇌피질만을 '가치 있다'고 여기는 사람은 역사의 교훈이나 조부모의 경험을 무시하는 사람만큼이나 근시안적이다.

뇌의 구조와 발달은 뇌에 대해 가지는 일반적인 이미지와 상반된다. 사실 뇌는 혹독한 현실에서 멀리 떨어져 호화롭게 지내는 오만하고 거만한 기관이 아니다. 오히려 뇌가 몸의 정점으로 드높여진 까닭은 뇌가 자신의 모든 섬유를 통해 몸에 관심을 주고, 몸을 보호하고,

몸을 돕고, 몸과 세상을 연결해주기 때문이다.

한마디로 뇌가 보살핌과 보호를 받는 까닭은 생명에 소중한 장기들의 협력을 최상으로 보장해주기 때문이다. 그러므로 저명한 뇌 연구자 안토니오 다마지오Antonio Damasio가 1990년대에 말했던 것처럼 회색 사령관은 사실 '몸의 하인'이라고 봐야 하지 않을까? 우리가 흔히 몸의 '상위 계층'으로 여기고 우리를 '통치'하는 일종의 '보스'로 받아들이는 뇌가 사실은 전혀 다른 기관이지 않을까? 이는 지배와 복종이라는 기존 모델과는 완전히 상반되는 개념이다. 그렇다, 새로운 시선으로 과학을 보면 완전히 새롭지만 때때로 간과되는 원리가 몸에 적용된다. 통치는 곧 섬기는 것이기도 하다.

수면: 낮의 실무자 젊은 뇌, 밤의 관리자 늙은 뇌

수면은 권력의 이동이다. 깨어 있을 때는 외부 세계를 담당하는 젊은 뇌 영역(가장 후기에 진화한)이 우리의 뇌를 통치한다. 잠들었을 때는 주로 내부를 조절하는 늙은 뇌 영역(가장 초기에 진화한)이 통치한다. 늙은 뇌 영역은 시그니처 활동인 평온한 잠에서 알 수 있듯이 빠를 필요도, 강할 필요도, 또 매력적일 필요도 없다. 이때는 깨어 있는 삶에서 필요한 거의 모든 기준과 목표가 사라지고 다른 것들로 대체된다. 잠자는 동안 우리 몸은 외부 세계의 영향을 거의 받지 않는 심장박동, 호흡, 뇌파의 리듬을 따른다.

:: 잠들기: 더 강한 목소리를 내는 쪽이 이긴다

젊은 뇌 영역과 늙은 뇌 영역 사이의 권력 이동은 대개 평화롭게 이루어진다. 늙은 뇌 영역은 깨어 있는 동안 빛에 노출된 시간을 세고 염증이 발생했는지, 잘 먹었는지 등 몸이 보내는 신호를 처리한다. 이런 신호들은 세포 내부에 있는 시계를 닮은 단백질과 협력하여 우리가 언제 얼마나 피곤해질지를 결정한다. 모두가 수면에 동의하면 늙은 뇌 영역은 일종의 '꿈 요정'이 된다. 그는 뇌의 깊숙한 아래쪽에 앉아 위로 향하는 신경 경로에 억제 물질을 뿌린다. 그러면 신경 경로가 둔감해지고 결과적으로 대뇌로 전달되는 자극이 줄어든다. 즉, 우리는 피곤해진다.

잠이 드는 것은 매우 민주적인 과정이다. 잠이 올 때 대뇌가 개입하여 반대 신호를 보낼 수 있다. 예를 들어 '먼저 부엌을 치워야 해. / 추리극이 지금 너무 재밌어. / 야간 근무 중이야' 같은 신호가 충분히 강하면 우리는 깨어 있게 된다. 민주제의 투표처럼 더 강력한 신호를 보내는 쪽이 승리한다.

잠자는 동안에도 늙은 뇌 영역은 타협의 태도를 유지한다. 큰 소리나 알람 같은 특이한 자극은 대뇌에 전달하기로 약속하는 것이다. 그 대가로 대뇌는 '잠드는 것을 불필요하게 막지 않겠다'고 약속한다. 늙은 뇌 영역은 일반적으로 대뇌보다 더 확실하게 약속을 지킨다.

양측 모두 각각 서로에게 수면을 제안할 수 있다. 전형적인 한낮의 졸음은 수면을 제안할 좋은 기회다! 내부의 유전자 시계 단백질이 12시간마다 한 번씩 분해되기 때문에 우리는 이 시간대에 살짝 피곤함을 느낀다. 이때 다른 뇌 영역도 잠들 만한 추가 근거를 제시하면 우리는 낮잠에 돌입할 수 있다. 아침에 이미 너무 많은 에너지를 소모했거나 지금 듣고 있는 강의가 너무 어려울 수 있다. 하지만 깨어 있어야 할 이유가(개방형 사무실에서 일하는 경우) 더 크다면 세포 시계가 조금 더 갈 때까지 기다려야만 한다(또는 커피를 마신다).

둘 사이가 항상 평화롭기만 하느냐 하면 그렇진 않다. 때때로 대뇌는 '자지 마!'라는 명령을 무자비하게 강요하고 과도한 활성화 신호를 보낸다(오늘 사무실에서 내가 한 농담은 정말 끔찍했어. / 냄비 불을 껐던가? / 구글에 검색해봐야 해!). 너무 늦은 시간에 커피를 마시거나 밤에도 환하게 불을 켜둔다. 이로써 대뇌는 형평성의 한계를 넘어서지만 안타깝게도 결국 누가 더 유리한 위치에 있는지도 망각한다. 늙은 뇌 영역이 여전히 아래쪽에 앉아서 위로 향하는 자극에 억제제를 솔솔 뿌릴 수 있음을 잊는 것이다. 늙은 뇌 영역은 한동안은 선의로 대뇌의 지시를 따르지만, 어느 순간 더 이상 참을 수 없게 되면 결국 노트북 앞에서 또는 운전 중에도 그냥 잠들게 내버려둔다. 외부의 시선으로 보면 이는 결코 좋은 일이 아니지만 내부의 삶에 어느 정도 자기 시간을 보장하기로 한 암묵적 합의가 깨졌기 때문임을 인정해야 한다. 수면에서는 두 권력이 어떻게 상호작용하느냐, 즉 상호 존중하느냐 그렇지 않느냐가 중요하다.

두 권력이 어느 정도 평화로운 합의에 도달하면 내부 세계의 장엄한 광경이 시작된다. 늙은 뇌 영역이 젊은 뇌 영역을 서서히 재운다. 억제제 가랑비가 장대비로 바뀌고 신경이 점점 더 강하게 옥죄인다.

얼마 지나지 않아 신경은 어떤 신호도 위로 전달하지 못하게 된다. 낮 동안 외부 세계의 자극(눈, 귀, 코, 피부, 근육 등을 통해 끊임없이 전달되는 정보!)에 노출되었던 젊은 뇌 영역은 이제 장난감 더미 속에서 지쳐 잠들어 엄마의 품에 안아 올려진 아이처럼 보호받는다.

최고의 각성 상태에서는 1초에 40~100회에 달하는 흥분파가 뇌 표면을 때리지만 잠이 들면서 이런 흥분파는 가라앉는다. 처음에는 약 12회로 그다음엔 11, 10, 9, 8로 서서히 줄어든다. 외부 세계의 끊임없는 라이브 스트리밍이 사라진다. 대신 점점 느려지는 리듬의 자극들이 나타나 부드럽게 요람을 흔들어줄 때처럼 잠들어도 된다고 대뇌를 안심시킨다.

처음에는 이따금 그 흔들림을 느낀다. 곧바로 잠에 빠져드는 것이 아니라 종종 약간 더 빠르게(깨어 있는 것처럼) 흔들렸다가 다시 느려진다. 푸짐한 식사 후 소파에 앉아 있다가 잠이 들 때 우리는 사이사이에 짧은 대화를 나누기도 하는데, 이때가 바로 뇌가 잠깐씩 다시 깨어나는 순간이다. 원시시대에는 이런 순간을 이용해 잠자리 환경의 안전을 재확인했고 오늘날에는 소파에서 몸을 일으켜 침대로 가는 데 이용한다. 침대에서 우리는 더 깊은 잠으로 들어갈 수 있다.

:: 얕은 잠, 중간 잠, 깊은 잠

몇 분 동안 흔들린 뒤에는 대개 잠이 든다. 그렇게 첫 번째 얕은 잠이 시작된다. 혈압이 떨어지고 호흡이 느려지고 근육의 긴장이 점차 풀리고 눈은 바깥세상을 더는 따라가지 않고 몸 안에서 일어나는 과정에 맞춰 움직인다. 얕은 잠을 자는 동안 눈은 천천히 움직이고 낮 동안 지평선의 한 지점에 초점을 맞출 때와 비슷한 뇌파 패턴이 반복된다. 마치 흔들리는 배 위에 서서 뚜렷한 목표 지점을 보고 있거나 숲길을 거닐며 주변을 둘러볼 때와 같다.

얕은 잠을 자는 동안 우리의 늙은 뇌 영역은 1초에 5~7회 파동으로 젊은 뇌 영역을 흔든다. 이 단계에서 뇌의 전기적 활동을 측정하면 이른바 '정점파'와 첫 번째 '수면방추파'가 기록된다. 잠수부의 핀 동작 때처럼 이 파동들은 신경을 더 깊고 차분한 파동으로 이끈다. 시간이 더 지나면 여기에 'K 복합체'라는 더 큰 파동이 추가된다(잠자는 피험자들의 방문을 두드리는knock 실험에서 이 파동이 발견된 까닭에 이런 이름이 붙었다). 이 파동들은 감각 정보를 차단함으로써 뇌가 깨지 않고 안정적으로 계속 잘 수 있도록 다음 단계의 수면으로 안내한다. 마치 잠드는 아기를 위해 '쉿! 조용히 해!'라고 말하는 것과 같다.

얕은 잠은 보통 2~3분 정도면 끝난다. 금세 (또한 K 복합체 덕분에) 중간 잠 단계에 접어들고 눈도 갑자기 움직임을 멈춘다. 이제 늙은 뇌 영역은 젊은 뇌 영역을 1초에 약 4회 파동으로 흔든다. 근육, 호흡, 심박수, 혈압은 더욱 이완되고 마치 잠의 평온 속에 다시 한번 같이 빠져들 것처럼 느려진다. 중간 잠 단계에서는 머릿속이 점점 고요해진다. 이제 수면방추파 몇 개가 아주 가끔 뇌 표면을 스치듯 지나간다.

약 30분 동안 중간 잠 단계가 이어진 후, K 복합체가 점점 더 많이 나타난다. 이들은 뇌가 다음 단계로 넘어가는 동안 다시 한번 뇌를 보호하고 수면방추파의 휴게소 너머 깊은 잠으로 우리를 안내한다. 이제 늙은 뇌 영역이 전권을 쥔다. 늙은 뇌 영역은 젊은 뇌 영역을 그 어느 때보다 더 느리게 조용히 흔든다. 1초에 3회도 안 되는 파동이 뇌 표면을 스치듯 지난다(때때로 2초에 1회만 지난다!). 활기찬 각성 상태와 비교하면 이는 마치 현실을 10배에서 200배 느리게 재생하는 것과 같다.

깊은 잠 단계에서는 늙은 뇌 영역이 마침내 아무런 방해도 받지 않고 제 역할을 할 수 있다. 그들의 주된 관심사는 우리의 내부 세계를 조화롭고 완벽하게 조절하는 것이다. 그들의 통제를 받는 장기들은 오직 몸에 중요한 일만 정확히 수행하면 된다. 그 이상은 필요치 않다.

이 시간 동안 폐, 심장박동, 혈압은 그 어느 때보다 부드럽고 매끄럽게 조화를 이룬다. 아무도 과격하게 행동하지 않고 한 톨의 에너지도 불필요하게 낭비되지 않는다. 호흡 횟수가 깨어 있을 때의 절반으로 줄고 심박수는 휴식 때보다 더 낮아지며 평소 혈압이 높았던 사람도 대개 건강한 수준에 도달한다. 한마디로 깊은 잠은 멋진 휴가지에서 깨닫게 되는 진리를 우리에게 보여준다. 바깥세상의 모든 영향이 사라지면 삶은 평온한 얼굴로 평화롭게 쌔근쌔근 숨쉰다.

깊은 잠 단계에서 대뇌는 요람처럼 흔들리지만 마침내 그저 세포 덩어리로 돌아가 리드미컬하게 고동칠 수 있게 된다. 마치 평생의 꿈이었던 드럼 합동 공연을 위해 경영자 자리를 포기한 것처럼, 또는 그저 심장박동 소리를 들으며 누워 있는 것처럼 대뇌의 태도가 완전히 바뀐다. 대뇌세포가 수축한다. 혈류량이 줄고 세포 사이의 간격이 약 50% 넓어진다. 이 상태에서 대뇌는 뇌척수액에 완전히 잠기고, 물질대사 노폐물이 더 잘 배출된다. 모든 불필요한 물질은 정맥 배수로를 타고 심장으로 갔다가 마지막에 간과 신장 같은 해독 및 배설 전문 기관으로 이동한다. 대뇌는 깊은 잠에 든 동안 노폐물의 90퍼센트를 처리한다.

대뇌의 노폐물 처리 시스템인 이른바 '글림프 세척glymphatic wash-out'은 뇌 연구가 찾아낸 최신 퍼즐 조각이다. 2012년에 처음 발견된 이 시스템은 당시 여러 가지 새로운 아이디어를 불러일으켰다. 예를 들어 알츠하이머병 환자의 뇌에서는 특정 가용성 단백질(아밀로이드 플라크와 타우 단백질)의 축적이 흔히 발견되는데, 이런 단백질을 성공적으로 제거하는 약물의 연구는 지금까지 이렇다 할 성과를 거두지 못했다. 글림프 세척이 발견된 이후, 이런 단백질의 축적 원인이 그저 뇌 세척의 기능 장애에 따른 부작용일 거라는 이론이 제기되었다. 실제로 수면 부족은 치매 발병의 중요한 위험 요인으로 여겨진다.

마취에서도 주목할 만한 발견이 있었다. 깊은 잠을 특히 잘 모방하는 마취제(즉, 아주 드물게 대뇌에 큰 전기적 파동을 발생시키는 마취제)는 동물 실험에서 높은 비율로 이런 단백질을 씻어냈다. 이 계열의 약물인 덱스메데토미딘Dexmedetomidine은 특히 노인에게 권장되는데, 이 약물로 마취할 경우 혼란과 섬망을 겪을 위험이 낮기 때문이다. 그 이유가 마취 중 뇌 세척이 더 잘 되기 때문인지는 아직 명확히 밝혀지지 않았지만 그럴 가능성도 있다.

늙은 뇌 영역이 우리의 대뇌를 성공적으로 깊은 잠에 빠지게 하고 장기들이 조화로운 모드에 들어가면, 성장호르몬이 혈류에 넘쳐난다. 이는 특별한 시간, 바로 '일괄 정비 시간'을 알리는 신호다! 일괄 정비 시간은 이제부터 일어날 일을 가리키는 공식 용어도 비공식 용어도 아니지만 이보다 더 적절한 표현은 없는 것 같다. 힘든 한 주를 보내고 토요일에 집에 머물며 음악을 틀어놓고 밀린 청소를 하고 세차를 하고 식단을 짜듯이, 우리의 세포들이 이제 그와 흡사한 일들을 동시에 또는 순서대로 처리한다. 세포들에게 깊은 잠은 일괄 정비 시간을 의미하고, 성장호르몬의 급증이 바로 그 시작을 알리는 신호다. 세포들은 낮 동안 손상된 세포막을 복구하고 새로운 도구를 만들고 자기 관리를 하고 비상식량 저장고를 채운다. 이때 면역체계는 새로운 면역세포를 대량으로 생성한다. 그래서 우리가 몸이 아플 때 푹 자고 일어나면 더 빨리 회복되고, 반대로 밤새 술을 마신 뒤에는 감기에 더 잘 걸리게 되는 것이다. 모기에 물리거나 피부 발진이 있을 때 밤에 특히 심하게 가려운 까닭도 이때 면역 신호가 더 많이 방출되기 때문이다.

우리의 세포들은 전반적으로 오류를 훨씬 적게 범한다. 깊은 잠을 자는 동안 세포들이 생성하는 '샤페론'이라는 특별 감독관이 제 할 일을 착실히 해내기 때문이다. 샤페론은 DNA를 읽고, 설계도에 따라 새로운 단백질을 조립할 때 도움을 주고, 위험하게 변형된 단백질을 포획하는 단백질 감독관이다. 연구자들은 수면 부족과 야간 근무가 암 발생 위험을 높이는 한 가지 원인으로 샤페론 변형을 지목한다. 잠이 부족하면 샤페론이 변형되어 결함이 있는 세포 구조가 더는 엄격히 관리되지 않는다.

일괄 정비 시간이 끝나면 우리의 체세포는 눈에 띄게 생기를 띤다. 인간에게 수면이 필수적인 이유, 성장과 휴식이 우리 유기체를 위한 최적의 조합인 이유는 '에너지 분배 가설'로 설명할 수 있다. 몸의 입장에서 세포 증식은 가장 힘들고 중대한 일이다. 그런 일을 '몸이 조용한' 시간대에 몰아서 하면 이를 더욱 철저하게 수행할 수 있다. 다시 말해 세포는 다리가 어디를 달려간다든가 위가 소화를 시키느라 혈당이 급등한다든가 하는 등의 방해를 받지 않고 온전히 임무에 집중할 수 있다. 오하이오 수면 연구소의 마르쿠스 슈미트Markus Schmidt 연구팀의 계산에 따르면, 완전히 잠들었을 때 우리 몸은 에너지를 최대 네 배(400%) 절약하는 반면, 가만히 누워 있거나 차분히 호흡할 때는 에너지를 8~12%만 절약한다.

사실 깊은 잠이 수면 단계의 마지막일 수도 있다. 세포는 편히 쉬는 것처럼 보이고 심장과 폐, 혈관은 최대한 이완되었으며 대뇌는 깨끗이 세척되어 싱그러워졌다. 하지만 몸에게 휴식이 뭐냐고 묻는다면 '평온과 조화' 외에 다른 답을 얻게 될 것이다. 이 답은 '렘수면' 신경세포가 활성화될 때 시작된다. 이 신경세포들은 늙은 뇌 영역의 지휘권을 우아하게 넘겨받아 또 다른 권력 이동을 시작한다. 이제 '진짜로 오래된 늙은 뇌 영역'이 지휘권을 잡을 차례다.

:: 렘수면, 뇌가 자유로워지는 시간

진짜 오래된 늙은 뇌 영역은 자질구레한 일에 신경 쓰지 않는다. 생존? 딱 필요한 만큼만! 완벽하게 조절된 36.5도 체온? 관심 밖이다. 심장박동과 호흡은 덜컹거리는 오프로드 차량처럼 조절한다. 빠르고 불규칙적이다. 때때로 밝지 않은데도 동공을 수축시키고, 혈압을 올리며, 그럴 만한 꿈을 꾸지 않았는데도 아무 이유 없이 생식기를 발기시킨다. 그래서 언뜻 보면 정교하게 조절되는 깊은 잠 영역을 쉬게 하는 다소 혼란스러운 대체휴가 같다. 하지만 다시 잘 보면 진짜 오래된 늙은 뇌 영역은 상당히 흥미로운 나름의 고유한 접근 방식을 보여준다.

수면 단계가 시작되는 순간부터 이 뇌 영역은 자신이 무엇을 기꺼이 포기할 수 있는지 명확히 정한다. 바로 동작과 이성이다. 그래서 팔다리 근육 같은 골격근을 완전히 무력화한다(깊은 잠을 잘 때처럼 그냥 이완을 시키는 정도가 아니다). 그리고 논리와 합리성을 담당하는 대뇌피질을 철저히 차단한다. 이제야 비로소 각 영역은 외부 세계로부터 완전히 차단된다. 천천히 흔들어주기만 하는 단계가 끝난 것이다.

진짜 오래된 늙은 뇌 영역은 우리를 진정시키는 데 관심이 없다. 오히려 그 반대다! 렘수면 동안 뇌는 자유롭게 움직인다! 한마디로 현실 세계의 영향이 없는 무이성 지대가 만들어진다. 그곳에서는 행동이나 책임 또는 의미를 찾아야 하는 일도 없다. 그렇게 이 뇌 영역은 우리를 모험의 세계로 데려간다! 우리는 털을 말끔히 민 원숭이와 손에 손을 잡고 끝없이 펼쳐진 담벼락 위를 걷기도 하고, 치아가 모두 빠지기도 하고, 하이힐을 신고 뒤로 달리거나, 길을 걸으며 수많은 얼굴들로 이루어진 꽃다발을 향해 가볍게 인사를 건넨다. 이렇게 꿈을 꿀 때는 이성이나 새롭게 유입되는 감각 정보의 방해 없이 뇌 영역들이 서로 소통할 수 있다. 특히 감정과 기억 그리고 연상을 담당하는 영역이 더없이 좋은 전성기를 맞이한다. 이 영역들은 (깨어 있을 때보다 훨씬 더 강하게) 거침없이 활동하며 신경들 사이에 온갖 새로운 연결을 만들어낸다.

과학에서 꿈은 가장 도발적인 주제다. 언제나 모든 것을 논리적으로 설명하려 노력하는 과학자들에게 꿈은 논리 따윈 신경 쓰지 않는 무언가가 갑자기 나타난 것과 같다. 그것도 하필이면 뇌의 정중앙에서! 현대 의학계에서 모순된 이론이 이보다 많은 분야는 아마 없을 것이다. 어떤 연구자들은 꿈을 그저 뇌에서 저절로 생기는 우연한 헛소리, 즉 무의미한 '신경 불꽃놀이'에 불과하다고 여긴다. 어떤 연구자들은 뇌가 미래를 준비하기 위해 현실 요소들을 연습하는 일종의 리허설 모드로 본다. 꿈을 꾸는 것이 감정을 처리하고 문제를 해결하는 데 도움이 된다는 이론을 뒷받침하는 훌륭한 연구 자료들도 있지만 이 이론에서도 세부 사항을 놓고 반대론자들이 치열하게 논쟁한다. 놀랍게도 수십 년의 연구조차 명확한 결과를 거의 내놓지 못했다.

현재 우리가 알고 있듯이, 렘수면 동안 대뇌는 외부 자극으로부터 차단됨에도 매우 활발해진다. 그러면 개별 뇌 영역에는 마치 발바닥이 눌리거나 팔이 흔들릴 때처럼 혹은 지나가는 풍경 속을 질주할 때처럼 흥분 패턴이 나타난다! 이 수면 단계에서 대뇌피질은 빈 캔버스 또는 내면의 영화를 위한 스크린이 된다.

렘수면의 길이는 밤이 깊어지면서 증가한다. 우리는 깨기 전까지 다양한 수면 단계를 약 다섯 번 반복한다(항상 먼저 얕은 잠, 그다음 더 깊은 잠, 마지막으로 렘수면). 그래서 피험자들을 각기 다른 시간에 깨우면 흥미로운 현상이 나타나는데, 개별 주제들이 수면의 각 단계에서 계속 반복되다가 밤이 깊어지면서 점점 더 추상화되는 현상을 볼 수 있다. 예를 들어 낮에 스키를 탄 사람은 먼저 현실처럼 스키를 타는 꿈을 꾼다. 그러다 더 늦은 밤에 깨우면 새하얀 공간에서 스키를 탔다고 보고한다. 더 나중에 깨어난 피험자는 환한 공장의 조립라인에 서 있는 꿈을 꾸었다고 보고한다. 연구자들은 이 같은 추상화의 증가가 더 창의적으로 문제 해결을 가능하게 해준다고 추측한다.

꿈을 꾸는 수면 단계는 1960년대 프랑스 연구팀이 처음 발견한 세부 사항 때문에 특히 매력적이다. 일반적인 렘수면 동안 뇌는 불안과 스트레스 상황에서 증가하는 신호물질인 노르아드레날린을 분비하지 않는다. 최신 이론에 따르면, 바로 이 신호물질이 분비되지 않는 것이 불쾌감이나 심지어 트라우마를 처리하는 데 도움이 된다고 한다. 우리는 선생님의 꾸중을 다시 듣지만 부정적 감정이 들지 않는다. 어쩌면 더 편안한 분위기로 회상하고 배경 음악으로 기타를 연주하는 반 친구를 추가하거나, 선생님이 언성을 높이는 동안 느긋하게 와인 한 잔을 마실 수도 있지 않을까? 이런 꿈을 꾸고 나면 다음 날 아침에 꾸중의 기억이 덜 고통스럽게 느껴질 것이다.

물론 악몽을 꾼다면 공포감을 느낄 수 있는데, 그것은 아마도 렘수면에서 아주 잠깐(어쩌면 단 몇 초) 깨어나 상황에 맞는 감정이 떠오르기 때문일 수 있다. 연구에 따르면 '조각난 렘수면'이 불쾌감의 중요한 원인일 가능성이 크다. 복잡한 꿈을 꾸다 갑자기 깨는 일이 너무 잦으면 재연이어야 마땅한 일이 실질적인 경험 반복으로 변해버린다! 이런 경우라면 다음 날 아침 기분이 어떨까? 당연히 스트레스 상황을 반복해서 겪은 기분이 들 것이다. 두려움 없는 모험이 불쾌한 경험의 연속으로 바뀌었기 때문이다. 특히 주행성晝行性 기분 변화를 겪는 사람들의 경우(예를 들어 오후보다 아침에 항상 기분이 더 안 좋다) 조각난 렘수면이 우울감의 원인일 수 있다. 이 같은 일이 반복되면 우울증이 오기도 한다.

인간의 렘수면은 매우 이례적으로 길다. 우리와 비슷한 유인원에 기초한 모든 알고리즘 예측과 달리, 인간의 렘수면은 전체 수면의 22%(하룻밤에 약 1.5시간)를 차지한다. 고릴라는 기껏해야 3~5%에 불과하다. 침팬지는 길어야 5~10%다. 연구자들은 이처럼 긴 렘수면이 인간의 지적 능력이 지금처럼 발달할 수 있었던 핵심 요인이라고 생각한다. 다시 말해 렘수면의 질이 문제 해결, 감정 처리, 기억력 같은 능력에 명백히 영향을 준다는 뜻이다. 기발한 아이디어를 많이 연결할수록 더욱 창의적으로 문제를 해결할 수 있다. 감정을 말끔히 처리하면 통찰력을 키우는 데 도움이 되고, 감정을 자극하는 정보를 보다 안정적으로 저장하면 우리의 집단 지식이 월등히 높아질 수 있다.

최신 연구가 밝혔듯이 렘수면과 꿈이 바로 그런 경험을 선사한다. 그리고 몇몇 일화들도 이 이론을 뒷받침한다. 예를 들어 화학자 아우구스트 케쿨레August Kekulé는 1891년에 뱀들이 서로 꼬리를 잡고 원을 그리며 춤추는 꿈을 꾸었다. 잠에서 깨어난 그는 그것을 '벤젠 고리'의 원형 구조로 이해했다. 벤젠 고리는 19세기의 가장 중요한 화학 발견 중 하나로 손꼽힌다. 알베르트 아인슈타인, 로잘린드 프랭클린, 프란츠 카프카, 폴 매카트니 역시 잠자는 동안 가장 중요한 아이디어를 떠올렸다. 그런 의미에서 보면 어쩌면 천재성은 단순히 뛰어난 두뇌만이 아니라 직선적 사고와 몽환적 공중제비 몇 번의 성공적 조합일지도 모른다.

:: 잠에서 깨어나기

머릿속 화학 균형이 깨지면 우리는 잠에서 깬다. 밤 동안 쉬면서 회복한 신경 경로가 다시 에너지를 충전하여 제 기능을 수행할 수 있게 된다. 수면 중 대뇌를 진정시켰던 자극 억제제가 이와 동시에 끊긴다. 이때 주로 개입하는 시스템이 이른바 '상행성 망상 활성계ARAS, Ascending Reticular Activating System'다. 이 시스템은 뇌핵 여러 개로 구성된 신경망인데, 대뇌에 도달하는 흥분파를 증가시킨다.

깨어 있는 것은 힘든 일이다. 잘 때보다 더 많은 에너지를 쓰고 더 큰 마모를 일으킨다. 깨어 있음을 주로 담당하는 뇌 영역(대뇌)은 인생 경험에 따라 다르겠지만 아직 배울 것이 많은 새내기다. 그래서 다른 뇌 영역과 비교했을 때 실수가 잦다! 어떨 땐 너무 오래 일광욕을 해서 살갗에 화상을 입고, 또 어떨 땐 조심성을 잃고 바보처럼 어딘가에 걸려 넘어진다. 오래된(그리고 진짜 오래된) 늙은 뇌 영역은 이 사실을 잘 알고 있다. 대뇌가 버스를 잡기 위해(10분 뒤에 다음 버스가 또 오는데도) 열심히 뛰면, 어차피 늙은 뇌 영역이 심박수와 호흡을 높여야 하기 때문이다. 그렇게 새내기 뇌가 낮 동안 온갖 실수를 하고 나면 늙은 뇌 영역이 렘수면 중에 불쾌한 경험을 처리하거나 햇볕에 탄 피부를 숙면 중에 복구하도록 돕는다.

깨어 있는 동안 겪는 온갖 역경, 실수, 어려움에도 불구하고, 늙은 뇌 영역은 어김없이 젊은 뇌 영역을 깨워 다시 긴 시간 동안 제 임무를 수행하게 한다! 이는 어쨌거나 늙은 뇌 영역이 젊은 뇌 영역의 핵심 능력을 인정한다는 뜻이다. 젊은 뇌 영역만큼 복잡한 외부 세계를 잘 다룰 수 있는 영역은 사실상 없기 때문이다. 이 뇌 영역은 끝없이 펼쳐지는 정보의 그물을 하나의 경험으로 엮어내고 새로운 것을 학습하며 온몸에 기쁨을 주는 짜릿한 행동을 해낸다. 그래서 늙은 뇌 영역은 아침마다 자극 억제제를 거두고 세상의 자극을 통과시키며 젊은 뇌 영역으로 권력을 이양한다. 그렇게 우리는 뺨에 닿는 베개의 감촉을 다시 느끼며 잠에서 깨어난다.

:: 잠을 설칠 때 뇌에서 벌어지는 일

아침에 상쾌한 기분으로 벌떡 일어날 수도 있지만 그렇지 않을 수도 있다. 꿀잠을 자느냐 잠을 설치느냐는 가족 여행처럼 얼마나 단합이 잘 되느냐가 관건이다.

젊은 뇌 영역이 너무 이른 시간에 알람 소리에 깨면 다른 뇌 영역의 수면 활동이 중단된다. 반대로 늙은 뇌 영역이 밤에 우리를 설렁설렁 재우면 젊은 뇌 영역이 너무 일찍 깨어난다. 그러면 비몽사몽 상태로 생각하기 시작한다. 이것 역시 최적의 상황이 아니다. 렘수면을 담당하는 뇌 영역이 고삐를 놓치면 상황은 더욱 불쾌해진다. 젊은 뇌 영역이 기괴한 꿈과 현실을 혼동하기 시작하면, 두려움이 엄습하고 우리는 땀에 흠뻑 젖은 채 깨어난다.

인간은 보통 7~8시간을 자야 한다. 하지만 수면 시간이 적다고 해서 반드시 나쁜 것은 아니다. 밤에 1시간 30분 정도의 렘수면과 1시간 남짓한 깊은 잠만 잘 수 있으면 되기 때문이다. 그사이에 더 얕은 잠을 자고 자연스럽게 잠깐씩 깨기도 하지만 곧바로 다시 잠들면 우리는 깼던 일을 기억하지 못한다. 그러므로 여섯 시간을 자고도 푹 잘 잤다고 느낀다면, 실제로 충분히 잔 것이다. 스트레스가 많지 않은 하루였다면 더 짧게 자더라도 충분하다. 따라서 우리가 잘 잤느냐 못 잤느냐를 판단하는 기준은 절대적인 수면 시간이 아니라 자고 일어났을 때의 기분이다.

밤의 전반부에 못 잤는지 후반부에 못 잤는지에 따라 다음 날 아침이 달라진다. 전반부에는 뇌가 더 긴 시간 동안 깊은 잠을 잔다. 그러면 우리는 충분히 몸을 회복하여 개운하게 깨어난다. 깊은 잠의 목적이 바로 몸의 회복이니까 말이다. 만약 수면의 전반부가 너무 일찍 끝나거나 계속해서 방해받으면(예: 코골이 또는 알코올 부작용) 몸의 회복이 제대로 이루어지지 않는다. 그러면 늦게까지 오래 자더라도 찌뿌둥하고 피곤하다.

밤의 후반부에는 렘수면 단계가 길어진다. 만약 이 시간이 부족하면 정서적 안정과 기억력에 해로울 수 있다. 또한 렘수면이 부족하면 통증 민감도가 증가하고 호르몬 불균형이 발생할 가능성이 크다. 아침에 알람 소리를 듣고 일어나야 하는 사람들이 이런 유형의 수면 부족으로 고통받는 경우가 빈번한데도, 과학은 아직 이에 관해 아는 것이 많지 않다.

노년에 수면의 질이 떨어지면 불안감이나 조급함을 점점 더 많이 느낀다. 잠을 설쳤을 때 받는 고통은 뇌 영역마다 다른데, 불안을 유발하는 영역은 우리 몸이 수면 부족으로 아무리 피로해도 아랑곳하지 않고 우리를 불안하게 만들 수 있다. 마치 정전 중에도 밝게 빛나는 비상구 표지판처럼 말이다.

대뇌에서 가장 어린 부분인 (이마 바로 뒤에 있는) 전전두피질은 모든 종류의 수면 부족에 극도로 민감하다. 전전두엽은 응석받이 막내 같아서 보통 가장 많이 쉰다. 깊은 잠 단계에서는 완전한 이완 상태가 유지되고 렘수면 중에는 완전히 차단된다(반면에 대뇌의 다른 영역들은 온갖 꿈을 꾼다). 따라서 밤의 전반부든 후반부든 수면 부족은 전전두피질에 특히 큰 타격을 주고, 우리는 이를 즉각적으로 느낀다. 전전두피질은 논리와 이성 외에도 과도한 두려움과 분노를 완화하거나 동기를 불러일으키는 일을 담당한다. 그래서 뇌의 이 부분이 제대로 쉬지 못하면 거칠게 말해서, 제 기능을 못 한다. 그 결과 우리는 불안하고 짜증이 나고 의욕이 전혀 없는 상태로 깨어난다.

뇌가 어쩌다 한 번 충분히 자지 못한다고 해서 큰 문제가 생기지는 않는다. 무릎도 항상 완벽하게 뛰지 못하고 성대도 모든 음을 완벽하게 내지 못하듯 말이다. 때때로 낮잠으로 또는 다음 날 밤에 보충하면 그만이다. 독일인의 약 70%가 적어도 1년에 한 번은 잠드는 데 어려움을 겪거나 깊이 잠들지 못한다. 하지만 이런 일이 정기적으로 반복되고(30%), 다음 날에도 이어지고(20%), 휴식을 취했다는 기분이 들지 않는다면(6%), 뭔가 조치가 필요하다.

:: 꿀잠을 위한 조언

많은 사람이 잠을 그저 기능 유지를 위한 배터리 충전쯤으로 여긴다. 그런 관점에서 보면 꿀잠은 그저 자기 최적화나 망가진 잠을 고치는 일에 불과하다. 그러나 이런 관점에 이의를 제기해보면 귀중한 무언가를 발견하게 될 것이다! 잠은 신체의 '사고 과정'으로도 바라볼 수 있다. 다양한 감각들을 연결해 만들어내는 독창적이고 유기적인 꿈, 늙은 뇌 영역과 젊은 뇌 영역의 협업. 이 모든 것은 오늘날 이미 인공지능으로 대체되고 있는 부지런하고 직선적인 사고와 대조된다.

꿀잠을 위한 조언은 인간답게 사는 데도 도움이 된다. 수많은 조언과 권고가 있으나 크게 두 가지 원칙으로 압축할 수 있다. 첫째는 안전한 휴식, 그리고 둘째는 수면 신호 강화다. 대부분의 권고가 이 두 가지 원칙에 초점을 맞춘다. 어떤 경우에는 이 두 가지 원칙을 합쳐야 의미가 있고, 또 어떤 경우에는 부족한 부분이나 잘못된 점에 집중하는 편이 더 나을 때도 있다. 어쨌든 이 두 가지 기본을 이해하면

독일 수면연구 및 수면의학 협회에 따르면 여러 만성질환 외에도 특정 약물(이뇨제, 베타 차단제, 갑상샘 약, 코르티손 등)의 영향이 수면을 방해한다. 원인이 건강 문제라면 해당 질환(예: 철분 결핍에 의한 다리 경련)을 파악하여 최대한 치료해야 한다. 원인이 약물 문제라면 복용량과 복용 시간을 조절하는 것이 종종 도움이 된다(또는 가령 메토프롤롤 때문에 악몽을 꾼다면 약물을 변경하는 것이 좋다).

무호흡증을 동반하는 코골이는 특히 수면을 심각하게 방해한다. 질식의 두려움 때문에 몸이 계속해서 깨어나기 때문이다. 이때는 양압기 착용이 도움이 되고 가벼운 코골이라면 구강 내 장치로도 호전될 수 있다. 구강 내 장치는 교정 전문가의 도움을 받아야 한다. 만약 어린이가 코골이가 있다면 이비인후과를 방문하는 것이 좋다. 어린이의 코골이는 장기적으로 불안 및 집중력 문제로 이어지는데, 이는 종종 ADHD와 혼동되거나 실제로 ADHD를 악화시킬 수 있다.

카페인이 정말로 수면을 방해하는지는 여전히 논쟁거리다. 어떤 사람들은 저녁에 커피를 마셔도 수면에 아무 문제가 없다고 확신한다. 하지만 연구 결과를 보면 잠드는 데는 큰 문제가 없을지 몰라도 (특히 고된 하루를 보낸 뒤라면) 잠든 후부터 문제가 발생한다. 카페인은 소모된 에너지 분자를 인식하는 수용체(즉, 몸을 진정시키는 수용체)와 결합하는데, 그 결합이 제대로 이루어지지 않아서 수용체를 차단할 뿐 활성화시키지 못한다. 그 결과 우리 몸은 힘든 하루를 보냈음에도 자신이 아무것도 하지 않았다고 착각하고, 동시에 다른 곳에서는 동기부여와 관련된 신호물질들이 증폭되기에 이른다. 따라서 늦은 시간에 커피를 마시면 숙면에 어려움을 겪는다.

이런 현상은 알코올이나 마리화나 같은 다른 각성제에서도 흔히 나타난다. 처음에는 잠들기 쉬울지 몰라도 결국 수면의 질이 떨어진다. 다음 날 더 힘들어지거나 스트레스가 심해진다면 분명 저녁에 소위 마음을 진정시키기 위해 다시 뭔가가(혹은 낮에 졸음을 쫓기 위해 주로 카페인이) 필요할 것이다. 그러므로 쉽게 잠들지 못한다면 늦은 커피는 피하고 며칠 후에 수면의 질이 나아졌는지 확인해보라. 연구마다 다르지만 늦은 커피는 빠르면 12시 또는 오후 4시 이후를 뜻한다.

2. 수면 신호 강화

녹색과 빨간색이 동시에 켜지는 신호등처럼 쓸모없는 것이 또 있을까? 화려한 색을 뽐내는 버섯을 보고 '아마도 독이 없을 거야'라고 판단하는 버섯 전문가도 마찬가지다. 우리가 불분명한 신호를 좋아하지 않듯 우리의 수면센터도 모호함을 좋아하지 않는다. 우리를 '피곤하게' 만들기 위해 다방면의 자극을 필요로 하는 수면센터를 만족시키려면 이들이 제시하는 아주 명확한 기준을 따라야 한다.

시신경 뒤의 세포가 청록색이나 파란색 또는 자외선 성분(500nm 미만의 파장)이 포함된 밝은 빛을 감지하면 수면센터는 수면을 유도하는 멜라토닌 생성을 억제하고 깨어 있게 하는 신경을 자극한다. 반면에 어둠과 노란색이나 주황색 또는 붉은색 빛(500nm 이상의 파장)은 멜라토닌 생성을 증가시킨다. 그래서 기상 후 몇 분 동안 밖에 나가 햇빛을 쬐라거나 일몰 때 붉은 노을을 보라거나 저녁에 푸른색 빛(조명, 휴대전화, 텔레비전 등)을 피하라고 조언하는 것이다. 현재 알약 형태의 먹는 멜라토닌도 매우 인기가 있는데, 멜라토닌 약은 빛을 감지하지 못하는 시각장애인에게 도움이 되지만 그 밖의 사람들에게는 큰 영향을 미치지 못하는 것으로 밝혀졌다. 멜라토닌은 금세 분해되기 때문에 기껏해야 잠드는 데 도움이 될 뿐, 그마저도 장기적으로는 별로 도움이 되지 않는다.

수면 부족의 데이터는 더욱 확실하다. 평소보다 일찍 일어나거나 낮잠을 거르면, 소모된 에너지 분자와 물질대사 노폐물이 더 많이 쌓여 결국 우리를 피곤하게 만든다. 쌓인 피로는 이른바 '수면 압력sleep pressure'을 만들어내는데, 이는 힘든 하루를 보냈거나 육체노동 후 빠르게 잠들게 하는 결정적 요인이다. 따라서 한동안 수면 시간을 줄이면 이러한 수면 압력이 더욱 강화된다.

마지막 요소는 세포 시계다. 같은 시각에 잠들기, 낮과 밤의 명확한 리듬 지키기, 낮 동안 활동적으로 생활하기, 저녁에 편안히 휴식하기 등의 조언들이 바로 이 세포 시계를 겨냥한 것이다. 세포 시계는 빛, 열, 호르몬(식후나 운동할 때 분비되는 호르몬)의 영향을 받기 때문이다. 낮과 밤의 명확한 리듬과 일관된 취침 시간은 세포 시계의 일정한 박자 유지에 도움이 된다. 만약 교대 근무를 할 때처럼 상반된 신호가 불규칙적으로 발생하면 세포 시계의 효력이 약해지고, 그 결과 깊은 수면에 들지 못한다.

독일 수면연구 및 수면의학 협회는 '회복력이 없는' 수면을 개선하기 위한 지침에서 마음챙김 훈련, 침술, 아로마테라피, 운동, 최면요법, 마사지, 명상, 음악 치료, 요가/태극권/기공 등 다양한 대안적 치료법을 인정한다. 또한 약초요법(쥐오줌풀, 레몬밤, 시계꽃, 홉)도 언급된다. 하지만 이런 요법에 관한 연구들은 명확한 권고안을 제시하기에는 아직 좀 부족한 면이 있다. 이런 연구에 자금을 지원하는 경우가 거의 없기 때문일 것이다(아무튼 마사지 로비 단체는 없다). 그러므로 적어도 이런 요법에 관심이 있다면 스스로 연구자가 된다는 심정으로 한번 시도해보도록 하자.

:: 수면제가 정말 도움이 될까?

수면제는 권고 목록에서 제일 마지막에 있는 조언이다. 수면제에는 자극 억제제가 들어 있어서 이를 통해 늙은 뇌 영역이 하는 일을 모방한다. 만약 간이 이 물질을 충분히 빨리 분해하지 못하면 다음 날 몽롱함을 느끼게 된다. 졸피뎀 같은 최신 수면제는 부작용이 적은 편이지만 수면제는 가능하면 최후의 수단으로 사용하는 것이 좋다. 녹일 수면연구 및 수면의학 협회에서도 인지행동 치료만으로 부족할 때만 수면제 사용을 권하고 있다. 실험에서 두 가지 방법 모두 똑같이 효과가 좋았으나 수면제는 복용했을 당시에만 효력이 있었을 뿐, 약을 끊으면 곧바로 효력을 잃었다.

일반 수면제의 가장 큰 문제점은 렘수면을 앗아간다는 것이다. 몇몇 수면제는 깊은 수면에 들지 못하고 그저 몽롱한 상태에 머물게 하여 자다가 중간에 깼던 기억을 잃게 할 뿐이다.

수면제가 불면증을 눈에 띄게 개선하고 부작용이 없더라도, 먹기 전에 꼭 다음 세 가지 사항을 고려해야 한다. 첫째, 다른 신체적 원인(예: 철분 결핍으로 인한 다리 경련)은 없는가? 둘째, 복용량을 최소 용량으로 시작했는가? 셋째, 복용 기간을 정했는가(예: 처음에는 2주 이내)?

일반 수면제를 끊고 싶으면 복용량을 점차 줄여나가는 것이 좋다. 갑자기 중단하면 뇌가 불안해지고 초조해질 수 있기 때문이다. 이미 수면제 의존성이 심하더라도 과거보다는 쉽게 용량을 줄일 수 있으니 걱정할 필요 없다. 금단 증상을 완화하는 대체물질도 있고 수면제 중독을 전문으로 치료하는 심리 치료법도 있다(그만큼 현재 이 문제가 흔하다는 증거다).

많은 여성이 폐경과 함께 불면증과 불안증을 경험한다. 원인은 대개 프로게스테론 호르몬 수치가 낮아지기 때문이다. 그러므로 수면제를 복용하기 전에 천연(생체) 호르몬제를 한동안 복용해보는 것도 방법이다. 이런 호르몬제는 대부분의 경우 매우 낮은 용량도 효과적이므로 안심하고 먹을 수 있다.

허브요법을 선호하는 사람은 쥐오줌풀(발레리안)로 시작해보면 좋다. 지금까지 수집된 데이터로 볼 때 500mg 이상이면 상당히 효과가 있는 것 같다. 레몬밤, 시계꽃, 홉 등을 같이 섞어 쓰는 경우도 많다. 허브요법은 의약품처럼 대규모 연구로 뒷받침된 사례가 드물지만 설령 실제 효능이 강하지 않더라도 이론적으로는 괜찮다. 수면제의 효능 역시 활성성분 자체에서 나오는 것은 약 37.5%에 불과하기 때문이다. 그 이상의 효능은 뇌가 가진 생각과 기대, 희망 등에서 비롯된다. 그리고 어쩌면 우리가 뇌의 휴식을 위해 뭔가를 복용할 의향이 있음을 보여주는 제스처 자체도 어느 정도 도움이 될 것이다. 수면은 이토록 우호적이고 심지어 감사의 마음까지도 담은 권력 이양이라 할수 있다.

지혜는 감정과 지식의 협업이다

약 10만 년 전, 인간의 사고력에 급격한 변화가 있었다. 논리, 추상화, 예측 같은 고차원적 인지능력이 추가된 것이다. 그렇게 비교적 짧은 시간 안에 우리는 별을 더 자세히 관찰했고 피라미드를 건설했으며 세련된 모자를 쓰고 증기기관차를 타고 다녔다. 그리고 '무엇이 인간을 다른 동물보다 더 똑똑하게 만드는지'에 대해 질문하기 시작했다.

이 질문의 첫 번째 답변은 "인간의 뇌가 더 크다"였다. 하지만 코끼리나 고래를 해부한 뒤로는 '다른 신체 부위와 비교했을 때'라는 겸손한 문구가 추가되었다. 또 다른 인기 있는 주장은 뇌세포의 수였다. 즉, 인간이 다른 동물보다 뇌세포가 더 많다는 얘기였다. 실제로 뇌전체는 아니지만(뇌 전체라면 인간의 뇌세포 수는 평균 수준이다), 적어도 고차원적 사고를 담당하는 대뇌피질에는 뇌세포 수가 더 많다.

하지만 2000년대 이후로 이런 오래된 주장들은 모두 유효하지 않은 것으로 판명되었다. 인간의 뇌는 다른 신체 부위와 비교했을 때 예상 가능한 크기이고, 신경세포 수(고귀하신 대뇌피질 포함)도 포유류의 평균 수준이다. 연구자들은 2020년경에 이르러서야 더욱 정교한 기술 덕분에 새로운 설명을 내놓을 수 있었다. 인간의 뇌를 특별하게 만드는 것은 바로 신경세포들의 상호작용 방식이라는 가설이다.

인간의 뇌세포는 소통 능력이 특히 뛰어나다. 뇌세포 하나는 섬유질 연장선을 이용해 최대 1만 개의 다른 세포와 연결된다. 또한 이런 세포들에 있는 원활한 소통 담당 영역이 '비정상적으로 크다'. 소통 담당 영역 맨 끝에는 낯선 신호를 수신하는 안테나를 닮은 수상돌기가 있다. 두 세포의 민감도와 효력을 서로 조율하는 프리시냅스(신경전달물질 방출)와 포스트시냅스(신경전달물질 수용)는 '유난히 촘촘하게 밀집되어 있다.' 여기에 엄청난 다양성이 더해진다. 어떤 신경은 강한 자극에 먼저 반응하고, 어떤 신경은 조용하고 미묘한 자극에 먼저 반응하며, 또 어떤 신경은 면역세포의 신호에 특화되어 있다! 이런 다양성이 효율적으로 밀접하게 연결되어 차이를 만든다.

서로 연결된 뇌세포들은 각각 엄청난 과제를 맡는다. 예를 들어 눈은 1초에 약 600만 개의 컬러 픽셀을 받는다. 귀에서도 끊임없이 윙윙거리는 소리가 들리고, 그것만으로는 부족하다는 듯 온몸에 분포된 감각세포들이 피부, 장기, 또는 평형감각에서 받은 정보들을 끊임없이 뇌에 전달한다. 이 모든 정보들에서 '하나의 지각'을 생성하는 것 자체가 이미 걸작이다. 게다가 뇌는 다양한 지각을 응축하는데, 이것은 거의 환상적이다! 우리는 바로 그런 환상적인 일을 해낸다. 지식과 감정은 현실의 요약이다!

첫 번째 단계는 이미 감각 차원에서 이루어진다. 물체를 볼 때, 대규모 신경세포 집단이 먼저 색깔을 인지하고 그런 뒤 모서리와 가장자리를 인식한다. 그다음 소규모 신경세포 집단이 이것을 형태로 변환하고, 더 작은 무리가 이 모든 것을 합쳐 '보트'라고 부른다.

스피드 퀴즈나 금지어 게임을 해본 사람이라면 아주 잘 연결된 뇌세포가 왜 유리한지 이해할 수 있을 것이다. 예를 들어 형제자매나 친한 친구에게는 "내가 가장 좋아하는 개!"라고만 외쳐도 '닥스훈트'를 설명하기에 충분하다. 다른 사람에게는 적어도 "다리가 짧고 몸통이 길며 윤기 나는 털을 가진 개"라는 설명이 필요할 것이다(물론 이렇게 하더라도 성공이 보장되지는 않는다). 신경과학에서는 방대한 정보를 간결하고 간략하게 요약하는 신경세포의 능력을 '코딩효율'이라고 부른다. 인간의 코딩효율은 가장 가까운 친척인 유인원보다 약 30배 더 높다.

'보트'라는 단어를 들으면 우리는 물 위에 떠 있고 다양한 형태를 가졌으며 방향타가 있고 작거나 크며 나무로 또는 금속으로 만들어진 물체를 떠올리고, 심지어 그것이 언제 발명되었는지도 기억해낸다. 원숭이의 신경세포가 이 모든 것을 떠올리려면 30가지의 서로 다른 개념이 필요할 것이다. 이렇듯 어떤 대상에 대한 신경 연결이 많을수록 우리는 그것에 관해 더 많이 '안다'. 기억한다는 것이 다소 추상적으로 느껴질 수 있지만 그 토대는 구체적이다. 기억은 신경 사이의 연결에 위치한다. 신경세포가 무언가를 동시에 인식하면, 그들의 접촉지점(시냅스)에서 변화가 생긴다. 얼굴을 인식하는 세포와 '엄마'라는 단어를 듣는 세포가 동시에 활성화되면, 그들은 연결 지점에서 더 많은 신호물질을 생성한다. 또한 서로에게 더 민감해지고(수용체 수가 더 많아지고) 중요한 기억일 경우 심지어 세포골격을 변형하여 전도성을 더욱 높인다! 이후 같은 얼굴을 다시 보면 전류는 훨씬 더 쉽게 '엄마'라는 단어로 흐른다. 대략 그런 식으로 우리는 기억하는 법을 배운다.

우리의 뇌세포는 서로 연결하여 네트워크를 형성한다. 자극이 어느 세포로 전달되고, 그 세포가 다시 이 자극을 어디로 전달하느냐에 따라 하나의 패턴이 생긴다. 우리가 보트를 볼 때의 신호 경로와 엄마를 볼 때의 신호 경로가 다르다. 뇌세포가 약 830억 개이고 그들이 서로 다양한 방식으로 소통한다는 점을 생각해보면 경우의 수가 어마어마하게 많다는 것을 알 수 있다.

현실은 복잡하다. 신경세포가 연결망을 통해 가능한 한 정확하게 현실을 모사하고, 이를 필요에 따라 적절하고도 간결하게 요약할 수 있다면 그것은 '지혜로운' 일일 것이다. 지혜를 탐구하는 한 연구에서 실험 참여자들은 어느 가족의 다툼에 관해 듣는다. 그리고 "이제 어떻게 될까요?"라는 질문을 받는다. 실험 참여자들의 답변은 현실의 다양한 측면을 얼마나 잘 반영했는지, 편협하거나 선입견에 얽매이지는 않았는지를 기준으로 평가된다. 그래서 "글쎄요, 여동생이 잘못했네요! 여동생은 반성하고 부끄러운 줄 알아야 해요!"라는 답변은 "사람마다 부모의 죽음을 다르게 받아들입니다. 그러니 토론, 논쟁, 실용적 타협이 있거나 뜻밖의 해결책이 생길 수도 있죠"라는 답변보다 훨씬 낮은 지혜 점수를 받는다.

지식의 한계를 스스로 인지하고, 다양한 관점을 고려할 수 있으며, 명확히 파악하기 위해 때로는 한 걸음 물러날 수 있는 사람을 우리는 '지혜롭다'고 묘사한다. 신경과학 측면에서 보면 지혜는 단순히 지식에 그치지 않고 감정과 도덕의 영역까지 확장되는 잘 설계된 네트워크 구조다. 지혜는 새로운 지식을 의미 있게 체계화하도록 도와준다. 이를 통해 우리는 현실을 폭넓게 이해할 수 있을 뿐만 아니라 보다 상세하게 이해할 수 있다.

반면에 지능은 다양한 정보를 결합하여 목적을 달성하는 능력이다. 뇌는 각각의 디딤돌을 연결하여 새로운 경로를 만든다. '틀에서 벗어나 생각하기' 또는 '종합적으로 생각하기' 같은 관용구가 실제로 이 과정에 가깝다. 의미 있게 연결을 잘하는 사람들은 생각에서도 진보를 이루기 때문이다. 신경과학과 컴퓨터공학에서 지능은 '결과에 도달하는 데 필요한 계산 단계의 수'로도 정의된다. 3×5+7-8=14. 이 수식을 계산하려면 세 단계가 필요하다. 책임보험의 위험을 평가해 보험료를 계산하려면 30~100단계가 필요하다.

지식은 최근 순조롭게 발전해왔다. 지식 발전은 현대 사회의 큰 업적이다. 우리 사회는 '지식 사회'라 불리고, 사람들이 교육 수준에 따라 분류되며, 가장 큰 칭찬 중 하나가 '똑똑하다'이다. 논리, 추상화, 미래 계획 등 뇌가 지식을 이용해야 하는 모든 일을 우리는 주저 없이 '고차원적 사고'라고 부른다. 그래서 우리는 당연하다는 듯이 지성을 감각 능력이나 팔다리를 움직이는 능력보다 우위에 둔다. 심지어 지성 이외의 다른 능력을 때때로 낮은 또는 원시적인 기본 기능으로 낮춰보기도 한다! 하지만 객관적으로 보면 이는 타당하지 않은 말이다. '유난히 큰 뇌'를 가졌다거나 '다른 동물보다 뇌세포가 더 많다'는 가정과 마찬가지로 해부학적 상황은 상당히 다르기 때문이다. 지식과 의식, 합리적 사고를 담당하는 영역들은 분명 정교하고 아름답게 구성되어 있고, 새롭고 유용하기까지 하다! 하지만 그렇다고 해서 인류의 놀라운 발전이 전적으로 이런 영역들 덕분이라는 뜻은 아니다. 이 영역들은 새로운 만큼 미숙하기도 하다! 그들은 엄청난 양의 에너지를 소모하고 동시에 처리할 수 있는 정보량이 훨씬 적을 뿐만 아니라 (동작은 여러 가지 일을 동시에 할 수 있지만 사고 과정은 불가능하다!) 상당히 느리기까지 하다. 중요한 뇌 영역인가? 물론이다! 다른 영역들보다 더 독창적인가? 꼭 그런 건 아니다.

모라벡의 역설(인공지능 연구자인 한스 모라벡이 제시한 역설로, 인간에게 쉬운 것은 컴퓨터로 처리하기 어렵고 반대로 인간에게 어려운 것은 컴퓨터로 처리하기 비교적 쉽다는 점을 설명하는 말—옮긴이)은 소위 '고차원적 추론'을 가장 근본적으로 비판한다. 1970년에 발표된 모라벡의 역설은 오늘날에도 여전히 유효하다. 이 역설은 무엇보다 인간처럼 조화롭고 유연하게 움직이는 기계가 등장하지 못하는 이유를 잘 설명해준다.

결과를 얻는 데 필요한 사고 과정(혹은 계산 과정)의 수로 지능을 정의한다면, 신발 끈 묶기가 세계 체스대회에서 우승하기보다 훨씬 우월할 것이다. 균형을 유지하고 신발 끈을 적절한 힘으로 당기고 중력을 고려하며 이 모든 정보를 바탕으로 손가락 동작을 ms 단위로 조정하려면 엄청나게 많은 정보를 연결해야 하기 때문이다(또한 이 모든 정보를 합리적으로 하나의 동작으로 결합해야 한다). 이는 체스에 필요한 수학적 계산을 훨씬 능가한다! 우리가 움직일 때만큼 조금만 더 복합적으로 사고할 수 있다면 우리의 지식 수준은 현재보다 훨씬 앞서 있을 것이다. 따라서 농구를 멋지게 잘하는 로봇은 한동안 존재하지 않을 것이고 세상의 어떤 수학 천재도 현재 이 과정을 계산해낼 수 없다.

이렇듯 인상적인 복합성이 감정에도 적용될까? 가장 불필요한 순간에 느끼는 질투, 억제할 수 없는 분노, 갑작스러운 슬픔 같은 감정은 지식을 활용해 항생제 개발을 촉진하거나 돈을 마구 쓰기 전에 먼저 세어 보는 이성과 비교하면 다소 불안정한 조언자처럼 보인다.

이 주제에서도 지난 20년 동안 새로운 발견이 있었다. 그 발견의 대부분은 우리 시대 최고의 감정 연구자로 손꼽히는 미국의 리사 펠드먼 배럿Lisa Feldman Barrett 연구팀에서 나왔다. 배럿은 이 분야의 선구자들의 연구를 하나하나 분석하여 끈기 있게 반박했고, 과학계는 아무 말 없이 배럿의 결론을 수용할 수밖에 없었다. 배럿의 결론이 너무나 훌륭하고 주장 역시 흠잡을 데가 없었기 때문이다(하필이면 예리한 지성의 표본과도 같은 사람이 감정을 옹호한다는 게 재미있을 뿐이다). 배럿은 이렇게 주장한다. 감정은 우리가 생각하는 것보다 훨씬 더 영리하다. 다만, 우리의 지성이 종종 감정을 잘못 다룰 뿐이다.

이 논의에 참여하려면 먼저 한 가지 사실을 이해해야 한다. 바로 감정feeling은 우리가 의식하는 '정서emotion'라는 더 큰 무언가의 작은 조각일 뿐이라는 사실이다! 정서는 무의식 속에서 생겨나며 우리 뇌가 만들어낼 수 있는 가장 복잡한 것들의 집약체라 할 수 있다.

얼마나 많은 다양한 정보가 '기쁨'으로 이어지는지 생각해보자. 따사로운 햇살, 사랑하는 사람의 냄새, 수영, 전철에서 본 낯선 사람의 미소. 이 모든 것은 무섭게 짖어대는 개나 얼음물에 빠지는 것과는 전혀 다른 무언가를 우리 마음에 뿌린다. 정서는 온몸을 현재 순간에 맞게 조정한다! 혈압을 낮추거나 높이고 근육을 이완시키거나 긴장시킨다. 정서를 통해 우리는 심장박동이 안정되거나 서둘러 뛰기도 하고, 이에 따라 혈액 속 호르몬도 같이 움직인다. 이런 식으로 정서는 온몸과 세포에 통일된 배경 음악과 방향을 제시한다.

정서에는 과거 비슷한 순간에 우리 몸이 어떻게 반응했는지 뿐만 아니라 그 후에 무슨 일이 일어났고, 그 결과 어떤 상태에 놓이게 되었는지도 저장되어 있다. 한마디로 정서는 과거, 현재, 미래를 동시에 아우른다. 역겨움을 예로 들어보자. 인류 역사 초기부터 썩은 고기 냄새는 질병과 위험을 뜻했다. 그래서 그런 냄새는 오늘날 강도에 따라 정도의 차이는 있겠지만 여전히 역겹다. 어쩌면 우리는 그냥 지나치며 코를 막을 것이다. 어쩌다 한 입 베어 물었다면 반응은 더욱 격해진다. 우리는 재빨리 고기를 뱉어내고, 앞으로 닥칠 질병을 막기 위해 어떤 조치가 필요하느냐에 따라 심지어 토하기도 한다.

정서를 담당하는 뇌 영역은 순식간에 상황을 분석하고 분류하고, 그 분류를 점검한 뒤 행동을 개시한다. 이 과정에서 이 뇌 영역은 지금까지 우리가 경험한 모든 정보를 연결하는 전체 네트워크에 접속하여 중요도와 빈도에 따라 정렬한다! 이때 실수가 발생할 수 있을까? 물론이다! 그러면 누군가는 평범한 냄새인데도 구역질을 한다. 또는 아무런 이유 없이 질투를 느끼기도 한다! 하지만 인간의 전체 발달 과정을 고려하면 이 오류율은 매우 낮다.

한마디로, 정서의 이력서는 흠잡을 데가 없다. 수천 년 동안 인간을 보호했고 생존하게 했으며 적절한 순간에 동기를 부여해왔기 때문이다. 이를 달성하기 위해서는 엄청난 발전이 필요했다. 그렇게 우리 조상의 뇌는 정교해지고 완벽해졌다. 정서는 진화 초기부터 발달했기 때문에 시간이 지남에 따라 에너지 효율이 더욱 높아졌고 더 빨라졌다. 그러는 동안 이성을 담당하는 젊은 뇌 영역은 뭘 했을까? 그곳은 이제 막 가판대를 겨우 설치했을 뿐이다! 즉, 이성과 의식적 지식은 진화 과정에서 우리의 정서를 대체하기 위해 등장한 것이 아니다. 기껏해야 보조 기능을 가졌을 뿐이다!

의식적 지식의 역할은 빠르고 복잡한 정서 처리를 재검토하고 필요하다면 보완하는 것이다. 의식적 지식은 이 과정에서 정서를 간결하게 요약한 형태인 '감정'을 얻는다. 그러면 의식적 지식은 '행복해!' 또는 '두려워!'라고 말한다. 조금 나쁘게 말한다면, 감정은 상황을 압축하여 이성에 제공하고, 그래서 이성은 세부 사항을 힘들게 분석해야 한다. 이 과정에서 이성이 오류나 부정확한 것을 발견하면, 예를 들어 냄새가 사실은 토할 정도로 역겹지 않다면 이성은 뿌듯해하며 한껏 으스댈 것이다. 멍청한 감정들이 또 틀렸어! 하지만 이성은 뇌의 나머지 영역까지 설득하지는 못한다. 뇌세포 공동체는 경험의 위계질서를 엄격히 지키기 때문이다. 의식적 사고가 (감정 영역까지 자극하는) 아주 훌륭한 주장을 내놓지 못하면 이성의 주장은 다음번에도 무시될 것이고, 역겨운 냄새는 아무리 더 나은 지식이 있더라도 결국 구토로 이어질 것이다. 그런 까닭에 관련 연구에 따르면, 도덕이나 논리처럼 매우 고귀한 개념이라 할지라도 정서가 동행하지 않으면 우리의 행동에 거의 영향을 미치지 못한다.

배럿은 미세한 방사선 영상을 이용하여 정서의 주도적 역할을 설명한다. 이런 영상들은 우리의 신경이 어떤 경로로 움직이는지 보여준다. 신호는 언제나 먼저 지각에서 정서 영역으로 이동한다. 그곳에서 상황이 요약되고, 그것으로부터 구체적으로 경험할 수 있는 무언가가 만들어진다. 그런 다음에야 비로소 상황에 대한 인상이 대뇌피질에 도달한다. 그렇게 우리는 감정을 등록하고, 원한다면 분석도 할 수 있다. 내 성격이 심술궂은 걸까? 춥거나 배가 고픈 걸까? 아니면 이웃의 말 때문에 이런 기분이 드는 걸까? 이 과정에서 알 수 있듯 우리가 의식하는 정서 또는 정서의 한 부분인 감정을 정확히 파악하는 것은 매우 고차원적인 기술이다!

우리의 의식적 사고는 종종 심각한 오류를 범해왔다. 두려움이나 욕망 또는 불안감을 '악마'로 해석했고, 사람들을 '마녀'나 '해충'으로 멸시했다. 그런데 '잘못된 감정'이나 '비합리성'으로 묘사되는 것들은 사실 이성이 감정을 올바르게 해석하지 못하고 그래서 의미 있게 처리하지 못한 결과다. 수백만 명의 목숨을 앗아간 전투, 피를 흘리며 고집했던 잘못된 과학 개념, 면죄부로 살 수 있는 신. 이 모든 것은 이상하다 못해 기괴하기까지 한 생각과 이념에 기초한다. 그런데 우리는 무엇을 기대하고 있단 말인가? 대뇌는 가장 늦게 진화한 어린 뇌 영역이다! 대뇌는 실수하고 비틀거리고 넘어지고 그것을 통해 배운다. 바로 그것이 대뇌가 하는 일이다!

오늘날 과학이 발견한 전형적인 인지오류, 소위 '편향'은 무려 200개가 넘는다. 뇌 연구자 안토니오 다마지오에 따르면, 이런 사고오류가 생기는 이유는 의식적 사고가 다른 지능 영역에 기반을 두고 있기 때문이다. 우리의 뇌는 마치 엄마의 하이힐을 신은 아이처럼 습득한 모든 회로를 제대로 사용하지 못한다. 그리고 어떻게 다뤄야 할지 정확히 알지 못한 채, 움직임이나 정서의 신경 기반을 사용한다.

이런 오류가 발생하는 동안 우리는 모든 일을 제대로 수행하고 있다고 생각하지만 사실은 자기 뇌에 속아 넘어갈 뿐이다. 이러한 행동 편향 때문에 우리는 쓸모없거나 때론 해롭기까지 한 행동을 하기도 한다(성급하게 분노의 이메일을 써 보내는 일이 대표적이다). 또는 '내집단 편향' 때문에 자신이 속한 집단의 구성원을 다른 집단의 구성원보다 중시하여 불의를 저지른다. 소위 '가용성 폭포' 때문에 무언가를 더 자주 들을수록 그것을 더 강하게 믿는다(특정 화장지 광고를 열 번씩 보면 그 화장지가 갑자기 훨씬 부드럽게 느껴진다). 그리고 인터넷 가짜 뉴스도 충분히 자주 반복되면 그것을 믿기 시작한다.

다시 한번 말하지만, 이런 편향은 단순히 정서의 결과가 아니다. 이런 편향은 의식적 사고가 정서에서 무엇을 '도출'하느냐에 달렸다. 익숙함이 주는 편안한 감정은 재빨리 '신뢰' 또는 '믿을 만하다'로 해석되고, 불쾌한 메시지에 대한 분노는 정서 영역이 정확히 그렇게 제시하지 않았음에도 재빠른 '정면 공격'으로 전환된다.

정서를 잘 이해하기만 해도 우리는 대부분의 정서에서 매우 유용한 무언가를 얻을 수 있다. 예를 들어 분노를 느끼면 심장박동이 빨라지고 근육이 더 단단해지며 흥분과 에너지 수준이 올라간다! 불의를 감지할 때 바로 이런 정서가 생긴다. 이런 정서는 우리의 행동 의지를 키우고 옳다고 믿는 것을 위해 전력을 다하도록 힘을 준다. 가장 순수한 형태의 분노는, 우리를 믿어주고 또한 행동하도록 힘을 주는 어머니와 같다!

우리의 정서는 우리가 서로 싸우거나 분노의 이메일을 보내는 데 에너지를 쓰길 바랄까? 꼭 그렇지는 않을 것이다. 정서에는 그런 명확한 의도가 없다. 그저 도움이 될 만한 상태로 몸을 만들 뿐이다. 하지만 때때로 정확히 어떤 경우에, 왜 그런 상태가 되는지 파악할 필요가 있기는 하다. 특히 오늘날 같은 현대화된 세상에서는 더욱 현대화된 방식으로 감정에 접근해야 할 때가 많다. 가령 불쾌한 이메일에 화가 났다면 분노가 발산하는 에너지를 일종의 지원군으로 이해해보자. 그러면 외교적인 답변으로 자신을 방어하기가 훨씬 수월해진다. 즉, 감정을 억누를 필요 없이(억눌러봐야 어차피 큰 효력이 없다) 오히려 그 감정을 잘 활용하는 것이다(그리고 오후에도 여전히 에너지가 남았다면 달리기에 쓰면 된다). 이처럼 정서의 관심사를 이해하면 우리는 새로운 방식으로 정서를 잘 다룰 수 있다.

감성 지능은 영리한 내비게이션이 되어 내면세계를 탐색할 수 있게 해준다. 우리의 내면세계에도 디딤돌이 있다는 사실을 아는가?! 심리학 연구에 따르면 우리는 끊임없이 감정을 추적하고, 감정의 구성요소를 분석하고, 그 밑에 깔린 정서가 원래 무엇을 의미하는지 조사함으로써 내면세계에 도달한다. 그래서 초조함은 종종 조심하라는 경고와 격려의 혼합으로 나타난다(그리고 둘 중 어느 것이 더 필요한지는 전적으로 그들 간의 협상에 달렸다). 슬픔은 마음의 상처를 위해 시간을 가지라고 요구한다. 마치 발목을 삐었을 때의 통증이 생기는 것과 비슷하다. 그리고 감탄은 더 유연하게 생각하고 새로운 가능성을 인식하도록 도와준다(어떤 문제를 고민할 때 그 문제에서 무엇이 정말로 감탄할 만한지 자문해보는 것도 좋다).

감성 지능은 많은 사람에게 어려운 개념이다. 반면 지능의 또 다른 형태인 인지 지능은 대부분의 사람에게 친숙하다. 인지 지능을 위해 우리는 학교에 가고 책을 읽고 스마트폰으로 정보들을 검색한다. 하지만 내면의 정보를 검색할 그런 도구가 우리에게는 없다. 심리학 연구에 따르면, 그런 이유로 사람들은 대개 첫 번째 단계, 즉 감정을 정확히 명명하는 데 어려움을 겪곤 한다.

어떤 사람은 좌절의 감정을 분노로 분류한다. 또 어떤 사람은 현재 '아무런 감정이 없다'고 말하지만 사실은 슬픔을 애써 억누르는 중일 수도 있다. 심지어 스스로 특별히 감정적이라고 생각하는 사람들조차도 피곤함과 지침, 평화로움과 편안함 또는 여유로움의 차이를 명확히 구분해내지 못한다.

감정을 정확히 해석하려면 연습이 필요하다. 우리는 소와 바다에 관해 배울 수 있듯이 자신의 두려움과 기쁨에 관해서도 충분히 배울 수 있다. 나이가 몇 살이든 상관없다. 감정은 어디에서 왔을까? 무엇이 그것을 변화시킬까? 협상이 가능할까? 새로운 방식으로 감정을 잘 다룰 수 있을까? 자신의 감정을 정확히 이해하는 사람은 다른 사람의 감정에도 잘 대처할 수 있다. 이것의 가치를 입증하는 연구들 또한 점점 많아지고 있다. 감성 지능의 향상은 관계의 질, 건강, 삶의 기쁨을 향상한다. 더 나아가 직업적 성공과 회사 전체의 효율성까지 높여준다. 더욱 놀라운 점은 감성 지능의 효력이 인지 지능의 효력보다 눈에 띄게 크다는 것이다!

자신의 감정과 타인의 감정을 잘 연결하는 것을 뇌의 신경세포 연결과 비교할 수 있을까? 타인과 소통하는 능력이 실제로 우리를 다른 동물보다 앞서게 하는 걸까? 아니면 지식과 감정의 특별한 조합이 우리를 특별하게 만드는 걸까? 어쩌면 지식과 감정은 양자택일의 문제가 아닐지도 모른다. 어차피 지식과 감정은 자매니까 말이다. 둘 다 현실 요약을 기반으로 하고 삶의 과정에서 성장하고 경험을 쌓아 더 현명해질 수 있다. 만약 이 둘이 서로 잘 보완한다면, 우리는 특별히 더 지혜로워질지도 모른다!

동기와 보상: 나와 내 몸이 같은 편이 되는 법

초콜릿을 딱 한 조각만 먹을 생각이었는데 어느새 한 판을 다 먹어버렸는가? 시리즈를 딱 한 편만 볼 생각이었는데 정신 차리고 보니 시즌 하나를 다 봤는가? 감자칩 한 줌만 먹을 생각이었는데 벌써 봉지가 텅 비었고, 스마트폰을 잠깐 봤을 뿐인데 벌써 한 시간이 훌쩍 지나가 버렸다.

최근 몇 년 사이, 우리의 보상체계는 아주 평판이 나빠졌다. 어쩐지 우리가 나쁜 결정을 내리도록 내버려두고 기분 좋은 감정으로 그것을 보상하려고만 하는 것 같다. 그래서 이 보상체계를 '내면의 멧돼지 사냥개innerer Schweinehund'라고도 부른다. 멧돼지가 지칠 때까지 추격하는 사냥개 말이다. 이 상황에서 우리의 이성은 보상만 노리고 거침없이 끝까지 추격하는 사냥개에 결국 굴복하게 되는 가련한 멧돼지와 같다. 그런데 여기서 실제로 누가 누구에게 쫓기는 걸까?

현대 산업은 수십 년 동안 보상체계 세포를 점점 더 좁게 에워쌌다. 그들은 식품의 당 함유량을 높이고 특별한 맛을 더하고 또 그 결과로 생기는 감정을 정확히 겨냥해 방송을 편성하고 모바일 게임을 설계한다. 아마도 처음에는 악의적 의도 없이 이렇게 했을 것이다. 제과업체는 더 달콤한 초콜릿이 더 많이 팔린다는 사실에 반응했을 뿐이고, 게임 개발자들은 그저 자신들이 재밌어하는 게임을 개발했을 뿐이다. 그러나 오늘날 글로벌 기업의 대규모 프로젝트는 더는 그런 순수한 반응에서 출발하지 않는다. 그것은 표적이 명확한 심리학 연구의 결과물이다.

인스타그램, 틱톡, 페이스북 같은 소셜미디어 플랫폼이 이런 변화를 선도하고 있다. 이들은 치밀한 계획으로 우리의 보상체계를 조종하고, 우리의 행동을 분석해 우리가 슬픈지 화가 났는지 예측하여, 그에 따라 구매 가능성이 더 큰 상품을 제안한다. 그러면 보상체계의 세포들이 사냥감이 되고 그 결과로 막대한 포상이 주어진다. 이렇게 보면 '내면의 멧돼지 사냥개'를 더 이상 욕할 수가 없다. 알고 보면 그 또한 한 명의 희생자일 뿐이다.

보상세포는 예민하고 주의력이 뛰어나다. 그들은 낮 동안 자기 자리에서 도파민을 포함한 소량의 신호물질을 끊임없이 분비한다. 이 물질은 음악의 베이스처럼 기본 리듬을 생성하는데, 이 리듬이 빠르고 강렬하면 욕구가 커진다. 예를 들어 맛있는 음식 냄새처럼 즐거운 경험이 생기면 보상세포는 더 많은 리듬을 방출한다. 팡파르와 북소리처럼 보상세포는 어디에 좋은 일들이 있는지 알려주고, 우리가 그것을 누리도록 돕는다. 이것이 바로 보상세포가 하는 일이다.

보상세포는 이 역할을 최대한 영리하게 수행하기 위해 뇌의 다른 영역과 여러 갈래로 연결되어 있다. 그렇게 우리가 통증을 느끼는지, 배가 고픈지, 산책하다 잠시 쉬는지, 힘든 하루 끝에 쓰러질 듯 피곤한지를 계속 점검한다. 수천 년 동안 보상세포는 이런 것들 가운데 무엇이 우리에게 좋고 득이 되는지를 걸러내 우리의 생존을 도왔다. 이것만으로도 이미 감탄할 만하다! 그런데 달콤하고 기름진 음식과 섹스가 우리에게 보상이 될 수 있다는 것을 일개 세포가 어떻게 알까? 과학자들조차도 이것을 이해하지 못한다.

하지만 한 가지는 분명하다. 오늘날 우리가 현명하지 못하다고 여기는 거의 모든 보상 감정은 불과 약 100년 전까지만 해도 의미가 있었다는 점이다. 100년 전까지만 해도 전 세계의 많은 나라가 심각한 식량 부족 사태와 굶주림에 시달렸다. 그러니 칼로리가 높은 음식을 갈구하는 것은 너무나 당연한 일이다. 수천 년 된 메커니즘을 없애기에 100년의 세월은 너무도 짧다. 페이스북 친구를 사귀거나 과도한 온라인 쇼핑도 마찬가지다. 친구를 사귀고 무언가를 소유하려는 근본적인 욕망 자체는 잘못된 것이 아니다. 문제는 갑작스러운 과잉 공급이다. 달콤한 음식, 소금, 지방, 친구, 소유물 등. 인류 역사에서 이런 것들에 대한 상한선이 필요했던 적은 단 한 번도 없었다. 늘 부족했기 때문이다. 그런데 이제 마트에 가거나 스마트폰을 터치하기만 하면 이 모든 것을 얻을 수 있는 시대가 되었다.

비록 보상세포가 잘못 판단하여 함정에 빠지기도 하지만 여전히 장점도 많다. 보상세포를 공격적인 사냥개에 비유하는 사람은 적어도 자신이 이 사냥개를 어떻게 다루고 있는지 자문해봐야 한다. 정성껏 보살핀다면 이 사냥개는 매우 훌륭한 반려견이 될 수 있다. 이들의 네 가지 특성을 잘 이해한다면 반려견으로 길들이는 데 많은 도움이 될 것이다.

1. 보상 감정은 도파민 그 이상이다

이제 우리는 도파민이 먼저 분비되고 목표에 도달하는 순간 도파민 분비가 곧바로 감소한다는 것을 알고 있다. 도파민은 이런 '욕망 단계' 또는 '유혹 단계'에서 우리의 집중력을 높이고 시간 감각을 빠르게 하고 기억력을 높이고(중요한 비밀번호!) 우리의 동작을 더욱 활기차게 만든다(자신감 넘치는 악수?). 그러나 보상체계에는 다른 세포들도 있다. 오피오이드를 분비하는 세포들이 활동의 끝 무렵에 등장해

도파민의 급격한 감소를 서서히 번지는 만족감으로 전환한다. 이 세포들 덕분에 우리는 활동을 마친 후 아무것도 하지 않고 휴식을 취할 수 있다. 반면에 세로토닌을 생성하는 세포들이 더 열심히 활동하면 우리는 무언가가 정말로 필요한지 다시 한번 심사숙고한다. 이 세포들은 충동을 억제하고 위험 평가에 관여한다. 우리는 때때로 힘든 트레킹을 하다 도중에 멈추곤 하는데, 그러는 편이 그냥 계속 걸어서 목적지에 도달할 때보다 오히려 더 기분이 좋을 수 있다.

이처럼 보상체계 내의 세포들이 조화롭게 작용할 때, 보상 감정은 완벽해진다. 도파민은 우리를 움직이게 하고, 세로토닌은 우리의 안전을 보장하며, 목표에 도달하는 순간 도파민이 감소하지만 오피오이드 덕분에 우리는 지루함과 고단함이 아니라 평온함과 안정감을 느낀다. 그러나 안타깝게도 보상세포가 항상 이렇게 완벽하게 조화를 이루지는 않는다. 때때로 무언가를 성취한 후 알 수 없는 공허함이 몰려오는 이유가 바로 이 때문이다. 종종 스타들이 무대 위에서 공연을 마친 뒤 우울한 기분을 토로하는 것도 비슷한 이유다. 연구자들은 소위 '중년의 위기'나 무력감 증가 같은 현상의 이면에는 보상세포 삼총사의 '조화로운 화음'을 방해하는 요인이 있다고 추측한다. 또한 매혹적인 보상이 너무 많은 것도 방해 요인일 수 있다.

2. 매혹적인 미끼라도 너무 많으면 지루해진다

뭔가가 도파민 분비 세포를 다른 세포보다 더 강하게 활성화하면, 우리는 보상받은 기분보다는 유혹받는 기분을 더 크게 느낀다. 많은 사람이 스마트폰에서 이런 현상을 경험한다. 새 메시지 알림이 뜨는 순간, 도파민 분비 세포가 활성화되어 각성과 동기를 유발한다. 이런 감정은 잠금을 해제하고 채팅 창을 열 때까지 유지되지만 메시지를 읽어 목표를 이루는 순간 도파민 수치는 곧바로 떨어진다. 잠시지만 심지어 평소 수준보다 더 낮아질 수도 있다.

오피오이드 분비 세포가 만족감과 피로감을 주지 않고(솔직히 말해 메시지 하나라면 피로감을 줄 이유가 못 된다), 세로토닌 생성 세포가 우리와 스마트폰을 떼어놓을 만큼 충분한 위험을 감지하지 못한다면······ 어쩌겠는가, 우리는 그냥 계속 스마트폰을 잡고 볼 만한 다른 것이 있나 살핀다. 어떤 앱에서든 뭔가 더 큰 보상이 있지 않을까? 메시지에 응답하면 또 응답이 올까? 우리의 조상은 이런 도식에 따라 야생에서 달리고 또 달렸고(어쩌면 맛있는 보상을 얻었을 것이다), 우리는 스마트폰 세계에서 계속 스크롤을 멈추지 않는다.

현대의 일상생활에서는 도파민 수치가 불편한 수준으로 떨어지는 즉시 이 수치를 인위직으로 올리기 위한 도구들이 끊임없이 제공된다. 달콤한 간식, 음악 또는 집으로 가는 길에 보는 유튜브 영상 등. 문제는 우리의 보상세포도 쉬어야 한다는 것이다. 보상세포가 끊임없이 흥분 상태에 있으면 결국 탈진한다. 탈진을 막기 위해 세포들도 적응한다. 보상세포는 지치면 민감도가 떨어진다. 믿지 못하겠다면, 좋아하는 노래를 한번 들어보라. 그리고 한 번 더 듣고 또 한 번 더 들어보라. 그리고 또, 또, 또, 또, 또, 또 듣고 마지막으로 열 번 더 들어보라. 처음 들을 때만큼 좋지는 않을 것이다.

연구자들은 다음과 같은 사실도 발견했다.

3. 보상세포는 A와 B를 비교한다

어떤 활동이 이전 활동보다 도파민 분비를 더 많이 하면 우리는 그 활동을 더 좋게 생각한다. 그래서 다양한 보상으로 가득한 일상생활에서 흥미로운 경쟁이 벌어진다. 달콤한 초콜릿은 혈중 도파민 수치를 평균 1.5배 높이고, 스마트폰의 메시지 알림도 대략 그 정도 높이고, 심지어 담배는 최대 2.5배까지 높인다(참고로 코카인은 약 다섯 배까지 높인다). 이런 경향은 뇌에도 존재한다. 우리가 일상생활을 달콤한 음식과 유튜브 동영상 등으로 채우면 끊임없는 비교가 이루어진다. '일하는 즐거움'이 갑자기 간식이 주는 혈당 피크와 직접적 경쟁 관계에 놓이고 상쾌한 운동 효과는 더 편하고 재밌는 영상 앞에서 매력을 잃는다.

그런 이유로 심리학자 에드워드 데시Edward Deci와 리처드 라이언 Richard Ryan 같은 연구자들은 부적절한 시기에 주어지는 보상이 오히려 일상생활을 망친다고 주장한다. 일하면서 끊임없이 스마트폰을 확인하거나 부엌에서 가져온 간식과 숙제가 계속 경쟁해야 한다면, 장기적으로 일상생활은 더 지루해질 수밖에 없다. 일상적인 활동들은 현대 산업이 개발한 도파민 폭탄과의 경쟁에서 절대 이길 수 없다.

그리고 우리를 실패로 이끄는 마지막 이유가 하나 더 있다.

4. 보상세포는 예상치 못한 것을 좋아한다

보상이 이미 보장되어 있다면 활동 중에 뇌를 아무리 활성화해 봤자 소용이 없다. 미국 스탠퍼드 대학교의 로버트 사폴스키Robert Sapolsky 교수는 이런 특성을 '어쩌면의 마법'이라고 부른다. 이는 예상치 못한 메시지 알림과 컴퓨터 게임의 무작위 보상이 주는 기쁨을 설명해주고 타당한 연봉 인상보다 예기치 못한 높은 보너스 지급이 임원들에게 더 큰 동기를 부여하는 이유를 설명해준다. 또한 완벽히 계획된 안정된 삶이 때때로 우리의 야망을 줄이고, 크게 행복할 거라 기대했던 일(축하, 중요한 이직, 아기의 탄생)이 생각했던 것만큼 늘 그렇게 좋지 않은 이유도 설명해준다.

매혹적인 미끼의 끝없는 유혹, 예측 불가성, 기대, 비교. 인간은 과학이 발명되기 훨씬 전부터 보상체계의 이 같은 특성을 알고 있었다. 카지노는 그에 맞춰 기계를 설계했고, 지역축제는 스마트폰 시대 훨씬 이전부터 예측 불가성과 매혹적인 미끼가 어우러진 화려한 광경을 선사했다. 반면에, 종교와 철학은 의도된 금욕을 실교했다(마치 세뇌의 피로와 휴식의 필요성을 감지한 듯이). 고대 문헌들은 정기적 단식 또는 쾌락을 주는 사물이나 활동을 이따금 완전히 끊을 것을 권고했다.

현대 과학은 이런 권고들을 그저 조금 다듬었을 뿐이다. 보상세포의 경우, 완전한 금지가 꼭 필요하지는 않다. 사탕 한 알이나 가끔 보는 영상은 우리에게 과도한 부담을 주지도 않고 남은 하루를 갑자기 무기력하게 만들지도 않는다. 다시 말해 보상체계를 잘 활용하는 데는 빈도와 규모 그리고 타이밍이 중요하다!

:: 도파민 사냥꾼들의 덫에서 벗어나는 법

오래전 도파민 사냥꾼들이 만들어낸 공식은 명확하다. 먼저 상품을 최대한 많이 판매하려는 자가 도파민 급증으로 우리를 유혹한다. 그런 다음 완전한 만족감을 주지 않은 채 이어진 도파민 감소를 다시 이용한다. 그렇게 우리는 '점점 더 많이 원하게' 된다(하지만 너무 게을러서 다른 곳에서 다른 상품을 찾아보진 않는다). 그러나 역으로 생각해보면, 이는 우리가 보상세포를 완전히 신뢰해도 된다는 뜻이다. 뭔가가 우리에게 아무런 이득도 주지 않으면 보상세포 역시 계속해서 우리에게 완전한 만족감을 주지 않고 유혹에 넘어가지도 않는다. 보상이 어떤 기분을 주는지 주의 깊게 살피면 거기에 담긴 논리가 드러난다. 우리가 무언가를 점점 더 많이 원한다면 그것은 우리에게 정말로 필요한 것이 아닐 확률이 매우 높다.

진짜 만족감 혹은 기분 좋은 피로감을 주는 진짜 보상과 유혹하는 미끼성 보상을 구별할 줄 알면 도파민 분비 세포가 착취당하는 것을 막을 수 있다. 우리가 보상세포와 긴밀히 협력하고 적절한 순간에 힘을 보탠다면 도파민 분비 세포는 신뢰할 만한 좋은 감정을 우리에게 선사할 것이다.

뭔가를 꾸준히 아름답다고 느끼고 싶으면 그것이 지루하거나 한심해 보일 때가 더러 있어야 한다. 진정한 보상은 항상 주어지지 않으며 항상 우리가 원하는 대로 느껴지는 것도 아니기 때문이다. 바로 그럴 때 보상세포가 계속해서 더 강렬한 도파민 분비를 유발할 필요 없이 이따금 휴식을 취할 수 있다. 거의 모든 자연적 보상이 이런 경험을 선사한다. 친구를 만나는 것은 때때로 즐겁다가도 조금 지루해지고, 때때로 그럭저럭 괜찮다가 다시 즐거워진다. 집밥, 연애, 음악, 스포츠도 마찬가지다. 과학은 이런 변화를 '간헐적 보상'이라고 부른다. 카지노가 이런 변화를 의도적으로 미끼 삼아 악용하지 않는다면 보상이 주는 감정은 늘 새롭고 강렬할 것이다. 우리는 이런 변화를 그냥 받아들이기만 하면 된다. 그러면 그 효과를 유익하게 활용할 수 있다. 만약 뭔가가 당신의 기대에 완전히 부응하지 못했다면 스스로에게 이렇게 한번 말해보자. "뭔가를 꾸준히 아름답다고 느끼고 싶으면 그것이 지루하거나 한심해 보일 때가 더러 있어야 해."

보상은 또한 뇌의 다양한 영역에서 생성될 수 있다! 어떨 땐 우리 몸이 '좋은 것'(음식, 적절한 온도, 편안한 옷)으로 저장했기 때문에 보상 감정이 생기고, 어떨 땐 의식적 사고가 '좋다고 여겨서' 보상 감정이 생기기도 한다. 뇌에는 이와 같은 두 가지 다른 경로가 있다. 무엇으로 의식적인 보상 감정을 얻을지는 자유롭게 선택할 수 있지만 그러려면 직극적으로 그것을 획득해야 한다. 예를 들어 고고학 시적을 많이 읽은 사람이 땅을 파다가 우연히 배설물 화석을 발견한다면 그 사람에게는 그게 경탄의 순간이겠지만, 어떤 사람에게는 그저 개똥처럼 생긴 돌멩이에 불과할 것이다.

인위적인 도파민 자극에 저항하고 싶다면 의식적인 보상을 활용해 일상생활에서 좋은 감정을 가지는 연습을 해보자. 삶의 만족도를 연구하는 한 연구팀이 피험자들에게 자신의 일상생활이 어떤 가치를 실현하는지 기록하게 했다. 예를 들어 다소 짜증스러운 회사 업무는 가족 부양, 자아실현, 동료 직원 돕기 혹은 사회를 디 나아지게 힌다는 목적에 기여할 수 있었다. 이러한 사실을 다시금 자각하자 눈에 띄는 효과가 나타났다. 피험자들은 단순한 감사 일기를 쓸 때보다 훨씬 더 만족스럽게 하루를 마감했다. 그들은 그저 힘든 일을 마치고 퇴근을 했다는 데 감사하는 대신, 앞서 이야기한 가치들을 실현함으로써 힘든 하루를 버텨낸 자신을 칭찬했다. 이것이 장기적으로 항상 더 나은 결과를 가져왔다.

무의식적 보상 감정과 의식적 보상 감정이 서로 잘 맞물릴 때, 우리는 대개 현명한 선택을 내린다. 그러나 우리 몸에 수천 년 동안 축적된 지식은 현대 사회가 제공하는 일상에서 종종 뒤처지곤 한다. 그래서 유용한 정보를 잘 받아들이면서도 때론 광고와 선전 또는 유행하는 양배추 다이어트에 속기도 하는 것이다. 이때 만약 두 가지 보상 감정이 아주 잘 협력한다면 우리의 의식이 설령 양배추 다이어트를 칭송하더라도 5일 후쯤부터 몸에 영양소가 부족해지는 걸 느끼고 다시 다른 다이어트 방법에 관심을 두게 된다. 과학에서는 이것을 '지능형 비순응' 또는 특히 음식의 경우 '적응형 식이 조절'이라고 부른다. 쉽게 말해 우리의 보상체계는 전형적인 도파민 함정을 넘어 무엇이 우리에게 좋고 무엇이 나쁜지 민감하게 감지하는 훌륭한 레이더를 계속 돌리고 있다는 얘기다.

보상체계를 원래 목적에 맞게 재설정하면 우리에게 우호적인 힘이 생겨난다. 인위적인 도파민 부스터를 잠시 줄이거나 아예 없애면 더욱 분명하게 이 효과를 느낄 수 있다. 처음에는 달콤한 간식이나 스마트폰 등으로 지루한 시간을 빨리 떨쳐낼 수 없다는 사실이 불쾌하고 공허하게 느껴질 것이다. 그러나 바로 이러한 불안이 그동안 우리가 너무 자주 간과했던 사실을 일깨워준다. 보상세포는 아주 예민한 후각을 가졌다는 점이다! 그래서 약간만 지루해도, 심지어 진짜 슬플 때조차도 보상세포는 아주 예민해져서 어디에 좋은 일이 숨어 있을지 감지해낸다. 그것이 산책일지, 휴가일지, 새로운 취미일지, 동호회 가입일지는 사람마다 다 다르다. 핵심은 우리의 세포에게 자유를 주어야 한다는 것이다. 그 자유가 우리에게 무엇을 가져다줄지 알고 싶다면 아스팔트로 뒤덮인 현대 사회의 일상에서 문을 열고 나와 세포와 같은 편이 되어야 한다.

중독: 내 안의 날뛰는 도파민 길들이기

성경에 나오는 '죄'라는 단어는 수 세기 동안 잘못 번역되었다. 언어학자들이 이 단어의 어원을 면밀하게 분석한 결과 이 단어에는 단순히 '악' 또는 '나쁘다'라는 뜻뿐만이 아니라 '목표에 어긋나다'라는 뜻도 담겨 있었다.

의학에서는 결함이 있고 나쁘고 건강에 해로운 것을 오랫동안 '중독'이라고 불렀다. 예를 들어 신장 기능 장애로 조직에 물이 차는 병인 수종을 '물중독'이라 불렀고, 폐결핵 같은 심각한 질병으로 점점 살이 빠지는 소모성 질환을 '소모중독'이라 불렀으며, 건강에 해로운 과체중은 '지방중독', 간질은 '낙상중독'이라 불렀다. 이런 중독 용어가 아직까지 남아 있는 분야는 뇌뿐이다(약물중독, 거식중독). 다른 용어들은 대부분 오래전에 폐기되었다.

중독이라는 단어는 모욕적으로 들릴 수 있다. 중독이라는 단어가 들어간 병명으로 진단을 받는다면 대다수가 이렇게 생각할 것이다. "나는 중독되지 않았는데!" 하지만 '중독' 역시 '죄'처럼 종종 잘못 이해되는 단어다. 수종(물중독), 간질(낙상중독), 비만(지방중독), 약물중독, 어떤 경우든 중독은 다음과 같은 질문과 관련이 있다. "장기는 왜 본래 목표(즉, 건강)에 어긋나는 일을 자꾸 하는 걸까?" 신장과 마찬가지로 뇌에도 이런 질문을 던질 수 있다. 신장 연구는 지금까지 확실히 더 명확한 답을 제공해왔다. 하지만 이제 상황이 서서히 변하고 있다. 2000년대에 들어서면서부터 다양한 약물의 작용 원리가 밝혀졌고, 중독의 일부 메커니즘도 이 시기에 처음 발견되었다.

일반적으로 중독성 물질은 보상 감정을 유발하는 뇌세포를 활성화한다. 그러면 뭔가를 정말로 아름답다고 느끼거나 좋은 냄새를 맡거나 에너지가 풍부한 음식을 먹거나 특이하게 생긴 돌멩이를 발견할 필요가 더는 없다.

코카인은 도파민 분해 효소를 그냥 억제한다. 그래서 도파민은 방출될 때마다 점점 더 강렬해진다. 마치 베이스 소리만 너무 커져서 한 가지 소리만 크게 들리는 것과 같다. 담배도 비슷한 효과를 내지만 전반적으로 약한 편이다. 엑스터시와 크리스탈메스는 작용 방식이 조금 다른데, 이 약물들은 도파민을 저장하는 신경세포 내부의 작은 저장주머니를 압착한다. 그러면 신경세포는 미래의 보상을 위해 저장해두었던 도파민을 어쩔 수 없이 모두 한꺼번에 방출하게 된다.

아편제(헤로인 그리고 펜타닐과 비코딘 같은 특정 진통제)는 통증과 불안을 담당하는 뇌세포를 가라앉혀 통증과 불안을 완화하는 것으로 알려져 있다. 하지만 아편류는 보상체계를 억제하는 신경도 약화시킨다. 말하자면 억제 작용을 억제하는 것이다. 보상체계의 억제는 베이스 드럼 페달에 달린 부드러운 솜뭉치의 역할과 같다. 만약 이것을 그냥 없애버리면 도파민 신경이 갑자기 흥분하여 (의도치 않게) 다량의 도파민을 방출한다.

위 약물들에 비해 카페인, 알코올, 마리화나는 간접적으로 작용한다. 카페인은 도파민의 효과를 강화할 뿐이다. 말하자면, 인위적인 보상 감정으로 흥분을 '만드는' 것이 아니라 우리가 뭔가를 할 때 자연스럽게 (그리고 자발적으로) 보내는 신호를 '증폭'시킨다. 그 결과 상사가 보낸 친절한 이메일이 이전보다 훨씬 더 의욕을 북돋우는 것 같다. 커피를 마실 때 하루를 보람차게 시작한다고 느낀다. 이것이 진짜 중독으로 이어지지는 않지만 이것에 익숙해진 후 이런 강화가 갑자기 사라지면 금단 증상이 나타날 수 있다. 카페인 음료는 다른 약물(담배와 알코올)의 흥분 효과를 증폭시키기도 한다. 파티 중에 에너지드링크를 찾게 되는 이유가 단순히 졸음을 쫓기 위해서가 아닌 다른 데 있는 걸 수도 있다.

카페인과 달리 알코올은 인위적인 보상 감정을 유발하고 중독성이 높다. 또한 온갖 2차 경로에도 작용하여 보상체계의 다른 경로에 영향을 미친다. 이를테면 술을 마시기 시작할 때 도파민이 쾌감을 주고, 계속 마실수록 도파민이 급격히 감소하다가(예: 클럽 화장실에서 울거나 클럽 입구에서 공격적으로 행동한다), 마지막에 특별한 현상이 나타난다. 즉, 아편제와 비슷한 수준의 쾌감이 생긴다(동물 실험에서 이 같은 사실이 드러났다). 그러나 이러한 쾌감이 모든 동물에게서 동일하게 나타나지는 않았는데, 이는 유전적으로 다른 사람보다 알코올 중독에 더 취약한 사람이 있음을 시사한다.

마리화나는 조금 특별하다. 마리화나는 보상체계 같은 뇌의 특정 영역을 직접 조종하지 않고 뇌세포 간의 소통에 광범위하게 영향을 미친다. 불안감센터는 전두엽에 얼마나 큰 소리로 자신의 근심을 전달할까? 얼마나 강렬하게 식욕이 전달될까? 알람 소리는 얼마나 조용하게 들릴까? 어떤 사람의 뇌에 약간의 변화가 유익하게 작용한다면, 마리화나는 집중력, 경각심, 창의성을 높이고 더 편안하게 해준다. 반면에 어떤 사람의 뇌는 갑자기 평소와 달리 걱정과 불안이 커져서 공황 상태에 빠진다. 어떤 뇌가 어떻게 반응할지, 그리고 그 효과가 과연 우리의 사고를 장기적으로 바꿀지 의학적으로 예측하기는 불가능하다. 그러나 커피와 마찬가지로 한 가지는 분명하다. 뇌를 더 편안하게 하기 위해 마리화나를 지속적으로 사용하는 사람은 마리화나가 없으면 편안함을 더는 느끼지 못한다. 마리화나 성분 중 하나인 THC가 뇌세포에 단단히 결합하는 특성을 갖고 있기 때문이다. 그러므로 정기적으로 마리화나를 사용하다가 갑자기 중단하는 사람은 먼저 몸이 자체 생산한 물질의 약한 효과에 다시금 익숙해져야 한다. 그때까지는 스트레스 신경이 귀에 대고 고함치는 소리를 참아야 한다. 전에는 절대 큰 소리로 듣고 싶지 않았던 바로 그 소리가 귀에서 크게 윙윙거릴 것이다. 그래서 마리화나를 끊기가 어렵다.

마리화나가 전형적인 마약에 속할까? 현재 지식으로는 '예니요'라고 답할 수밖에 없다. 고용량을 섭취할 경우, 마리화나에 함유된 THC가 다른 중독성 물질과 마찬가지로 보상세포의 도파민 수용체에 결합한다. 따라서 THC 함량이 높게 인공적으로 개량된 마리화나 품종은 담배, 벤조디아제핀 알약과 유사한 점이 더 많다. 반면에 THC 함량이 낮은(5% 미만) 토종 품종은 소수(전체 인구의 약 0.3~0.5%)에게만 도파민 조절 효과를 낸다. 따라서 마약 상점에서 마리화나는 '커피 한 잔'과 같다. 하루에 여러 번 주문할 필요 없고 일반적으로 비교적 무해하지만 특정 상황에서는 역시 위험할 수 있다.

현대의 중독 연구는 과거와 달리 그 초점이 다른 쪽으로 바뀌었다. 오랫동안 연구자들은 마약이 뇌에 생성하는 '보상 감정'에만 주로 주목했었다. 하지만 이제는 보상 감정이 중독의 결정적 요인이 아니라는 점이 분명해졌다. 마약에 취하면 거의 모든 사람이 보상 감정을 느낀다. 중독되지 않은 사람도 그렇다! 중독이냐 아니냐는 최초의 쾌감 이후에 그것이 '어떻게 진행되느냐'에 달려 있다.

도파민은 우리가 무언가를 하도록 부추긴다. 거의 모든 사람이 이 사실을 알고 있다. 쥐의 보상체계에서 도파민 분비 능력을 제거하면 쥐는 신체적으로 온전한데도 케이지에서 꼼짝도 하지 않는다. 그들은 고통이나 두려움을 느낄 때만 움직인다. 일어나서 먹이를 찾거나 새끼를 돌볼 수도 있겠으나, 굳이 그럴 이유가 뭐란 말인가? 뭔가를 눈에 띄게 개선하려는 동기가 없으면 움직이는 것은 무의미해 보인다. 마약의 효과와 비교했을 때, 여기에는 중요한 차이점이 있다. 중독 초기에는 도파민이 꺼지지 않고 끊임없이 순환하며 반복적으로 활성화된다!

도박 중독을 살펴보면 이런 반복성을 쉽게 이해할 수 있다. 도박에 중독되려면 먼저 반드시 져야 한다. 이기기만 하면 절대 중독될 수가 없다. 패배는 다음 도파민 쾌감을 더욱 강화하고, 도파민 수치가 떨어지면 다음 '쾌감'이 (상대적으로) 더 좋게 느껴지기 때문이다. 스트레스는 이런 효과를 더욱 증폭시킨다. 이는 직장에서 우리를 더욱 생산적으로 만들고 시험 전에는 공부를 하도록 동기를 부여한다. 하지만 이것이 반복되면 결국 코앞에 닥친 마감일이나 갑작스러운 금전적 손실만이 동기를 부여할 수 있게 되고, 이 정도의 도파민 수준을 유지시켜주지 못하는 그 밖의 다른 모든 일에는 흥미를 잃어버린다(이런 점에서 '일중독'이라는 용어가 현실성을 얻는다). 중독은 이 모든 것을 완벽한 세트로 제공한다. 쾌감과 우울을 동시에 주는 것이다.

뇌세포 차원에서 중독은 대략 다음과 같이 진행된다. 중독 초기에는 계속해서 기분이 아주 좋다. 평소 평범하게 지내던 보상세포들이 갑자기 도파민을 대량으로 펑펑 뿌리고 다니기 때문이다! 마치 모든 욕망을 충족시켜줄 무언가를 찾은 기분이다! 하지만 장기적으로 도파민이 그렇게 많이 분비되면 지칠 수밖에 없다. 보상세포는 시상식 무대 뒤에서 일하거나 크리스마스에 모두를 위해 요리해야 하는 사람들과 운명을 같이 한다. 쾌감을 생산하는 일은 그토록 고된 것이다!

도파민 분비 세포의 과로가 반복되면 일부 세포는 탈진하여 활동을 멈춘다. 일부는 여전히 스트레스 호르몬을 분비하여 문제를 해결하려 애쓰지만, 대다수는 일종의 저항 모드로 전환한다. 이 세포들은 마침내 휴식을 취하기 위해 '항보상체계'라는 회로를 활성화하여 마약의 효력을 막는다. 그때부터는 쾌감에 필요한 약물 용량이 점점 더 많아지고 '취하지 않은 상태'에 놓이면 불쾌감과 불행한 기분을 느낀다.

그렇게 다음 쾌감 또 그다음 쾌감이 이어지면 보상세포는 언젠가부터 그 상태를 '보통' 상태로 설정해버린다. 그러면 더는 쾌감을 느끼지는 못하나 대개는 덜 불안하고 스트레스를 덜 느끼게 된다. 뭉뚱그려 말하면 더 '정상적'으로 느낀다. 알코올 중독자는 엄밀히 말해 알코올에 중독된 것이 아니다. 그는 불쾌감을 주는 물질과 똑같은 물질이 제공하는 '점점 더 좋아지는 기분'에 중독된 것이다. 한마디로 알코올 중독자는 승패가 끝없이 반복되는 카지노의 도박 중독자처럼 악순환에 갇힌 상태라 할 수 있다.

알코올에 적응한 뇌는 계속해서 좋은 길을 탐색한다. 알코올 자체는 도파민 효과를 점점 약화하지만(익숙해졌기 때문에), 알코올 때문에 생긴 작은 습관들은 점점 더 큰 보상을 받는다. 이런 습관들은 '유익한' 행동으로 학습되고, 사는 게 그다지 나쁘지 않다고 느끼게 하여 결과적으로 잘 지내고 있다고 느끼게 한다. 어쩌면 좋은 길이 여기 있지 않을까? 병을 따고 습관적으로 냉장고를 열고 언젠가는 마트로 간다. 탐색하는 보상세포가 이 모든 과정을 강화하지만 이 모든 과정은 오히려 보상세포를 뒤로 물러나게 할 뿐이다.

중독에서 벗어나는 일은 뇌의 입장에서 보면 거짓으로 포장된 열렬한 연애가 끝나는 것과 같다. 처음에 그토록 좋았던 연애가 그대로 유지되지가 않는다! 자세히 들여다보니 심지어 해롭기까지 하다! 우리의 뇌는 시간이 흐르면서 당연히 그 사실을 깨닫지만, 동시에 지금까지 그보다 더 좋았던 경험이 없었다는 게 문제다. 이제 뇌는 뭘 믿어야 한단 말인가? 이제 와서 다시 다른 보상 감정을 받아들이는 것이 과연 의미가 있을까?

특수 뇌스캔 결과를 보면 중독은 뇌의 도파민 수용체 수를 감소시키고 도파민 분비의 기본 리듬을 느리게 한다. 그리고 어떤 경우에는 이 효과가 평생 지속되기도 한다. 즉, 중독물질을 끊은 후 뇌가 저항 모드에서 회복되더라도 새로운 다른 보상 감정을 느끼기가 더 어려워진다. 그런 이유로 심각한 중독을 극복한 사람들은 말 그대로 삶이 더 지루하고 더 '칙칙'해진 것 같다고 말하곤 한다. 이렇듯 도파민이 부족하면 새로운 습관을 들이고 그것을 유지하는 일이 더 힘들게 느껴진다.

취하지 않은 상태의 불쾌한 저항 모드, 오랜 습관에 의한 꾸준한 도파민 증가, 끊은 후에도 계속되는 더 어두운 감정들. 이 모든 것은 우리를 중독에서 벗어나기 어렵게 만든다. 술이나 담배를 끊은 지 20년이 지났지만 병 따는 소리를 듣거나 담배 냄새를 맡았을 때 여전히 욕구를 느끼는 사람이 상당히 많다. 뇌세포가 아무런 거리낌 없이 보상에 반응하고, 멋진 일에 활기차게 반응했던 시절을 그리워하는 것이다. 보상은 뇌에 방향을 제시한다. 바로 이때 잘못된 길로 뇌를 인도하면, 뇌는 그렇게 잔혹해진다.

중독과는 전혀 관련이 없지만 중독을 이해하는 데 큰 도움을 주는 뇌과학 실험이 하나 있다. 튀빙겐에 위치한 막스 플랑크 연구소는 2009년 실험 참가자들을 모집해 그들을 사하라 사막이나 울창한 숲에 버려두고 다시 걸어 돌아오게 했다. 그곳은 날이 흐리면 방향을 잡을 만한 기준점(태양이나 탑)이 전혀 없는 그런 장소였다. 실험 결과 피험자들은 자신도 모르게 원을 그리며 근처를 맴돌았다. 눈을 가리면 이 원은 더욱 작아졌다. 그래서 그들은 출발점에서 100m도 나아가지 못했다!

방향 감각과 보상체계에는 몇 가지 공통점이 있다. 방향 감각은 외부 세계에서 우리를 인도하지만 보상체계는 내부 세계에서 방향을 제시한다. 연구에 따르면 인간은 주로 주변 환경이 단조롭고 (숲처럼) 경계가 없을 때 길을 잃어버린다고 한다. 우리는 혼자일 때 길을 잃을 가능성이 더 크고, 특히 지름길을 찾았다고 생각할 때 잘못된 길로 들어설 확률이 높다. 중독 연구에서도 매우 유사한 현상이 발견된다. 외로움을 느끼거나 단조로운 일상에 짓눌렸거나 도달할 목표와 삶의 방향을 잃었을 때, 우리는 중독에 빠질 위험이 더 크다. 이런 상황에서 좋은 감정으로 가는 지름길이 나타나기까지 하면 가지 않을 이유가 없지 않을까?

누구나 뇌 회로에 갇힐 수 있다. 몇 가지 불리한 요인들이 겹치면 우리는 누구나 원을 그리며 제자리를 맴돌게 된다. 밖에서 보는 사람

은 너무도 쉽게 '똑바로 직진해!'라고 소리치지만, 그건 그렇게 간단
한 일이 아니다.

:: 중독에서 벗어나는 다양한 방법들

다행히도 우리 뇌에는 보상체계에 새로운 방향을 제안할 수 있는
영역이 존재한다. 전전두피질이라는 이름의 이 영역은 뇌 앞쪽, 이마
바로 뒤에 위치해 있으며 신경섬유를 통해 보상세포와 연결되어 있
다. 한마디로 방향을 알려주기에 해부학적으로 매우 이상적인 위치에
자리하고 있는 셈이다. 전전두피질은 뭔가를 어떻게 인식하느냐에 따
라 보상 감정을 강화하거나 약화할 수 있다. 이 영향력은 아주 강해서
생존의 욕구마저 능가할 수 있다. 정치적 신념에 따라 생명이 위독해
질 때까지 단식 투쟁을 벌이는 사람들이 바로 그 예다.

중독을 이겨낸 사람들은 종종 새롭게 찾은 신앙이나 '깨달음의 순
간'에 얻은 굳은 결심 또는 큰 부끄러움을 이야기한다. 이 모든 일은
전전두피질이 활성화된 상태에서 일어난다. 전전두피질을 통해 우리
는 정체성을 형성하고, 도덕, 종교, 논리에 대한 우리의 관념을 만든
다. 이때 사소한 차이 하나가 전혀 다른 결과를 내놓기도 한다. 예를
들어 지금 느끼는 감정이 부끄러움인지 아니면 죄책감인지에 따라 결
과가 달라질 수 있다. 부끄러움은 그 순간의 행동이 암시하는 것과 우
리의 원래 성격이 다르다는 사실을 보여준다. 반면에 죄책감에는 사
회적 스트레스나 두려움이 담겨 있다. 그리고 뇌는 안타깝게도 스트

레스와 두려움을 해결하는 오래된 방법을 알고 있다. 이를테면 마약 같은.

현재 중독 치료에 전전두피질을 활용하기 위해 다양한 접근 방식이 연구되고 있다. 어떤 연구팀은 전자기파로 전전두피질을 자극하거나 약물로 그 효과를 모방하고자 한다. 또 어떤 연구팀은 '익명의 알코올 중독자' 같은 모임에 참여하는 상호작용이 전전두피질에 미치는 영향을 연구한다. 이런 접근 방식들은 서로 매우 달라 보이지만 한 가지 중요한 공통점을 가진다. 바로 보상체계에 미치는 전전두피질의 영향력을 강화한다는 것이다.

먼저 전자기파의 활용은 이름에서 느껴지는 이미지와 다르게 전기 충격이 아니라 일종의 자석처럼 신경세포의 전하를 변화시키는 것이다. 물론 이런 방식으로 전전두피질을 자극한다고 해서 새로운 정체성이 형성되지는 않는다. 그저 보상체계와 연결된 신경을 활성화하여 이 축을 단련하는 것이다. 오랫동안 병원에 누워 있으면 근육이 약해지는 것처럼 강한 중독은 전전두피질에 그 흔적을 남긴다. 가장 강력한 보상이 항상 뇌의 다른 영역에서 오면 전전두피질의 신경은 점점 더 약해진다. 이들을 '다시 단련하는 데' 전자기파 자극이 도움이 될 수 있다. 자석으로든 아니든 자주 활성화될수록 신경은 더 강하게 발화한다.

통계적으로 볼 때, 중독에서 벗어나기 위한 가장 좋은 방법은 알코올 중독자 모임에 참석하는 것이다. 첫해 성공률이 42%로, 이는 순수 심리 치료보다 약 7%가 높다. 전전두피질은 집단에 맞춰 자신의 정체성을 형성하기에 어떤 집단에든 소속되는 것에 큰 관심을 가진다. 처음 자기소개를 할 때부터 전전두피질은 자신이 어떤 사람으로 여기에 왔는지를 논리적으로 자신과 다른 사람들에게 설명해야 한다. 예를 들어 '중독에서 벗어날 생각이 없는 중독자'로 자신을 소개하는 것은 논리에 맞지 않다. 따라서 다른 정체성, 즉 '중독을 경험했고 이제 그것에서 벗어나고자 하는 사람'으로 소개해야 한다. 이런 정체성이 강화되면 전전두피질은 새로운 것에도 보상을 줄 수 있다. 그러면 이 정체성에서는 '와인을 한 잔도 마시지 않는다'가 '더는 긴장하지 않는다'보다 더 높이 평가된다. 그리고 모임이 거듭될수록 이것이 더욱 강화된다.

기도 또는 특정 주제에 관한 책을 많이 읽거나 마라톤을 위해 의지력을 키우는 등 다른 요소들도 우리의 정체성을 형성한다. 어떤 사람들은 이런 행위들만으로도 어렵지 않게 중독에서 벗어난다. 하지만 모임에 나가 다른 사람들과 교류하는 것에는 기도나 운동처럼 혼자 하는 활동이 주지 못하는 매우 중요한 이점이 있다. 바로 상호작용이 뇌에 전기 자극을 유발한다는 점이다. 눈을 마주치고 진심으로 경청하고 고개를 끄덕이는 등 이 모든 것이 저절로 전전두피질을 자극하여 활성화하기 때문이다. 스스로 어렵게 자극을 만들어낼 필요가 없으니 중독에서 벗어나기가 더 쉬워진다.

새로운 중독 치료법의 필요성은 기존 치료법의 성공률로 입증된다. 기존 치료법의 성공률은 기본적으로 30% 미만이다. 기존 치료법은 대개 가장 먼저 해독 클리닉에서 불안과 긴장, 우울증을 치료하는 약물을 이용해 부정적 증상을 완화한다. 그러나 의학은 최근 몇 년간 치료 결과를 개선하기 위해 전전두피질을 재발견했을 뿐 아니라 오래된 고정관념에 의문을 제기했다. 이런 노력의 결과 중 하나가 알코올 중독 치료의 새로운 개념인 '통제된 음주'다. 이러한 치료를 통해 전전두피질이 실질적인 음주량 조절 권한을 가지게 되면 굳이 술을 완전히 끊을 필요가 없다. 한때 불가능하다고 여겨졌던 일이지만 이제 어떤 사람들에게는 가능한 일이 되었다. 물론 지속적인 지지와 지원 없이는 거의 불가능한 일이긴 하지만 말이다.

이제 막 연구가 시작된 또 다른 접근 방식은 끊는 동안에 그리고 끊은 뒤에 부족한 도파민을 이른바 '도파민 작용제'로 보충하는 것이다. 여러 통계로 봤을 때, 유전적 이유로 도파민이 덜 생성되는 사람은(연구에 따르면 미국인 세 명 중 약 한 명이 이런 유전자를 가지고 있다고 한다) 중독에서 벗어난 후 재발할 확률이 더 높다. 즉, 중독 전에도 도파민을 적게 생성했다면 중독을 끝낸 뒤에는 더욱더 도파민을 적게 생성한다. 이는 다른 사람들보다 더 강한 갈망을 유발한다. 그런 까닭에 이런 사람들이 중독에 빠지면, 거기서 벗어나기도 더 어렵다.

이런 도파민 대체 물질의 초기 연구들이 활발히 이루어지고 있다. 도파민 대체 물질이 효과를 발휘하려면 놀라울 정도로 정밀하게 용량을 조절해야 한다. 도파민 자극이 너무 강하면 중독과 유사한 현상이 나타나기 때문이다. 그래서 체내에서 생성되는 매우 초기 단계의 도파민 전구체만 투여하는 또 다른 접근 방식이 생겨났다. 이런 물질이 온종일 혈중 도파민을 높게 유지하면 허기를 느끼기 직전의 저혈당과 유사한 일시적인 도파민 저하를 피할 수 있다.

우리의 보상세포를 더는 중독 초기처럼 홀로 내버려두거나 방향을 잃게 두지 않는 것, 그것이 중독 연구의 미래다. 이상적인 경우라면 사방에서 지지와 지원이 밀려올 것이다. 주변 사람들, 운동, 당사자의 정체성과 신념, 전통적 치료법, 이 모든 것이 중독을 끝내는 데 도움이 될 수 있다. 중독의 악순환에서 벗어나는 일은 매 순간의 결정이 필요한 일이다. 오래된 험난한 길에서 벗어나 새로운 길로 들어서는 것이다. 어쩌면 그 길에는 좌절이 따를 수도 있고, 힘겨운 구간이나 멀리 둘러 가는 구간이 있을 수도 있다. 하지만 트레킹을 해본 사람은 알 것이다. 어떤 길이든 앞으로 나아가는 것이 그저 원을 그리며 맴도는 것보다는 낫다는 사실을 말이다. 그러니 고개를 들어 태양이 떠 있는 방향, 목표 지점을 보라. 크기는 중요하지 않다. 이제 그쪽을 향해 출발하라!

◆

몸이 우리에게 이야기해주는 것들

이미 알고 있겠지만 사실 이 책은 바로 당신, 더 정확히는 당신의 뇌를 위한 것이다. 다른 장기들은 글을 읽을 줄 모르니까 말이다. 그건 오직 뇌만이 할 수 있는 일이다.

이 책을 다 읽었다면 아마도 이미 폐, 면역체계, 피부, 근육 그리고 당신의 뇌에 대해 어느 정도 알게 되었을 것이다. 이 순서는 사실 내가 그냥 정한 게 아니라 뇌의 구조와 발달에 기반을 두고 있다. 폐와 신체적 기본욕구(1장)로 이 책을 시작한 이유다. 그것이 뇌에게도 가장 중요하니까 말이다. 아직 자궁에 있을 때 우리 몸은 폐와 심장을 가장 먼저 발달시키고 그 영역은 평생 우리의 호흡과 심장박동을 담당한다. 그리고 그 위에 있는 영역에서 우리는 분노나 애정 같은 감정을 이용해 안전(2장)과 관계(3장)를 돌본다. 온 힘(4장)을 다해 목표를 향해 나아가는 의식적인 움직임을 위해서는 더 위쪽에 있는 대뇌피질이 필요하다. 가장 늦게 성숙하는 가장 앞쪽이자 가장 위쪽 영역에서 우리의 뇌는 욕망, 도덕, 의도 같은 추상적 사고(5장)를 형성한다. 이 모든 영역이 욕구 단계 이론의 창시자인 에이브러햄 매슬로Abraham Maslow가 언급한 인간의 다섯 가지 욕구와 상응한다는 사실이 정말 놀랍지 않은가?

여기 이 문장들을 읽는 동안에도 당신의 뇌는 호흡을 조절하고 혈압의 고삐를 단단히 쥐고 있으며 눈을 움직이고 면역체계의 신호에 주의를 기울인다. 정말이지 너무 많은 부분을 살피는 기관이 아닐 수 없다. 뇌가 살피는 기관들 또한 대단하긴 마찬가지다. 인간의 몸에 대해 알아가면 알아갈수록 나는 각각의 기관들이 얼마나 경이로운지 새삼 깨닫는다.

인간의 눈을 인공적으로 만드는 데 약 300만 유로가 든다는 사실을 아는가? 5억 7,600만 화소에 자동초점, 광민감도, 정보처리 특수 알고리즘 등을 위한 수많은 센서가 탑재되어야 한다. 다른 장기들은 얼마가 필요할까? 인공 폐는 인공 심장과 마찬가지로 약 50만 유로가 든다. 복부 장기는 훨씬 더 비싼데, 간만큼 많은 화학반응을 일으키는 생물반응기를 만드는 데는 100만 유로 이상이 든다. 가장 원시적인 기능만 갖춘 인공 장을 만드는 비용은 인공 신장 비용과 비슷한데, 둘을 합치면 100만 유로가 추가로 더 든다. 이 모든 장기를 만든다면 어떤 기관은 방 하나 정도의 크기인 데다 에너지 소모가 어마어마할 거라는 사실은 굳이 언급하지 않겠다.

의수족을 위한 모든 뼈와 관절은 100만 유로에서 최대 1,000만 유로, 전신 인공 피부는 품질에 따라 20만 유로에서 최대 1,000만 유로가 든다. 거의 진짜 같은 근육도 1억 유로 이상은 잡아야 하고, 신경계, 호르몬, 미세 혈관이 포함된 모든 혈관은 아무 적게 잡아도 5억 유로 이상이다. 마지막으로 뇌는 얼마일까? 계산에 따르면 뇌는 1조 유로가 넘을 거라고 한다. 아직 아무도 만들 수 없지만 말이다.

오가노이드로 몸을 만들려면, 그러니까 기계적인 로봇이 아니라 진짜 세포와 실제 생체구조에 맞게 모든 조직과 신경망, 일종의 의식까지 모두 포함한 몸을 만들려면, 아마 최대 10조 유로가 들 것이다. 이는 현재 세계 10대 기업의 가치를 합친 것과 맞먹는 금액이며, 뉴욕이나 런던의 부동산 전체와 맞먹는 수준이다. 미적 감각이 좀 더 뛰어난 비교를 원한다면 〈모나리자〉부터 〈해바라기〉, 미켈란젤로의 〈다비드〉까지 전 세계 예술 작품의 가격을 합쳐보면 된다.

나는 지금 단순히 돈으로 우리 몸의 위대함에 대해 말하려는 깃이 아니다. 내가 하고 싶은 얘기는 다른 것이다. 인간이 가질 수 있는 가장 소중한 것을 우리가 이미 오래전부터 가지고 있다고 생각해보자. 인간이 가질 수 있는 가장 소중한 것이 바로 우리 자신이라면?

삶은 참으로 복잡하다. 그래서 때때로 우리는 가장 분명한 사실들을 잊고 산다. 일상생활에서 우리 몸을 '수조 유로에 달하는 구조물'로 여기는 것 역시 무척 터무니없어 보이겠지만 중병을 앓거나 죽기 직전의 사람이라면 우리의 몸이 얼마나 커다란 가치를 가지는지 이해할 수 있으리라.

회사, 건물, 돈이 있는 의식의 세계와 동물, 미생물, 식물이 있는 지구 사이에 존재하는 기이한 간극을 생각해보자. 인간의 삶은 우리의 몸과 비슷하게 발달 단계를 거칠 때마다 점점 추상화되었다. 처음에는 생존, 호흡, 심장박동만이 중요했지만, 이제는 도덕, 인공지능, 수 광년 떨어진 은하계를 생각한다. 뇌의 급격한 발달 덕분에 우리는 이제 '정보의 시대'에 살고 있다. 이것이 무슨 의미인지 당신은 정말로 이해하고 있는가? 다시 말해 오늘날 우리는 가장 중요한 데이터를 더는 직접 느끼거나 맛보거나 냄새 맡거나 관찰하지 않고 그것에 관한 '정보'를 받는 시대에 살고 있다.

우리는 더 이상 우리가 먹는 사과가 열리는 나무를 찾지 않는다. 우리가 먹는 동물이 건강했는지, 우리가 입는 속옷을 만든 사람들이 어떻게 지내는지 알지 못한다. 새로운 소식을 얻기 위해 뉴스를 켜고 우리의 행동들이 궁극적으로 어떤 결과를 가져오는지 알지 못한 채 고도로 전문화된 시스템 안에서 일한다. TV 시리즈 정주행, 휴대전화 사용, 게임은 현실 밖에서 일어난다. 우리가 정보의 시대에 살고 있다는 사실조차 그저 정보일 뿐이다. 정보는 모든 사람에게 똑같이 적용되지도 않고, 우리 혼자서는 정보를 '인식'할 수도 없다.

정보의 시대에는 기회와 위험이 모두 존재한다. 잘못된 정보 때문에 낭떠러지로 이끌릴 수도 있지만, 동시에 정보 덕분에 세상을 더욱 면밀하게 관찰하고 그 어느 때보다 효과적으로 협력할 수도 있는 것이다. 수백 개 국경과 언어 장벽을 넘어 우정을 쌓고 새로운 계획을 시작할 수 있지만, 동시에 나도 모르게 미세먼지와 살충제에 중독될 수도 있다. 그런데도 우리는 이 시대를 어떻게 헤쳐나갈지, 그리고 어떤 나침반을 사용해야 할지 아직도 잘 알지 못한다.

뇌 이야기로 다시 돌아가서, 당신은 뇌의 존재 이유를 정말로 알고 있는가? 철학이나 영적으로가 아니라 구체적이고 실질적인 관점에서 말이다. 어느 시점부터 동물들은 태초의 체세포만으로는 제어가 되지 않을 만큼 커졌다. 그리고 너무 복잡해져서 자신의 유기체를 효과적으로 조정할 세포들이 더 필요해졌다. 그래서 뇌는 다리 체세포 1,200만 개당 신경세포 하나씩을 배당하여 그것들을 움직이게 되었다. 그런 방식으로 뇌는 우리 몸을 통합시켰다. 수많은 개별 조각이 하나의 복잡한 시스템으로 전환된 것이다. 지금 세상에서 일어나고 있는 일들이 바로 이와 비슷한 일이 아닐까? 인류는 지구화, 통신, 인터넷을 통해 임계점 이상으로 서로 연결되고 있다. 배아를 관통하는 최초의 신경섬유처럼 우리는 주변 풍경을 관통해 전선과 통신망을 깔아 네트워크를 구축한다. 마치 인류 전체가 하나의 유기체가 되어가는 듯한 느낌이다. 어쩌면 일부 과학자들이 부르듯이 '초유기체'가 되어가는 것일지도 모르겠다.

몸을 제어할 때 뇌가 가지는 목표가 무엇일까 곰곰이 생각하면, 나는 호흡, 즉 균형을 떠올린다. 뇌의 신경세포가 연결될 때 가장 중요한 최우선 목표가 생명의 균형을 유지하는 것이니까 말이다. 우리 몸의 모든 장기는 균형의 중요성을 잘 알고 있다. 그래서 면역체계는 질병이 발생하면 가능한 한 빨리 균형을 회복하려 노력하고, 피부는 적절한 보호막을 통해 균형을 잡으며, 근육은 활동과 휴식을 조정하여 균형을 유지한다.

만약 인류가 하나의 유기체라면, 이 균형은 어떤 모습일까? 아마도 '평화'여야 하지 않을까? 서로를 더는 적으로 보지 않고 같은 몸의 일부로 여기는 상태 말이다. 하지만 우리는 끊임없이 평화의 길에서 벗어나 목적지를 놓치곤 한다.

우리의 뇌가 종종 실수를 하고 완벽하지 않아도 나는 크게 상관하지 않는다. 그런 일로 끝없이 논쟁하는 건 지루한 일일 뿐이다. 나는 그저 뇌를 어루만지고 싶다. 내 손끝으로 그 구불구불한 주름을 쓰다듬어주고 싶다. 물론 오직 상상으로만.

깊은 생각에 잠겨 있다가 다시 정신을 차렸을 때, 그때 드는 몸의 느낌을 아는가? 갑자기 다시 팔, 뺨, 다리가 인식될 때의 그 느낌 말이다. 그러면 호흡이 차분해지고 때로는 힘차게 뛰는 심장을 다시 느끼게 된다. 이 책이 어느 정도 그런 효과를 내는 데 도움이 되었다면 정말 좋겠다. 몸에 주의를 기울이는 일이야말로 우리에게 아주 중요하고도 유익한 일이기 때문이다. 이를 설명하기 위해 여러 자료들을 인용할 수도 있겠지만 어차피 모든 자료가 기본적으로 말하는 바는 같다. "당신은 당신의 몸이 필요하고, 당신의 몸도 당신이 필요하다!"

어쩌면 몸은 현대 사회에서도 참고할 만한 중요한 기준일 수 있다. 혹시 인류라는 '초유기체'의 성장에도 몸이 도움을 줄 수 있지 않을까? 몸은 좋은 자극을 주고 시야를 넓혀주며 적절한 질문을 던질 수 있다. 에너지가 몸에서 분배되는 방식으로 돈이 분배되는 사회는 어떤 모습일까? 미디어의 소통이 신경과 뇌의 소통처럼 정확하고 직접적이려면 미디어를 어떻게 조직해야 할까? 유기체의 기준을 적용한다면 경영진은 무엇으로 성공을 측정할까? 자가면역질환이 그러하듯이 규범에 어긋나는 모든 것을 성급하게 공격한다면 사회는 어떻게 될까? 인종차별은 알레르기의 오류를 닮은 일종의 귀인 오류일까? 관계를 교회나 관습 또는 법률로만 규정하지 않고 피부의 원리도 적용한다면 우리의 상호작용은 어떻게 변할까? 사회가 균형을 잃고 '병들' 수도 있을까? 병든 사회는 어떻게 '치유'할 수 있을까?

몸이 주는 답이 유일한 정답일 수는 없다. 그리고 답을 찾을 때 우리 몸을 완전히 망각해서도 안 된다. 몸은 우리가 존재하는 이유고, 우리는 계속해서 몸의 욕구에 맞춰 살아가야 하기 때문이다. 우리는 몸의 토대 위에서 숨쉬고, 경계하고, 사랑하고, 힘쓰는 존재다. 우리는 서로 얽혀 있고 그렇게 수백만 년을 살았고 계속해서 새롭게 태어난다. 우리는 유기체다.

♦ 감사의 말 ♦

이 책은 여러 사람의 손을 거쳤고, 여러 근육이 다듬었으며 이 책이 서점에 도착하기까지 수많은 두뇌가 신경망을 통해 연구했다.

먼저 질 언니에게 감사하다. 언니는 무슨 일을 하든 늘 그렇듯이, 이 책에도 독창적이고 풍요로운 선물을 주었다. 늦은 밤 전화 통화부터 끝없는 질문 그리고 이 책을 위해 완전히 새로운 그림 기법까지 배운 언니는 언제나 나의 모범이자 도전적 글쓰기라는 모험의 특별한 동행자이기도 하다. 그리고 암브로시우스! 그의 선견지명과 침착함 그리고 나를 안정시켜주며 여러 면에서 지지를 보내준 것에 감사하다.

페트라 에거스에게도 감사하다. 그녀의 지혜와 경쾌함이 없었다면 나는 아무것도 쓰지 못했을 것이다. 마르티나 바헨도르프는 따뜻한 마음으로 나를 지지해주었고, 무거운 짐에 짓눌려 축 처져 있던 나를 다시 일으켜 세워 책상에 앉도록 도와주었다.

귀중한 지식을 나눠주고, 면밀하게 검토해주고, 궁리하느라 미간을 찌푸리거나 감탄으로 눈썹을 치켜올렸을 여러 사람에게 감사를 드린다. 군터 슈미트 박사, 샤밀리 에드윈 타나라야 박사, 슈테판 키펜베르거 교수, 케린 가프마이어 박사, 플로리안 호른 박사, 김지원 박사, 파울 아이제비히트 박사, 소피아 라데스 박사, 안네 차이츠 박사.

전 세계 연구자들의 노고 없이는 어떤 과학 텍스트도 존재할 수 없을 것이다. 그러므로 이 책의 참고문헌 또한 감사의 표시다.

글을 쓰는 동안 몸에도 많은 부담을 주었으니 이번에는 특별히 몸에도 감사를 전하고 싶다. 나를 지탱해주고, 네가 하는 말을 경청하게 하고, 덕분에 발전할 수 있게 도와줘서 고마워.

그리고 울슈타인 출판사에도 감사드린다. 비서실부터 편집, 교정, 제작, 라이센스, 조판 및 인쇄, 마케팅, 이벤트, 그리고 훌륭한 배포까지! 감사합니다.

그리고 당신의 두 눈에게도 감사를 전한다. 여전히 읽고 계시죠? 우아하게 여기까지 따라와주셔서 감사합니다!

독일 표준 교과서에 나오지 않는 내용의 참고 자료 위주로 목록화했다. 모든 링크는 2025년 5월 30일 기준이다.

제1장.
삶은 호흡에서 시작된다 | 폐

AGHAPOUR, Mahyar, UBAGS, Niki D., BRUDER, Dunja, et al. Role of air pol lutants in airway epithelial barrier dysfunction in asthma and COPD. European Respiratory Review, 2022, Bd. 31, Nr.163.

A L-KINDI, Sadeer G., BROOK, Robert D., BISWAL, Shyam, et al. Environmen tal determinants of cardiovascular disease: lessons learned from air pollu tion. Nature Reviews Cardiology, 2020, Bd.17, Nr.10, S.656–672.

AMRU, Desi Ernita, UMIYAH, Astik, YASTIRIN, Pintam Ayu, et al. Effect of deep breathing techniques on intensity of labor pain in the active phase. The International Journal of Social Sciences World (TIJOSSW), 2021, Bd. 3, Nr. 2, S. 359–364.

BACHOFEN, H., SCHÜRCH, S. Alveolar surface forces and lung architecture. Comparative Biochemistry and Physiology Part A: Molecular & Integrative Physiology. 2001, Bd.129, S.183–193.

BOISVERT, G., et al. Bioaccumulation and biomagnification of perfluoroalkyl acids and precursors in East Greenland polar bears and their ringed seal prey. Environmental Pollution. 2019, Bd. 252, Teil B.

BOLSER, D.C., POLIACEK, I., JAKUS, J., et al. Neurogenesis of cough, other airway defensive behaviors and breathing: A holarchical system? Respiratory Physiology & Neurobiology. 2006, Bd.152, Nr. 3, S. 255–265.

BUNDESMINISTERIUM FÜR UMWELT, NATURSCHUTZ, NUKLEARESICHERHEIT UND VERBRAUCHERSCHUTZ (2022). https://www.bmuv.de/download/leitfaden-zur-pfas-bewertung

CANHA, Nuno, TEIXEIRA, Catarina, FIGUEIRA, Monica, et al. How is indoor air quality during sleep? A review of field studies. Atmosphere, 2021, Bd.12, Nr.1, S.110.

CHEMIE.DE (17. Juni 2021). Verwendung von PFAS in Kosmetika »weit ver breitet«. https:// www. chemie. de/ news/ 117 15 20/ verwendung- von- pfas- in kosmetika-weit-verbreitet.html

CHEN, Qishan, WANG, Qiwen, ZHU, Jianhua, et al. Reactive oxygen species: key regulators in vascular health and diseases. British journal of pharmacology, 2018, Bd.175, Nr. 8, S.1279–1292.

COLEY, David A., GREEVES, Rupert, et SAXBY, Brian K. The effect of low ventilation rates on the cognitive function of a primary school class. Inter national Journal of Ventilation, 2007, Bd.6, Nr. 2, S.107–112.

CONNETT, Gary J. et THOMAS, Mike. Dysfunctional breathing in children and adults with asthma. Frontiers in pediatrics, 2018, Bd.6, S.406.

COREY, T.P., SHOUP-KNOX, M.L., GORDIS, E.B., GALLUP, G.G. Jr. Changes in Physiology before, during, and after Yawning. Frontiers in Evolutionary Neuroscience. 2012, Bd. 3, Art. 7.

COSTA, Lucio G., COLE, Toby B., DAO, Khoi, et al. Effects of air pollution on the nervous system and its possible role in neurodevelopmental and neurodegenerative disorders. Pharmacology & therapeutics, 2020, Bd. 210, Art.107523.

COUSINS, Ian T., et al. Outside the safe operating space of a new planetary boundary for per-and polyfluoroalkyl substances (PFAS). Environmental Science & Technology. 2022, Bd. 56, Nr.16.

COWIE, Robert L., et al. A randomised controlled trial of the Buteyko technique as an adjunct to conventional management of asthma. Respiratory Medicine. 2008, Bd.102, Nr. 5, S. 726–732.

DA FONSÊCA, Jessica Danielle Medeiros, RESQUETI, Vanessa Regiane, BENÍCIO, Kadja, et al. Acute effects of inspiratory loads and interfaces on breathing pattern and activity of respiratory muscles in healthy subjects. Frontiers in physiology, 2019, Bd.10, S. 993.

DALLEY, Arthur (The Conversation, 10. Juli 2022). Your lungs are really amazing. An anatomy professor explains why. https://theconversation.com/your lungs-are-really-amazing-an-anatomy-professor-explains-why-106669

DAV IDSON, Cliff I., PHALEN, Robert F., et SOLOMON, Paul A. Airborne par ticulate matter and human health: a review. Aerosol Science and Technology, 2005, Bd. 39, Nr.8, S. 737–749.

DEL NEGRO, Christopher A., FUNK, Gregory D., et FELDMAN, Jack L. Breathing matters. Nature Reviews Neuroscience, 2018, Bd.19, Nr.6, S. 351–367.

DENNEKAMP, Martine, HOWARTH, S., DICK, C.A.J., et al. Ultrafine particles and nitrogen oxides generated by gas and electric cooking. Occupational and environmental medicine, 2001, Bd. 58, Nr. 8, S. 511–516.

EGUILUZ-GRACIA, Ibon, MATHIOUDAKIS, Alexander G., BARTEL, Sabine, et al. The need for clean air: the way air pollution and climate change affect allergic rhinitis and asthma. Allergy, 2020, Bd. 75, Nr. 9, S. 2170–2184.

FOWLER, David, BRIMBLECOMBE, Peter, BURROWS, John, et al. A chronology of global air quality. Philosophical Transactions of the Royal Society A, 2020, Bd. 378, Nr. 2183, Art. 20190314.

GONZÁLEZ-MARTÍN, Javier, KRAAKMAN, Norbertus Johannes Richardus, PÉREZ, Cristina, et al. A state-of-the-art review on indoor air pollution and strategies for indoor air pollution control. Chemosphere, 2021, Bd. 262, Art.128376.

HECK, Detlef H., KOZMA, Robert, et KAY, Leslie M. The rhythm of memory: how breathing shapes memory function. Journal of neurophysiology, 2019, Bd.122, Nr. 2, S. 563–571.

HERRERO, J.L., KHUVIS, S., YEAGLE, E., et al. Breathing above the brain stem: volitional control and attentional modulation in humans. Journal of Neurophysiology. 2018, Bd.119, Nr.1, S.145–159.

IONESCU, Maria F., MANI-BABU, Sethu, DEGANI-COSTA, Luiza H., et al. Cardiopulmonary exercise testing in the assessment of dysfunctional breathing. Frontiers in Physiology, 2021, Bd.11, Art.620955.

KARALIS, Nikolaos et SIROTA, Anton. Breathing coordinates limbic network dynamics underlying memory consolidation. BioRxiv, 2018, Art. 392530.

KNUDSEN, Lars et OCHS, Matthias. The micromechanics of lung alveoli: structure and function of surfactant and tissue components. Histochemistry and cell biology, 2018, Bd.150, S.661–676.

KREUTZFELDT, Malte (TAZ, 7. August 2018). Dreckiger als Diesel? Kochen mit Gas. https://taz.de/Kochen-mit-Gas/!5526276/

LIEM, Karel F. Form and function of lungs: the evolution of air breathing mechanisms. American Zoologist. 1988, Bd. 28, Nr. 2, S. 739–759.

LOTFALIAN, Sadaf, SPEARS, Claire A., et JULIANO, Laura M. The effects of mindfulness-based yogic breathing on craving, affect, and smoking beha vior. Psychology of Addictive Behaviors, 2020, Bd. 34, Nr. 2, S. 351.

MACKLEM, Peter T. Emergent phenomena and the secrets of life. Journal of applied physiology, 2008.

MILLS, I.C., ATKINSON, R.W., ANDERSON, H.R., et al. Distinguishing the associations between daily mortality and hospital admissions and nitrogen dioxide from those of particulate matter: a systematic review and meta-ana lysis. BMJ open, 2016, Bd.6, Nr. 7, Art. e010751.

MITCHELL, R.B. Sleep-disordered breathing in children: are we underestimat ing the problem? European Respiratory Journal. 2005, Bd. 25, Nr. 2. S. 216–217.

MUSSA, A., MOHD IDRIS, R.A., AHMED, N., et al. High-Dose Vitamin C for Cancer Therapy. Pharmaceuticals. 2022, Bd.15, Nr.6, Art. 711.

OSIPOV, S., et al. Severe atmospheric pollution in the Middle East is attributa ble to anthropogenic sources. Communications Earth & Environment. 2022, Bd. 3, Art. 203.

PETERS, Ruth, EE, Nicole, PETERS, Jean, et al. Air pollution and dementia: a systematic review. Journal of Alzheimer's Disease, 2019, Bd. 70, Nr. s1, S. S145–S163.

PRIOR, Ronald L., GU, Liwei, W U, Xianli, et al. Plasma antioxidant capacity changes following a meal as a measure of the ability of a food to alter in vivo antioxidant status. Journal of the American College of Nutrition, 2007, Bd. 26, Nr. 2, S.170–181.

PRIOR, Ronald L. Oxygen radical absorbance capacity (ORAC): New horizons in relating dietary antioxidants/bioactives and health benefits. Journal of functional foods, 2015, Bd.18, S. 797–810.

PULIMENO, Manuela, PISCITELLI, Prisco, COLAZZO, Salvatore, et al. Indoor air quality at school and students' performance: Recommendations of the UNESCO Chair on Health Education and Sustainable Development & the Italian Society of Environmental Medicine (SIMA). Health promotion per spectives, 2020, Bd.10, Nr. 3, S.169.

REIS, Lara Aleluia, DROUET, Laurent, TAVONI, Massimo. Internalising health-economic impacts of air pollution into climate policy: a global mod elling study. The Lancet Planetary Health. 2022, Bd.6, Nr.1, S. e40–e48.

RICKARD, Kathleen Benjamin, DUNN, Dorothy J., et BROUCH, Virginia M. Breathing techniques associated with improved health outcomes. 2015.

RUSSO, Marc A., SANTARELLI, Danielle M., et O'ROURKE, Dean. The physiological effects of slow breathing in the healthy human. Breathe, 2017, Bd.13, Nr.4, S. 298–309.

SCHRAUFNAGEL, Dean E., BALMES, John R., COWL, Clayton T., et al. Air pollution and noncommunicable diseases: A review by the Forum of Inter-national Respiratory Societies' Environmental Committee, Part 2: Air pol lution and organ systems. Chest, 2019, Bd.155, Nr. 2, S.417–426.

SCHRAUFNAGEL, Dean E. The health effects of ultrafine particles. Experimen tal and Molecular Medicine, 2020, Bd. 52, S.1–7.

SCHRÖDINGER, E. What Is Life?: With Mind and Matter and Autobiographical Sketches. Cambridge University Press, 1992.

SEPPÄ LÄ, Emma, BRADLEY, Christina, et GOLDSTEIN, Michael R. Why Breathing Is So Effective at Reducing Stress. Harvard Business Review, 2020.

SHAFFER, Fred, MCCRATY, Rollin, et ZERR, Christopher L. A healthy heart is not a metronome: an integrative review of the heart's anatomy and heart rate variability. Frontiers in psychology, 2014, Bd. 5, S.1040.

SMITH, Benjamin M., TRABOULSI, Hussein, AUSTIN, John H.M., et al. Human airway branch variation and chronic obstructive pulmonary disease. Proceedings of the National Academy of Sciences, 2018, Bd.115, Nr. 5, S.E974–E981.

STANNER, S.A., HUGHES, J., KELLY, C.N.M., et al. A review of the epidemiological evidence for the ›antioxidant hypothesis‹. Public health nutrition, 2004, Bd. 7, Nr. 3, S.407–422.

STRG_F (29. September 2022), Video: Jahrhundertgift: Warum wird es nicht verboten? https://www.youtube.com/watch?v=ovCvW22ol3Y

UMWELTBUNDESAMT. (27. März 2024). Emission von Feinstaub der Parti kelgröße PM10. https://www.umweltbundesamt.de/daten/luft/luftschad stoff-emissionen-in-deutschland/emission-von-feinstaub-der-partikelgro esse-pm10#emissionsentwicklung

UMWELTBUNDESAMT. Stickstoffdioxid-Belastung (25. September 2024). https://www.umweltbundesamt.de/daten/luft/stickstoffdioxid-belastung#belastung-durch-stickstoffdioxid

UNITED STATES ENVIRONMENTAL PROTECTION AGENCY (4.Okto ber 2024). Why wildfire smoke is a health concern. https://www.epa.gov/wildfire-smoke-course/why-wildfire-smoke-health-concern

VIDOTTO, L.S., BIGLIASSI, M., JONES, M.O., et al. Stop Thinking! I Can't! Do Attentional Mechanisms Underlie Primary Dysfunctional Breathing? Fron tiers in Physiology. 2018, Bd. 9, Art. 782.

WORLD HEALTH ORGANIZATION, et al. WHO global air quality guidelines: particulate matter (PM2. 5 and PM10), ozone, nitrogen dioxide, sulfur dioxide and carbon monoxide. World Health Organization, 2021.

W U, X., BEECHER, G.R., HOLDEN, J.M., et al. Lipophilic and hydrophilic an tioxidant capacities of common foods in the United States. J Agric Food Chem. 2004, Bd. 52, Nr.12. S.4026–4037.

YARTSEV, Alex (Deranged Physiology, 21. September 2019). Elastic properties of the respiratory system. https://derangedphysiology.com/main/cicmprimary-exam/ respiratory-system/Chapter-032/elastic-propertiesres-piratory-system?utm_source=chatgpt.com

ZACCARO, Andrea, PIARULLI, Andrea, LAURINO, Marco, et al. How breath control can change your life: a systematic review on psycho-physiological correlates of slow breathing. Frontiers in human neuroscience, 2018, Bd.12, S. 353.

제2장.
나를 지키기 위해 먼저 알아야 할 것들 | 면역체계

BALLOUX, Francois et VA N DORP, Lucy. Q&A: What are pathogens, and what have they done to and for us?. BMC biology, 2017, Bd.15, S.1–6.

BARTON, Erik S., WHITE, Douglas W., CATHELYN, Jason S., et al. Herpesvirus latency confers symbiotic protection from bacterial infection. Nature, 2007, Bd.447, Nr. 7142, S. 326–329.

BENN, Christine S., NETEA, Mihai G., SELIN, Liisa K., AABY, Peter. A small jab – a big effect: nonspecific immunomodulation by vaccines, Trends in Immunology, 2013, Bd. 34, Nr. 9, S.431–439.

BESEDOVSKY, Luciana, LANGE, Tanja, et HAACK, Monika. The sleep-immune crosstalk in health and disease. Physiological reviews, 2019.

BONASIA, C.G., ABDULAHAD, W.H., RUTGERS, A., HEERINGA, P., BOS, N.A. B cell activation and escape of tolerance checkpoints: recent insights from studying autoreactive B cells. Cells. 2021, Bd.10, Nr. 5, Art.1190.

CABRERA-GOMEZ, J.A., et al. A severe episode in a patient with recurrent disseminated acute encephalitis due to vaccination against hepatitis B. For or against vaccination? Revista de Neurología. 2002, Bd. 34, Nr.4, S. 358–363.

CHEN, H.W., LIU, P.F., LIU, Y.T., et al. Nasal commensal Staphylococcus epidermidis counteracts influenza virus. Scientific Reports. 2016, Bd. 6, Art. 27870.

CHILDS, Caroline E., CALDER, Philip C., et MILES, Elizabeth A. Diet and immune function. Nutrients, 2019, Bd.11, Nr. 8, S.1933.

COHEN, Irun R. et EFRONI, Sol. The immune system computes the state of the body: crowd wisdom, machine learning, and immune cell reference reper toires help manage inflammation. Frontiers in immunology, 2019, Bd.10, S.10.

COOPER, E.L. Evolution of immune systems from self/not self to danger to artificial immune systems (AIS). Physics of Life Reviews. 2010, Bd. 7, Nr.1, S. 55–78.

CRUZ-MUÑOZ, Mario E. et FUENTES-PA NA NÁ, Ezequiel M. Beta and gamma human herpesviruses: Agonistic and antagonistic interactions with the host immune system. Frontiers in microbiology, 2018, Bd. 8, S. 2521.

DASCHNER, Alvaro et GONZÁLEZ FERNÁNDEZ, Juan. Allergy in an evolu tionary framework. Journal of Molecular Evolution, 2020, Bd.88, Nr.1, S.66–76.

DE FILETTE, Jeroen MK, PEN, Joeri J., DECOSTER, Lore, et al. Immune check point inhibitors and type 1 diabetes mellitus: a case report and systematic review. European journal of endocrinology, 2019, Bd.181, Nr. 3, S. 363–374.

DUDEK, Katarzyna A., DION-ALBERT, Laurence, KAUFMANN, Fernanda Neutzling, et al. Neurobiology of resilience in depression: immune and va scular insights from human and animal studies. European Journal of Neuro science, 2021, Bd. 53, Nr.1, S.183–221.

EZEPCHUK, Yurii V., et al. Biological concept of bacterial pathogenicity (theoretical review). Advances in Microbiology, 2017, Bd. 7, Nr.07, S. 535.

FALKOW, Stanley. I never met a microbe I didn't like. Nature Medicine, 2008, Bd.14, Nr.10, S.1053–1057.

GALLI, Stephen J., STARKL, Philipp, MARICHAL, Thomas, et al. Mast cells and IgE in defense against venoms: possible »good side« of allergy?. Allergology international, 2016, Bd.65, Nr.1, S. 3–15.

GLEESON, Michael. Immune function in sport and exercise. Journal of applied physiology, 2007, Bd.103, Nr. 2, S.693–699.

HART, V., NOVÁ KOVÁ, P., MALKEMPER, E.P., et al. Dogs are sensitive to small vari-ations of the Earth's magnetic field. Frontiers in Zoology. 2013, Bd.10, S.1–12.

HEIB, Valeska, BECKER, Marc, TAUBE, Christian, et al. Advances in the understanding of mast cell function. British journal of haematology, 2008, Bd.142, Nr. 5, S.683–694.

HU, Fanlei, et al. Rheumatoid arthritis patients harbour aberrant enteric bacteriophages with autoimmunity-provoking potential: a paired sibling study. Annals of the Rheumatic Diseases. 2024, Bd. 83, Nr.12, S.1677–1690.

IRRGANG, Pascal, GERLING, Juliane, KOCHER, Katharina, et al. Class switch toward noninflammatory, spike-specific IgG4 antibodies after repeated SARS-CoV-2 mRNA vaccination. Science immunology, 2022, Bd. 8, Nr. 79.

KIPPENBERGER, Stefan, KLEEMANN, Johannes, KAUFMANN, Roland, MEISSNER, Markus. Acting without Central Agent-Considerations for a Self-Model at the Cellular Level. Frontiers Human Neuroscience, 2017, Bd.11, S.191.

KÖHLER, O., BENROS, M.E., NORDENTOFT, M., et al. Effect of anti-inflam matory treatment on depression, depressive symptoms, and adverse effects: a systematic review and meta-analysis of randomized clinical trials. JAMA Psychiatry. 2014, Bd. 71, Nr.12, S.1381–1391.

MAGGINI, Silvia, PIERRE, Adeline, et CALDER, Philip C. Immune function and micro-nutrient requirements change over the life course. Nutrients, 2018, Bd.10, Nr.10, S.1531.

MARONEK, M., LINK, R., AMBRO, L., GARDLIK, R. Phages and their role in gastrointestinal disease: focus on inflammatory bowel disease. Cells. 2020, Bd.9, Nr.4, Art.1013.

MATZINGER, P. Tolerance, danger, and the extended family. Annual Review of Immunology. 1994, Bd.12, Nr.1, S. 991–1045.

MAXFIELD, A.Z., KORKMAZ, H., GREGORIO, L.L., et al. General antibiotic exposure is associated with increased risk of developing chronic rhinosinus itis. The Laryngoscope. 2017, Bd.127, Nr. 2, S. 296–302.

MEENA, Mukesh, SWAPNIL, Prashant, ZEHRA, Andleeb, et al. Virulence factors and their associated genes in microbes. New and future developments in microbial biotechnology and bioengineering. Elsevier, 2019. S.181–208. Microbiology by numbers. Nature Reviews Microbiology, 2011, Bd. 9, S.628.

MOELLING, Karin. Viruses more friends than foes. Electroanalysis, 2020, Bd. 32, Nr.4, S.669–673.

MOELLING, Karin. What contemporary viruses tell us about evolution: a per sonal view. Archives of Virology, 2013, Bd.158, S.1833–1848.

MOLING, Oswald et GANDINI, Latha. Sugar and the Mosaic of Autoimmunity. The American journal of case reports, 2019, Bd. 20, S.1364.

MOSSAD, S.B. An evidence-based approach to management of the common cold. JCOM-Wayne PA. 1999, Bd.6, S. 39–45.

MURPHY, Kenneth, W EAV ER, Casey, MURPHY, et al. Das mucosale Immun system. Janeway Immunologie, 2018, S.641–691.

NESSE, Randolph M. et WILLIAMS, George C. Evolution and the Origins of Disease, 1994. https:// web. sbu. edu/ physics/ faculty/ dimattio/ clare1 02/readings/evolution/evol-reading.htm

NIAN, Xuanxuan, ZHANG, Jiayou, HUANG, Shihe, DUAN, Kai, LI, Xinguo, YANG, Xiaoming. Development of Nasal Vaccines and the Associated Challenges, Pharma-ceutics, 2022, Bd.14, Nr.10, S.1983.

NUWER, Rachel. Why the world needs viruses to function, BBC, 2020. https://www.bbc.com/future/article/20200617-what-if-all-viruses-disappeared

OBERHARDT, Valerie, LUXENBURGER, Hendrik, KEMMING, Janine, et al. Rapid and stable mobilization of CD8+ T cells by SARS-CoV-2 mRNA vac cine. Nature, 2021, Bd. 597, Nr. 7875, S. 268–273.

PARK, Jong-Eun, JARDINE, Laura, GOTTGENS, Berthold, TEICHMANN, Sarah A., HANIFFA, Muzlifah. Prenatal development of human immunity. Science, 2020, Bd. 368, Nr.6491, S.600–603.

PARV EZ, Mohammad K. et PARV EEN, Shama. Evolution and emergence of pathogenic viruses: past, present, and future. Intervirology, 2017, Bd. 60, Nr.1–2, S.1–7.

PEUß, Robert, BOX, Andrew C., CHEN, Shiyuan, et al. Adaptation to low para site abundance affects immune investment and immunopathological res ponses of cavefish. Nature ecology & evolution, 2020, Bd.4, Nr.10, S.1416–1430.

PILLAI, Shiv. Is it bad, is it good, or is IgG4 just misunderstood? Science Immunology, 2023, Bd. 8, Nr. 81.

PROFET, Margie. The function of allergy: immunological defense against to xins. The Quarterly review of biology, 1991, Bd.66, Nr.1, S. 23–62.

PRUSSIN, A.J. 2nd, GARCIA, E.B., MARR, L.C. Total virus and bacteria con centrations in indoor and outdoor air. Environmental Science & Technology Letters. 2015, Bd. 2, Nr.4, S. 84–88.

PULENDRAN, Bali S., ARUNACHALAM, Prabhu, et O'HAGAN, Derek T. Emerging concepts in the science of vaccine adjuvants. Nature Reviews Drug Discovery, 2021, Bd. 20, Nr.6, S.454–475.

RAI, Sandhya, RAI, Gunjan, KUMAR, Amod. Eco-evolutionary impact of ultraviolet radiation (UVR) exposure on microorganisms, with a special focus on our skin microbiome. Microbiological Research. 2022, Bd. 260, Art.127044.

RAKEBRANDT, Nikolas et JOLLER, Nicole. Infection history determines susceptibility to unrelated diseases. BioEssays, 2019, Bd.41, Nr.6.

ROJAS QUINTANA, Manuel Eduardo, RESTREPO-JIMÉNEZ, Paula, MON SA LV E CARMONA, Diana Marcela, et al. Molecular mimicry and autoim munity. 2018.

RUBIO-CASILLAS, Alberto, RODRIGUEZ-QUINTERO, Cesar M., REDWAN Elrashdy M., et al. Do vaccines increase or decrease susceptibility to diseases other than those they protect against?, Vaccine, 2024, Bd.42, Nr. 3, S.426–440.

SAGE, W. Evidence based recommendations on nonspecific effects of BCG, DTP-containing and measles containing vaccines on mortality in children under 5 years of age. Background paper for SAGE discussions, 2014.

SEREDA, Michal J., HARTMANN, Susanne, LUCIUS, Richard. Helminths and allergy: the example of tropomyosin, Trends Parasitol, 2008, Bd. 24, Nr.6, S. 272–278.

SHARIF, Kassem, WATAD, Abdulla, COPLAN, Louis, et al. The role of stress in the mosaic of autoimmunity: an overlooked association. Autoimmunity reviews, 2018, Bd.17, Nr.10, S. 967–983.

SINGH, Meenu et DAS, Rashmi R. Cochrane Review: Zinc for the common cold. Evidence-Based Child Health: A Cochrane Review Journal, 2012, Bd. 7, Nr.4, S.1235–1308.

SMITH, J.L. Sir Arbuthnot Lane, chronic intestinal stasis, and autointoxication. Annals of Internal Medicine. 1982, Bd. 96, Nr. 3, S. 365–369.

SÖDERLING, Eva, PIENIHÄKKINEN, Kaisu. Effects of xylitol and erythritol consumption on mutans streptococci and the oral microbiota: a systematic review. Acta Odontologica Scandinavica. 2020, Bd. 78, Nr. 8, S. 599–608.

THEOFILOPOULOS, Argyrios N., KONO, Dwight H., et BACCALA, Roberto. The multiple pathways to autoimmunity. Nature immunology, 2017, Bd.18, Nr. 7, S. 716–724.

TOURBAH, A., GOUT, O., LIBLAU, R., et al. Encephalitis after hepatitis B vac cination: recurrent disseminated encephalitis or MS?. Neurology, 1999, Bd. 53, Nr. 2, S. 396.

VAYSSIER-TAUSSAT, Muriel, ALBINA, Emmanuel, CITTI, Christine, et al. Shifting the paradigm from pathogens to pathobiome: new concepts in the light of meta-omics. Frontiers in cellular and infection microbiology, 2014, Bd.4, S. 29.

VICKERY, Brian P., SCURLOCK, Amy M., JONES, Stacie M., et al. Mechanisms of immune tolerance relevant to food allergy. Journal of Allergy and Clinical Immunology, 2011, Bd.127, Nr. 3, S. 576–584.

WIERTSEMA, S.P., VA N BERGENHENEGOUWEN, J., GARSSEN, J., KNIP PELS, L.M.J. The interplay between the gut microbiome and the immune system in the context of infectious diseases throughout life and the role of nutrition in optimizing treatment strategies. Nutrients. 2021, Bd.13, Nr. 3, Art.886.

YUNG, Chee Fu. Non-specific effects of childhood vaccines. Bmj, 2016, Bd. 355.

제3장.
관계와 상처는 어떻게 치유되는가 | 피부

ABRAIRA, Victoria E. et GINTY, David D. The sensory neurons of touch. Neuron, 2013, Bd. 79, Nr.4, S.618–639.

BAER, D. (The Cut, 31. Januar 2017). People Naturally Sync Their Bodies, Breathing – And Skin. https://www.thecut.com/2017/01/how-interpersonalsynchrony-works.html

BAYAT, Ardeshir, MCGROUTHER, D.A., et FERGUSON, M.W.J. Skin scarring. Bmj, 2003, Bd. 326, Nr. 7380, S. 88–92.

BIGELOW, A.E., POWER, M. Mother-infant skin-to-skin contact: short-and long-term effects for mothers and their children born full-term. Frontiers in Psychology. 2020, Bd.11, Art. 515068.

BJÖRNSDOTTER, Malin, MORRISON, India, et OLAUSSON, Håkan. Feeling good: on the role of C fiber mediated touch in interoception. Experimental brain research, 2010, Bd. 207, S.149–155.

BOATENG, Joshua et CATANZANO, Ovidio. Advanced therapeutic dressings for effective wound healing – a review. Journal of pharmaceutical sciences, 2015, Bd.104, Nr.11, S. 3653–3680.

BUEHLER, Markus J. Nature designs tough collagen: Explaining the nanostructure of collagen fibrils. Proceedings of the National Academy of Sciences, 2006, Bd.103, Nr. 33, S.12285–12290.

CACIOPPO, S., CAPITANIO, J.P., CACIOPPO, J.T. Toward a neurology of loneliness. Psychological Bulletin. 2014, Bd.140, Nr.6, S.1464.

DATTOLA, A., SILV ESTRI, M., BENNARDO, L., et al. Role of vitamins in skin health: a systematic review. Current Nutrition Reports. 2020, Bd.9, S. 226–235.

EPSTEIN, William L. et MAIBACH, Howard I. Cell renewal in human epidermis. Archives of Dermatology, 1965, Bd. 92, Nr.4, S.462–468.

FELDMAN, R., ROSENTHAL, Z., EIDELMAN, A.I. Maternal-preterm skinto-skin contact enhances child physiologic organization and cognitive con-trol across the first 10 years of life. Biological Psychiatry. 2014, Bd. 75, Nr.1, S. 56–64.

FIELD, Tiffany. Touch for socioemotional and physical well-being: A review. Developmental review, 2010, Bd. 30, Nr.4, S. 367–383.

FISCHER, Jennifer (Harvard Health Publishing, 14.Dezember 2014). Skin care for aging skin: Minimizing age spots, wrinkles, and undereye bags. https://www.health.harvard.edu/staying-healthy/skin-care-for-aging-skin-minimizing-age-spots-wrinkles-and-undereye-bags

FLAMENT, Frederic, BAZIN, Roland, LAQUIEZE, Sabine, RUBERT, Virginie, SIMON-PIETRI, Elisa, PIOT, Bertrand. Effect of the sun on visible clinical signs of aging in Caucasian skin, Clin Cosmet Investig Dermatol, 2013, Bd. 27, Nr.6, S. 221–32.

GONZALEZ, Ana Cristina de Oliveira, COSTA, Tila Fortuna, ANDRADE, Zilton de Araújo, et al. Wound healing – A literature review. Anais brasileiros de dermatologia, 2016, Bd. 91, Nr. 5, S.614–620.

GRAGNANI, Alfredo, MAC CORNICK, Sarita, CHOMINSKI, Verônica, et al. Review of major theories of skin aging. Advances in Aging Research, 2014.

HEKMATPOU, D., MEHRABI, F., RAHZANI, K., AMINIYAN, A. The effect of Aloe Vera clinical trials on prevention and healing of skin wound: a systematic review. Iranian Journal of Medical Sciences. 2019, Bd.44, Nr.1, S.1–9.

HERKES, G., MCGEE, C., LIEBERT, A., et al. A novel transcranial photobiomodulation device to address motor signs of Parkinson's disease: a parallel randomised feasibility study. EClinicalMedicine. 2023, Bd.66, Art.102338.

HOLICK, Michael F. Biological effects of sunlight, ultraviolet radiation, visible light, infrared radiation and vitamin D for health. Anticancer research, 2016, Bd. 36, Nr. 3, S.1345–1356.

HÜBNER, Inga-Marie, BREITBART, Eckhard, WENZEL, Gregor, et al. S3-Leitlinie Prävention von Hautkrebs: Evaluation und Aktualisierungsprozess. Die Dermatologie, 2023, Bd. 74, Nr.4, S. 262–269.

ICHIHASHI, M., UEDA, M., BUDIYANTO, A., et al. UV-induced skin damage. Toxicology, 2003, Bd.189, Nr.1–2, S. 21–39.

JABLONSKI, Nina G. et CHAPLIN, George. The evolution of human skin coloration. Journal of human evolution, 2000, Bd. 39, Nr.1, S. 57–106.

KERR, Fiona, WIECHULA, Rick, FEO, Rebecca, et al. The neurophysiology of human touch and eye gaze and its effects on therapeutic relationships and healing: a scoping review protocol. JBI Evidence Synthesis, 2016, Bd.14, Nr.4, S.60–66.

LAMKE, L.-O., NILSSON, G.E., et REITHNER, H.L. The evaporative water loss from burns and the water-vapour permeability of grafts and artificial membranes used in the treatment of burns. Burns, 1977, Bd. 3, Nr. 3, S.159–165.

LIM, H.W., PIQUERO-CASALS, J., SCHALKA, S., LEONE, G., TRULLÀS, C., BROWN, A., et al. Photoprotection in pregnancy: addressing safety concerns and optimizing skin health. Frontiers in Medicine. 2025, Bd.12, Art.1563369.

MARATOS, Frances A., DUARTE, Joana, BARNES, Christopher, et al. The physiological and emotional effects of touch: Assessing a hand-massage intervention with high self-critics. Psychiatry Research, 2017, Bd. 250, S. 221–227.

MARTIN, Paul. Wound healing – aiming for perfect skin regeneration. Science, 1997, Bd. 276, Nr. 5309, S. 75–81.

NGOC, Le Thi Nhu, TRAN, Vinh Van, MOON, Ju-Young, et al. Recent trends of sunscreen cosmetic: An update review. Cosmetics, 2019, Bd.6, Nr.4, S.64.

OLAUSSON, Håkan, WESSBERG, Johan, MORRISON, India, et al. (ed.). Affective touch and the neurophysiology of CT afferents. New York, NY: Springer New York, 2016.

OLTULU, Pembe, INCE, Bilsev, KOKBUDAK, Naile, et al. Measurement of epidermis, dermis, and total skin thicknesses from six different body regions with a new ethical histometric technique. Turkish Journal of Plastic Surgery, 2018, Bd. 26, Nr. 2, S. 56–61.

PA PATHA NASSOGLOU, E.D., MPOUZIKA, M.D. Interpersonal touch: physiological effects in critical care. Biological Research for Nursing. 2012, Bd.14, Nr.4, S.431–443.

Quelle zur Tabelle auf S.157 zur Eigenschutzzeit, Bundesamt für Strahlenschutz, UV-Schutz-Verordnung (2020): https://www.bfs.de/DE/themen/opt/uv/wirkung/hauttypen/hauttypen.html.

REDDAN, M.C., YOUNG, H., FALK NER, J., LÓPEZ-SOLÀ, M., WAGER, T.D. Touch and social support influence interpersonal synchrony and pain. Social Cognitive and Affective Neuroscience. 2020, Bd.15, Nr.10, S.1064–1075.

ROSSO, M.P.O., BUCHAIM, D.V., K AWA NO, N., et al. Photobiomodulation therapy (PBMT) in peripheral nerve regeneration: a systematic review. Bio engineering. 2018, Bd. 5, Nr. 2, Art.44.

SHANBHAG, Shreya, NAYAK, Akshatha, NARAYAN, Reema, et al. Anti-aging and sunscreens: paradigm shift in cosmetics. Advanced pharmaceutical bulletin, 2019, Bd. 9, Nr. 3, S. 348.

SPILLE, J.L., GRUNWALD, M., MARTIN, S., MUELLER, S.M. The suppression of spontaneous face touch and resulting consequences on memory performance of high and low self-touching individuals. Scientific Reports. 2022, Bd.12, Nr.1, Art.8637.

SÖDERBERG, P.G., TALEBIZADEH, N., Y U, Z., GALICHANIN, K. Does infrared or ultraviolet light damage the lens?, Eye, 2016, Bd. 30, Nr. 2, S. 241–246.

WELLER, Richard B. The health benefits of U V radiation exposure through vitamin D production or non-vitamin D pathways. Blood pressure and cardiovascular disease. Photochemical & Photobiological Sciences, 2017, Bd.16, Nr. 3, S. 374–380.

WHITE, John H. Emerging Roles of Vitamin D-Induced Antimicrobial Peptides in Antiviral Innate Immunity, Nutrients, 2022, Bd.14, Nr. 2, S. 284.

제4장.
강하다는 말의 진정한 의미 | 힘과 근육

AJAYAGHOSH, M.V. et MAHADEVA N, V. Effect of functional strength training and Vinyasa flow yoga on selected physical variables among men soccer players. International Journal of Physiology, Nutrition and Physical Education, 2018, Bd. 3, Nr. 2, S. 378–381.

ARNOLD, Anne-Sophie, GILL, Jonathan, CHRISTE, Martine, et al. Morphological and functional remodelling of the neuromuscular junction by skeletal muscle PGC-1α. Nature communications, 2014, Bd. 5, Nr.1, S. 3569.

ASMUNDSON, Gordon J.G., FETZNER, Mathew G., DEBOER, Lindsey B., et al. Let's get physical: a contemporary review of the anxiolytic effects of exercise for anxiety and its disorders. Depression and anxiety, 2013, Bd. 30, Nr.4, S. 362–373.

BOULLOSA, Daniel, DEL ROSSO, Sebastian, BEHM, David G., et al. Post-activation potentiation (PAP) in endurance sports: A review. European journal of sport science, 2018, Bd.18, Nr. 5, S. 595–610.

BUNDESANSTALT FÜR ARBEITSSCHUTZ UND ARBEITSMEDIZIN. Arbeiten ohne Unterlass? – Ein Plädoyer für die Pause. BIBB/BAuA-Faktenblatt, 2. Auflage 2015, S. 2.

BUNDESINSTITUT FÜR SPORTWISSENSCHAFT (Hg.). Regenerationsmanagement im Spitzensport. REGman – Ergebnisse und Handlungsempfehlungen. Sportverlag Strauß, Köln 2016.

BÖNING, D. et STEINACKER, J.M. Does regular physical activity generally reduce basal energy expenditure? Arguments against an alleged paradigm change. A short report. Dtsch Z Sportmed, 2023, Bd. 74, S. 80–84.

CARRIER, David R., ANDERS, Christoph, et SCHILLING, Nadja. The musculoskeletal system of humans is not tuned to maximize the economy of locomotion. Proceedings of the National Academy of Sciences, 2011, Bd.108, Nr.46, S.18631–18636.

CONTESSA, Paola, DE LUCA, Carlo J. Neural control of muscle force: indications from a simulation model. Journal of Neurophysiology. 2013, Bd.109, Nr.6, S.1548–1570.

CURŞEU, P.L., ILIES, R., VÎRGĂ, D., MARICUŢOIU, L., SAVA, F.A. Personality characteristics that are valued in teams: not always »more is better«? International Journal of Psychology. 2019, Bd. 54, Nr. 5, S.638–649.

DOUGLAS, J., PEARSON, S., ROSS, A., MCGUIGAN, M. Chronic adaptations to eccentric training: a systematic review. Sports Medicine. 2017, Bd.47, Nr. 5, S.917–941.

DRISKELL, J.E., COPPER, C., MORAN, A. Does mental practice enhance performance? Journal of Applied Psychology. 1994, Bd. 79, Nr.4, S.481.

FOLEY, T.E., FLESHNER, M. Neuroplasticity of dopamine circuits after exercise: implications for central fatigue. Neuromolecular Medicine. 2008, Bd.10, S.67–80.

FRONTERA, W.R., MEREDITH, C.N., O'REILLY, K.P., KNUTTGEN, H.G., EVA NS, W.J. Strength conditioning in older men: skeletal muscle hypertrophy and improved function. Journal of Applied Physiology (1985). 1988, Bd.64, Nr. 3, S.1038–1044.

FRONTERA, Walter R. et OCHALA, Julien. Skeletal muscle: a brief review of structure and function. Calcified tissue international, 2015, Bd. 96, S.183–195.

GIUDICE, Jimena et TAYLOR, Joan M. Muscle as a paracrine and endocrine organ. Current opinion in pharmacology, 2017, Bd. 34, S.49–55.

GOTTMAN, John M., MURRAY, James D., SWANSON, Catherine C., et al. The mathematics of marriage: Dynamic nonlinear models. mit press, 2005.

GRISON, Marco, MERKEL, Ulrich, KOSTAN, Julius, et al. α-Actinin/titin interaction: A dynamic and mechanically stable cluster of bonds in the muscle Z-disk. Proceedings of the National Academy of Sciences, 2017, Bd.114, Nr. 5, S.1015–1020.

GUZMÁN, Raúl, et al. Effectiveness of a mindfulness-based program with virtual reality to increase safe behaviors in workers of a mining company. Frontiers in Psychology. 2025, Bd.16, Art.1429334.

HADHAZY, Adam (BBC, 2. Mai 2016). How it's possible for an ordinary person to lift a car. https://www.bbc.com/future/article/20160501-how-its-possible-for-an-ordinary-person-to-lift-a-car

HALL, E.G., ERFFMEYER, E. S. The effect of visuo-motor behavior rehearsal with videotaped modeling on free throw accuracy of intercollegiate female basketball players. Journal of Sport Psychology. 1983, Bd. 5, S. 343–346.

HANK, Rainer. Erfolg durch Zufall? Der Leistungsmythos. (10. Juli 2016). https://www.faz.net/-ib3-8j7j4

HERRMAN, Helen, STEWART, Donna E., DIAZ-GRANADOS, Natalia, et al. What is resilience?. The Canadian Journal of Psychiatry, 2011, Bd. 56, Nr. 5, S. 258–265.

HERZOG, Walter, POWERS, Krysta, JOHNSTON, Kaleena, et al. A new paradigm for muscle contraction. Frontiers in physiology, 2015, Bd.6, S.174.

HILTY, Lea, LUTZ, Kai, MAURER, Konrad, et al. Spinal opioid receptor-sensitive muscle afferents contribute to the fatigue-induced increase in intracortical inhibition in healthy humans. Experimental physiology, 2011, Bd.96, Nr. 5, S. 505–517.

HUSSAIN, Joy et COHEN, Marc. Clinical effects of regular dry sauna bathing: a systematic review. Evidence-Based Complementary and Alternative Medicine, 2018, Bd. 2018, Nr.1, Art.1857413.

JENKINS, Nathaniel D.M., et al. Greater neural adaptations following high-vs. low-load resistance training. Frontiers in Physiology. 2017, Bd. 8, Art. 331.

KRAUSE NETO, W., SILVA, W.A., CIENA, A.P., et al. Effects of strength training and anabolic steroid in the peripheral nerve and skeletal muscle morphology of aged rats. Frontiers in Aging Neuroscience. 2017, Bd. 9, Art. 205.

KRÜGER, M., KÖTTER, S. Titin, a central mediator for hypertrophic signaling, exercise-induced mechanosignaling and skeletal muscle remodeling. Frontiers in Physiology. 2016, Bd. 7, Art. 76.

KUKLA-BARTOSZEK, M., GŁOMBIK, K. Train and reprogram your brain: effects of physical exercise at different stages of life on brain functions saved in epigenetic modifications. International Journal of Molecular Sciences. 2024, Bd. 25, Nr. 22, Art.12043.

LEE, Fiona X Z, HOUWELING, Peter J., NORTH, Kathryn N., et al. How does α-actinin-3 deficiency alter muscle function? Mechanistic insights into ACTN3, the ›gene for speed‹. Biochimica et Biophysica Acta (BBA)-Molecular Cell Research, 2016, Bd.1863, Nr.4, S.686–693.

LIANG, Juan, et al. Physical exercise promotes brain remodeling by regulating epigenetics, neuroplasticity and neurotrophins. Reviews in the Neurosciences. 2021, Bd. 32, Nr.6, S.615–629.

LOENNEKE, Jeremy P., DANKEL, Scott J., BELL, Zachary W., et al. Is muscle growth a mechanism for increasing strength?. Medical hypotheses, 2019, Bd.125, S. 51–56.

M A, Fang, YANG, Yu, LI, Xiangwei, et al. The association of sport performance with ACE and ACTN3 genetic polymorphisms: a systematic review and metaanalysis. PloS one, 2013, Bd. 8, Nr.1, Art. e54685.

MARK, Gloria, IQBAL, Shamsi T., CZERWINSKI, Mary, et al. Email duration, batching and self-interruption: patterns of email use on productivity and stress. In: Proceedings of the 2016 CHI Conference on Human Factors in Computing Systems (CHI '16). Association for Computing Machinery, New York, 2016, S.1717–1728.

MCGEE-LAW RENCE, Meghan E., WENGER, Karl H., MISRA, Sudipta, et al. Whole-body vibration mimics the metabolic effects of exercise in male leptin receptor-deficient mice. Endocrinology, 2017, Bd.158, Nr. 5, S.1160–1171.

MEEUSEN, Romain, et al. Prevention, diagnosis, and treatment of the overtraining syndrome: joint consensus statement of the European College of Sport Science and the American College of Sports Medicine. Medicine and Science in Sports and Exercise. 2013, Bd.45, Nr.1, S.186–205.

MONROY, Jenna A., POWERS, Krysta L., GILMORE, Leslie A., et al. What is the role of titin in active muscle?. Exercise and sport sciences reviews, 2012, Bd.40, Nr. 2, S. 73–78.

PEDERSEN, Bente Klarlund. Physical activity and muscle-brain crosstalk. Nature Reviews Endocrinology, 2019, Bd.15, Nr. 7, S. 383–392.

PONTZER, Herman, RAICHLEN, David A., WOOD, Brian M., et al. Huntergatherer energetics and human obesity. PloS one, 2012, Bd. 7, Nr. 7, S. e40503.

RADÁK, Zsolt. The physiology of physical training. Academic Press, 2018.

REA, Irene Maeve. Towards ageing well: Use it or lose it: Exercise, epigenetics and cognition. Biogerontology. 2017, Bd.18, Nr.4, S.679–691.

ROY, Sayak. Muscle cramps – a mini review of possible causes and treatment options available with a special emphasis on diabetics – a narrative review. Clinical Diabetology, 2019, Bd. 8, Nr.6, S. 310–317.

SCHAUER, Maggie, ELBERT, Thomas. Dissociation following traumatic stress. Zeitschrift für Psychologie/Journal of Psychology. 2015.

SCHRAGE, Scott (University of Nebraska-Lincoln, 10. Juli 2017). Does strength depend on more than muscle? Husker study suggests so. https://news.unl.edu/ article/ does- strength- depend- on- more- than- muscle- husker- studysuggests-so

SHANG, J., Y E, G., SHI, K., et al. Structural basis of receptor recognition by SARS-CoV-2. Nature. 2020, Bd. 581, S. 221–224.

ŠKARABOT, J., FOLLAND, J.P., HOLOBAR, A., et al. Startling stimuli increase maximal motor unit discharge rate and rate of force development in humans. Journal of Neurophysiology. 2022, Bd.128, Nr. 3, S.455–469.

STANFORD ENCYCLOPEDIA OF PHILOSOPHY (4. Februar 2020). Philosophy of Sport. https://plato.stanford.edu/entries/sport/

STEINMETZ, Patrick R.H., KRAUS, Johanna E.M., LARROUX, Claire, et al. Independent evolution of striated muscles in cnidarians and bilaterians. Nature, 2012, Bd.487, Nr. 7406, S. 231–234.

STRANAHAN, Alexis M., et al. Hippocampal gene expression patterns underlying the enhancement of memory by running in aged mice. Neurobiology of Aging. 2010, Bd. 31, Nr.11, S.1937–1949.

STROJNIK, V. Muscle activation level during maximal voluntary effort. European Journal of Applied Physiology and Occupational Physiology. 1995, Bd. 72, Nr.1–2, S.144–149.

SUCHOMEL, Timothy J., NIMPHIUS, Sophia, BELLON, Christopher R., et al. The importance of muscular strength: training considerations. Sports medicine, 2018, Bd.48, S. 765–785.

SWIST, S., UNGER, A., LI, Y., et al. Maintenance of sarcomeric integrity in adult muscle cells crucially depends on Z-disc anchored titin. Nature Communications. 2020, Bd.11, Nr.1, Art.4479.

TIKKANEN, Emmi, GUSTAFSSON, Stefan, AMAR, David, et al. Biological insights into muscular strength: genetic findings in the UK Biobank. Scientific reports, 2018, Bd. 8, Nr.1, S.6451.

TIMMONS, J.F., GRIFFIN, C., COGAN, K.E., et al. Exercise maintenance in older adults 1 year after completion of a supervised training intervention. Journal of the American Geriatrics Society. 2020, Bd.68, Nr.1, S.163–169.

TRIANGLE CENTER FOR EVOLUTIONARY MEDICINE (9. März 2021). 7 Metabolic Myths: Evolutionary Energetics in Human Ecology and Health. https://www.youtube.com/watch?v=6ni09ynb7Q4

VALE, Ronald D. et MILLIGAN, Ronald A. The way things move: looking under the hood of molecular motor proteins. Science, 2000, Bd. 288, Nr. 5463, S. 88–95.

WEBER, E., DOPPELMAYR, M. Kinesthetic motor imagery training modulates frontal midline theta during imagination of a dart throw. International Journal of Psychophysiology. 2016, Bd.110, S.137–145.

WESTCOTT, W.L. Resistance training is medicine: effects of strength training on health. Current Sports Medicine Reports. 2012, Bd.11, Nr.4, S. 209–216.

WYCKELSMA, Victoria L., VENCKUNAS, Tomas, HOUWELING, Peter J., et al. Loss of α-actinin-3 during human evolution provides superior cold resilience and muscle heat generation. The American Journal of Human Genetics, 2021, Bd.108, Nr. 3, S.446–457.

XIAO, L., OHAYON, D., MCKENZIE, I.A., et al. Rapid production of new oligodendrocytes is required in the earliest stages of motor-skill learning. Nature Neuroscience. 2016, Bd.19, Nr. 9, S.1210–1217.

제5장.
우리는 모두 연결되어 있다 | 뇌

ADOLPHS, Ralph. The social brain: neural basis of social knowledge. Annual Review of Psychology. 2009, Bd.60, Nr.1, S.693–716.

BANERJEE, Nilosmita, et al. Behavioural expressions of loss-chasing in gambling: a systematic scoping review. Neuroscience & Biobehavioral Reviews. 2023, Bd.153, Art.105377.

BASICS, Brain. Understanding sleep. National Institute of Neurological Disorders and Stroke, Bethesda, 2006.

BASU, S., LAMPRECHT, R. The role of actin cytoskeleton in dendritic spines in the maintenance of long-term memory. Frontiers in Molecular Neuroscience. 2018, Bd.11, Art.143.

BERRIDGE, Kent C., KRINGELBACH, Morten L. Pleasure systems in the brain. Neuron. 2015, Bd. 86, Nr. 3, S.646–664.

BESEDOVSKY, Luciana, LANGE, Tanja, et BORN, Jan. Sleep and immune function. Pflügers Archiv – European Journal of Physiology, 2012, Bd.463, Nr.1, S.121–137.

BLUMBERG, Mark S., LESKU, John A., LIBOUREL, Paul-Antoine, et al. What is REM sleep?. Current biology, 2020, Bd. 30, Nr.1, S. R38–R49.

BOND, Michael. Wayfinding: The Art and Science of How We Find and Lose Our Way. London: Picador, 2020.

CASTRILLON, Gabriel, et al. An energy costly architecture of neuromodulators for human brain evolution and cognition. Science Advances. 2023, Bd.9, Nr. 50.

CHAKRABORTY, Mukta, JARVIS, Erich D. Brain evolution by brain pathway duplication. Philosophical Transactions of the Royal Society B: Biological Sciences. 2015, Bd. 370, Nr.1684.

CHAU, Bolton K.H., et al. Dopamine and reward: a view from the prefrontal cortex. Behavioural Pharmacology. 2018, Bd. 29, Nr. 7, S. 569–583.

DAMASIO, Antonio. Self comes to mind: Constructing the conscious brain. London: Vintage, 2012.

DAMASIO, Antonio. The Strange Order of Things: Life, Feeling, and the Making of Cultures. New York: Pantheon, 2018.

DECI, Edward L., KOESTNER, Richard, RYAN, Richard M. A meta-analytic review of experiments examining the effects of extrinsic rewards on intrinsic motivation. Psychological Bulletin. 1999, Bd.125, Nr.6, S.627.

DIANA, Marco. The dopamine hypothesis of drug addiction and its potential therapeutic value. Frontiers in psychiatry, 2011, Bd. 2, S.64.

DINGLE, Genevieve A., CRUWYS, Tegan, et FRINGS, Daniel. Social identities as pathways into and out of addiction. Frontiers in psychology, 2015, Bd.6, S.1795.

D'MELLO, Anila M., GABRIELI, John DE, NEE, Derek Evan. Evidence for hierarchical cognitive control in the human cerebellum. Current Biology. 2020, Bd. 30, Nr.10, S.1881–1892.

ESPERIDIÃO-ANTONIO, Vanderson, MAJESKI-COLOMBO, Marilia, TOLEDO-MONTEVERDE, Diana, et al. Neurobiology of emotions: an update. International Review of Psychiatry. 2017.

FASTENR ATH, Matthias, SPA LEK, Klara, COYNEL, David, LOOS, Eva, MILNIK et al. Dominique J.-F. Human cerebellum and corticocerebellar connections involved in emotional memory enhancement, Proceedings of the National Academy of Sciences, 2022, Bd.119, Nr.41.

FELDMAN BARRETT, Lisa. How to Master Your Emotional Life. The Weekend University (Video, Juli 2023): https://www.youtube.com/watch?v=q9nnBEONnQ

FELDMAN BARRETT, Lisa. How to Understand Emotions, Huberman Lab Podcast (Video, Okt. 2023): https://www.youtube.com/watch?v=FeRgqJVALMQ

FELDMAN BARRETT, Lisa. The theory of constructed emotion: an active inference account of interoception and categorization. Social cognitive and affective neuroscience, 2017, Bd.12, Nr.1, S.1–23.

GALAKHOVA, Anna A., et al. Evolution of cortical neurons supporting human cognition. Trends in Cognitive Sciences. 2022, Bd. 26, Nr.11, S. 909–922.

GARCIA, Alexandra N., SALLOUM, Ihsan M. Polysomnographic sleep disturbances in nicotine, caffeine, alcohol, cocaine, opioid, and cannabis use: a focused review. The American Journal on Addictions. 2015, Bd. 24, Nr. 7, S. 590–598.

GERSTNER, Jason R. On the evolution of memory: a time for clocks. Frontiers in molecular neuroscience, 2012, Bd. 5, S. 23.

GIGERENZER, Gerd et GAISSMAIER, Wolfgang. Heuristic decision making. Annual review of psychology, 2011, Bd.62, Nr.1, S.451–482.

GLASENAPP, Jan. Emotionen als Ressourcen: Manual für Psychotherapie, Coaching und Beratung. Weinheim: Beltz, 2021.

GOZAL, David, O'BRIEN, Louise M. Snoring and obstructive sleep apnoea in children: why should we treat? Paediatric Respiratory Reviews. 2004, Bd. 5, S.S371–S376.

GROSSMANN, Igor. Wisdom in context. Perspectives on Psychological Science. 2017, Bd.12, Nr. 2, S. 233–257.

HADZIBEGANOVIC, Tarik, LIMA, Francisco W. S., et STAUFFER, Dietrich. Benefits of memory for the evolution of tag-based cooperation in structured populations. Behavioral Ecology and Sociobiology, 2014, Bd.68, S.1059–1072.

HASPEL, Jeffrey A., ANAFI, Ron, BROWN, Marishka K., et al. Perfect timing: circadian rhythms, sleep, and immunity – an NIH workshop summary. JCI insight, 2020, Bd. 5, Nr.1.

HAUGLUND, Natalie L., PAVA N, Chiara, et NEDERGAARD, Maiken. Cleaning the sleeping brain – the potential restorative function of the glymphatic system. Current Opinion in Physiology, 2020, Bd.15, S.1–6.

HELLER, Piotr (FAS, 28.August 2022). Warum Menschen sich so leicht verirren – insbesondere Kinder, https://www.faz.net/aktuell/wissen/geist-soziales/warum-menschen-sich-so-leicht-verirren-insbesondere- kinder- 16928614.html

HERCULANO-HOUZEL, Suzana. The human brain in numbers: a linearly scaled-up primate brain. Frontiers in Human Neuroscience. 2009, Bd.3, Art.857.

HINGHOFER-SZALKAYN H. Physiologie des Schlafes, Praktische Physiologie – Funktionen des menschlichen Körpers. http://physiologie.cc/XVI.7.htm

HU, J., ZHU, M., GAO, Z., et al. Dexmedetomidine for prevention of postoperative delirium in older adults undergoing oesophagectomy with total intravenous anaesthesia: a double-blind, randomised clinical trial. European Journal of Anaesthesiology. 2021, Bd. 38, Suppl.1, S. S9-S17.

HUBERMAN LAB (27. September 2021). Controlling Your Dopamine for Motivation, Focus & Satisfaction. www.youtube.com/watch?v=axrywDP9li0.

HUNTER, Philip. The controversy around anti-amyloid antibodies for treating Alzheimer's disease: the European Medical Agency's ruling against the latest anti-amyloid drugs highlights the ongoing debate about their safety and efficacy. EMBO Reports. 2024, Bd. 25, Nr.12, S. 5227–5231.

JARDINE, Brittany B., VANNIER, Sarah, VOYER, Daniel. Emotional intelligence and romantic relationship satisfaction: a systematic review and meta analysis. Personality and Individual Differences. 2022, Bd.196, Art.111713.

JOUVET, M., DELORME, F. Locus coeruleus et sommeil paradoxal. Comptes Rendus des Séances de la Société de Biologie et de ses Filiales (Paris). 1965, Bd.159.

KANDEL, Eric R., SCHWARTZ, James H., JESSELL, Thomas M., et al. (ed.). Principles of neural science. New York: McGraw-Hill, 2000.

KOENIGS, Michael, et al. Damage to the prefrontal cortex increases utilitarian moral judgements. Nature. 2007, Bd.446, Nr. 7138, S. 908–911.

KOKANE, Saurabh S. et PERROTTI, Linda I. Sex differences and the role of estradiol in mesolimbic reward circuits and vulnerability to cocaine and opiate addiction. Frontiers in behavioral neuroscience, 2020, Bd.14, S. 74.

KOOB, George F. et VOLKOW, Nora D. Neurobiology of addiction: a neurocircuitry analysis. The Lancet Psychiatry, 2016, Bd. 3, Nr. 8, S. 760–773.

KORTELING, J.E. (Hans), VA N DE BOER-VISSCHEDIJK, Gillian C., BLANKENDAAL, Romy A.M., et al. Human-versus artificial intelligence. Frontiers in artificial intelligence, 2021, Bd.4, Art.622364.

KORTELING, Johan E. et TOET, Alexander. Cognitive biases. Encyclopedia of behavioral neuroscience, 2020.

LOCKLEY, S.W., DRESSMAN, M.A., LICAMELE, L., et al. Tasimelteon for non-24-hour sleep-wake disorder in totally blind people (SET and RESET): two multicentre, randomised, double-masked, placebo-controlled phase 3 trials. The Lancet. 2015, Bd.

386, Nr.10005, S.1754–1764.

LUO, Yangmei, et al. The neural habituation to hedonic and eudaimonic rewards: evidence from reward positivity. Psychophysiology. 2022, Bd. 59, Nr. 3, Art. e13977.

MALINOWSKI, J.E., HORTON, C.L. Dreams reflect nocturnal cognitive processes: early-night dreams are more continuous with waking life, and latenight dreams are more emotional and hyperassociative. Consciousness and Cognition. 2021, Bd. 88, Art.103071.

MARKHAM, Anthony. Daridorexant: first approval. Drugs, 2022, Bd. 82, Nr. 5, S.601–607.

MOELLER, Jeremy. 7 EEG in Normal Sleep (Video, 8. Juni 2015): https://www.youtube.com/watch?v=4LcnZJ9L3rg

MORAVEC, Hans. Mind Children: The Future of Robot and Human Intelligence. Harvard UP, 1988.

NAIMAN, Rubin. Dreamless: the silent epidemic of REM sleep loss. Annals of the New York Academy of Sciences. 2017, Bd.1406, Nr.1, S. 77–85.

NICOLAU, M. Cristina, AKAÂRIR, Mourad, GAMUNDI, A., et al. Why we sleep: the evolutionary pathway to the mammalian sleep. Progress in Neurobiology, 2000, Bd.62, Nr.4, S. 379–406.

O'BOYLE Jr, Ernest H., et al. The relation between emotional intelligence and job performance: a meta-analysis. Journal of Organizational Behavior. 2011, Bd. 32, Nr. 5, S. 788–818.

PESONEN, Anu-Katriina, et al. REM sleep fragmentation associated with depressive symptoms and genetic risk for depression in a communitybased sample of adolescents. Journal of Affective Disorders. 2019, Bd. 245, S. 757–763.

PETERS, Kate Z., CHEER, Joseph F., TONINI, Raffaella. Modulating the neuromodulators: dopamine, serotonin, and the endocannabinoid system. Trends in Neurosciences. 2021, Bd.44, Nr.6, S.464–477.

PETERS, M.L., MEEVISSEN, Y.M.C., HANSSEN, M.M. Specificity of the Best Possible Self intervention for increasing optimism: comparison with a gratitude intervention. Terapia Psicológica. 2013, Bd. 31, Nr.1, S. 93–100.

PETROVICH, G.D. Lateral hypothalamus as a motivation-cognition interface in the control of feeding behavior. Frontiers in Systems Neuroscience. 2018, Bd.12, Art.14.

PICKARD, Hanna, AHMED, Serge H., et FODDY, Bennett. Alternative models of addiction. Frontiers in psychiatry, 2015, Bd.6, S. 20.

POST, Caitlin, LEUNER, Benedetta. The maternal reward system in postpartum depression. Archives of Women's Mental Health. 2019, Bd. 22, S.417–429.

PRIOR, Jerilynn C. Progesterone for treatment of symptomatic menopausal women. Climacteric, 2018, Bd. 21, Nr.4, S. 358–365.

RIEMANN, Dieter, BAUM, E., COHRS, Stefan, et al. S3-Leitlinie nicht erholsamer Schlaf/Schlafstörungen. Somnologie, 2017, Bd. 21, Nr.1, S. 2–44.

RIEMANN, Dieter, KRONE, Lukas B., WULFF, Katharina, et al. Sleep, insomnia, and depression. Neuropsychopharmacology, 2020, Bd.45, Nr.1, S. 74–89.

RISEN, Jane L. Believing what we do not believe: Acquiescence to superstitious beliefs and other powerful intuitions. Psychological review, 2016, Bd.123, Nr. 2, S.182.

ROBINSON, Christopher L., SUPRA, Rajesh, DOWNS, Evan, et al. Daridorexant for the Treatment of Insomnia. Health Psychology Research, 2022, Bd.10, Nr. 3.

ROGERS, R. The roles of dopamine and serotonin in decision making: evidence from pharmacological experiments in humans. Neuropsychopharmacology. 2011, Bd. 36, S.114–132.

SAGHIR, Zahid, et al. The amygdala, sleep debt, sleep deprivation, and the emotion of anger: a possible connection? Cureus. 2018, Bd.10, Nr. 7.

SAMSON, David R. et NUNN, Charles L. Sleep intensity and the evolution of human cognition. Evolutionary Anthropology: Issues, News, and Reviews, 2015, Bd. 24, Nr.6, S. 225–237.

SAPOLSKY, Robert M. Behave: The Biology of Humans at Our Best and Worst. New York: Penguin Press, 2017.

SCARPELLI, Serena, BARTOLACCI, Chiara, D'ATRI, Aurora, et al. The functional role of dreaming in emotional processes. Frontiers in psychology, 2019, Bd.10, S.459.

SCHMIDT, Markus H., SWANG, Theodore W., HAMILTON, Ian M., et al. Statedependent metabolic partitioning and energy conservation: A theoretical framework for understanding the function of sleep. PloS one, 2017, Bd.12, Nr.10, Art. e0185746.

SCHULTZ, W. Predictive reward signal of dopamine neurons. Journal of Neurophysiology. 1998, Bd. 80, Nr.1, S.1–27.

SCHUTTE, Nicola S., et al. A meta-analytic investigation of the relationship between emotional intelligence and health. Personality and Individual Differences. 2007, Bd.42, Nr.6, S. 921–933.

SEAMAN, Kendra L., et al. Differential regional decline in dopamine receptor availability across adulthood: linear and nonlinear effects of age. Human Brain Mapping. 2019, Bd.40, Nr.10, S. 3125–3138.

SHAFIR, Eldar et LEBOEUF, Robyn A. Rationality. Annual review of psychology, 2002, Bd. 53, Nr.1, S.491–517.

SJOERDS, Zsuzsika, LUIGJES, Judy, VA N DEN BRINK, Wim, et al. The role of habits and motivation in human drug addiction: a reflection. Frontiers in psychiatry, 2014, Bd. 5, S. 8.

SOUMAN, Jan L., et al. Walking straight into circles. Current Biology. 2009, Bd.19, Nr.18, S.1538–1542.

STORBECK, Justin, CLORE, Gerald L. On the interdependence of cognition and emotion. Cognition and Emotion. 2007, Bd. 21, Nr.6, S.1212–1237.

SÁNCHEZ-Á LVA R EZ, Nicolás, EXTREMERA, Natalio, FERNÁNDEZ-BERROCAL, Pablo. The relation between emotional intelligence and subjective well-being: a meta-analytic investigation. The Journal of Positive Psychology. 2016, Bd.11, Nr. 3, S. 276–285.

TSUNEMATSU, Tomomi. What are the neural mechanisms and physiological functions of dreams?. Neuroscience Research, 2023, Bd.189, S. 54–59.

TVERSKY, Amos et KAHNEMAN, Daniel. Judgment under Uncertainty: Heuristics and Biases: Biases in judgments reveal some heuristics of thinking under uncertainty. Science, 1974, Bd.185, Nr.4157, S.1124–1131.

VERDEJO-GARCIA, Antonio, et al. A roadmap for integrating neuroscience into addiction treatment: a consensus of the neuroscience interest group of the international society of addiction medicine. Frontiers in Psychiatry. 2019, Bd.10, Art.877.

VYAZOVSKIY, Vladyslav V. et DELOGU, Alessio. NREM and REM sleep: complementary roles in recovery after wakefulness. The Neuroscientist, 2014, Bd. 20, Nr. 3, S. 203–219.

WIGREN, H.-K. et PORKKA-HEISKANEN, T. Novel concepts in sleep regulation. Acta Physiologica, 2018, Bd. 222, Nr.4, S. e13017.

WINKLER, A., RIEF, W. Effect of placebo conditions on polysomnographic parameters in primary insomnia: a meta-analysis. Sleep. 2015, Bd. 38, Nr.6, S.925–931.

WISE, Roy A. et ROBBLE, Mykel A. Dopamine and addiction. Annual review of psychology, 2020, Bd. 71, Nr.1, S. 79–106.

YOO, Seung-Schik, et al. The human emotional brain without sleep – a prefrontal amygdala disconnect. Current Biology. 2007, Bd.17, Nr. 20, S. R877–R878.

ZHOU, Qun-Yong, PA LMITER, Richard D. Dopamine-deficient mice are severely hypoactive, adipsic, and aphagic. Cell. 1995, Bd. 83, Nr. 7, S.1197–1209.

옮긴이 배명자

서강대학교 영문학과를 졸업하고, 출판사에서 8년간 편집자로 근무하였다. 그러던 중 대안교육에 관심을 가지게 되어 독일로 유학을 갔다. 그곳에서 뉘른베르크 발도르프 사범 학교를 졸업하였다. 현재 가족과 함께 독일에 거주하며 2008년부터 전문 번역가로 활동 중이다. 『이토록 위대한 장』, 『숲은 고요하지 않다』, 『숨 쉬는 것들은 어떻게든 진화한다』, 『과학이 우리의 생각을 읽을 수 있다면』, 『불확실성의 시대』, 『어두울 때에야 보이는 것들이 있습니다』, 『초판본 독일인의 사랑』 등을 번역했다.

프린키피아 009
이토록 위대한 몸

1판 1쇄 발행 2026년 3월 4일
1판 4쇄 발행 2026년 4월 10일

지은이 줄리아 엔더스
그린이 질 엔더스
옮긴이 배명자
펴낸이 김영곤
펴낸곳 (주)북이십일 21세기북스

출판부문 출판2본부장 윤서진
정보개발팀장 이수정 **정보개발팀** 이지윤
교정교열 최진 **디자인** 표지 studio forb 본문 문성미
마케팅팀 유진선 이수진 김설아
마케팅영업부문 정지은
영업팀 김지윤 강경남 김도연
e-커머스팀 장철용 명인수 황성진
해외기획팀 홍희정 소은선
제작팀 이영민 권경민

출판등록 2000년 5월 6일 제406-2003-061호
주소 (10881) 경기도 파주시 회동길 201(문발동)
대표전화 031-955-2100 **팩스** 031-955-2151 **이메일** book21@book21.co.kr

KI신서 16092
© 줄리아 엔더스, 2026
ISBN 979-11-7357-792-5 03400

(주)북이십일 경계를 허무는 콘텐츠 리더
21세기북스 채널에서 도서 정보와 다양한 영상자료, 이벤트를 만나세요!
페이스북 facebook.com/21cbooks　블로그 blog.naver.com/21c_editors
인스타그램 instagram.com/jiinpill21 홈페이지 www.book21.com
유튜브 youtube.com/book21pub